普通高等教育"十一五"国家级规划教材(本科)

表面活性剂化学及纺织助剂

陆大年　主编

中国纺织出版社

内 容 提 要

本书为普通高等教育“十一五”国家级规划教材，是作者在长期从事表面活性剂化学及其应用的教研工作基础上编写的。为了提高表面活性剂在轻工领域的应用水平，本教材主要介绍了表面活性剂的各种理论结果、基本性能及其影响因素，重点介绍了在纺织领域的各种应用。

本书可作为高等学校应用化学、精细化工、轻化工程及相关专业的教材，也可供相关专业科研和工程技术人员参考。

图书在版编目（CIP）数据

表面活性剂化学及纺织助剂 / 陈大年主编 .— 北京：中国纺织出版社，2009.3（2022.2 重印）

普通高等教育“十一五”国家级规划教材 . 本科

ISBN 978-7-5064-5479-7

I. 表 … II. 陆 … III. ①表面活性剂—表面化学—高等学校—教材 ②纺织—助剂—高等学校—教材 IV.0647.2 TS190.2

中国版本图书馆 CIP 数据核字（2009）第 004906 号

策划编辑：秦丹红　于　伟　责任编辑：发茂华

责任校对：余静雯　责任设计：李　然　责任印制：何　建

中国纺织出版社出版发行

地址：北京市朝阳区百子湾东里 A407 号楼　邮政编码：100124

销售电话：010—67004422　传真：010—87155801

http://www.c-textilep.com

中国纺织出版社天猫旗舰店

官方微博 http://weibo.com/2119887771

三河市宏盛印务有限公司印刷　各地新华书店经销

2009 年 3 月第 1 版　2022 年 2 月第 3 次印刷

开本：787 × 1092　1/16　印张：13

字数：247 千字　定价：48.00 元

出版者的话

全面推进素质教育，着力培养基础扎实、知识面宽、能力强、素质高的人才，已成为当今本科教育的主题。教材建设作为教学的重要组成部分，如何适应新形势下我国教学改革要求，与时俱进，编写出高质量的教材，在人才培养中发挥作用，成为院校和出版人共同努力的目标。2005年1月，教育部颁发了教高[2005]1号文件"教育部关于印发《关于进一步加强高等学校本科教学工作的若干意见》"（以下简称《意见》），明确指出我国本科教学工作要着眼于国家现代化建设和人的全面发展需要，着力提高大学生的学习能力、实践能力和创新能力。《意见》提出要推进课程改革，不断优化学科专业结构，加强新设置专业建设和管理，把拓宽专业口径与灵活设置专业方向有机结合。要继续推进课程体系、教学内容、教学方法和手段的改革，构建新的课程结构，加大选修课程开设比例，积极推进弹性学习制度建设。要切实改变课堂讲授所占学时过多的状况，为学生提供更多的自主学习的时间和空间。大力加强实践教学，切实提高大学生的实践能力。区别不同学科对实践教学的要求，合理制订实践教学方案，完善实践教学体系。《意见》强调要加强教材建设，大力锤炼精品教材，并把精品教材作为教材选用的主要目标。对发展迅速和应用性强的课程，要不断更新教材内容，积极开发新教材，并使高质量的新版教材成为教材选用的主体。

随着《意见》出台，教育部组织制订了普通高等教育"十一五"国家级教材规划，并于2006年8月10日正式下发了教材规划，确定了9716种"十一五"国家级教材规划选题，我社共有103种教材被纳入国家级教材规划，其中本科教材56种，高职教材47种。56种本科教材包括了纺织工程教材13种、轻化工程教材16种、服装设计与工程教材24种、美术教材2种，其他1种。为在"十一五"期间切实做好教材出版工作，我社主动进行了教材创新型模式的深入策划，力求使教材出版与教学改革和课程建设发展相适应，充分体现教材的适用性、科学性、系统性和新颖性，使教材内容具有以下三个特点：

（1）围绕一个核心——育人目标。根据教育规律和课程设置特点，从提高学生分析问题、解决问题的能力入手，教材附有课程设置指导，并于章后附有复习指导及形式多样的习题等，提高教材的可读性，增加学生学习兴趣和自学能力，提升学生科技素养和人文素养。

（2）突出一个环节——实践环节。教材出版突出应用性学科的特点，注重理论与生产实践的结合，有针对性地设置教材内容，增加实践、实验内容。

(3)实现一个立体——多媒体教材资源包。充分利用现代教育技术手段,将授课知识点制作成教学课件,以直观的形式、丰富的表达充分展现教学内容。

教材出版是教育发展中的重要组成部分,为出版高质量的教材,出版社严格甄选作者,组织专家评审,并对出版全过程进行过程跟踪,及时了解教材编写进度、编写质量,力求做到作者权威,编辑专业,审读严格,精品出版。我们愿与院校一起,共同探讨、完善教材出版,不断推出精品教材,以适应我国高等教育的发展要求。

中国纺织出版社
教材出版中心

前言

表面活性剂最初应该是伴随着地球生物的起源、进化而产生的一类生理活性物质，人类对表面活性剂的认识始于肥皂。在表面活性剂漫长的发展进程中，人类从发现、利用到人工合成，经历了一个从“仿生”到“超生”的过程。目前，表面活性剂已经成为具有降低表面张力、增溶、润湿、乳化、泡沫、分散、洗涤等多种表面活性作用和平滑、柔软、抗静电、抗菌、匀染等多种非表面活性作用的高效的精细化学品，成为包括纺织、食品、石油等许多生产领域必不可少的“工业味精”。有关表面活性剂的合成、性能及各种影响因素的研究已经取得了长足的发展，而且，这些成果也必将进一步推进各工业领域的应用水平。

表面活性剂化学与纺织助剂是两门相互叠交，又相对独立的课程。将那些具有表面活性的纺织助剂归入表面活性剂化学，目的是希望能运用表面活性剂化学的一些方法对这些纺织助剂进行归类、研究，从而进一步提高其应用水平。基于上述想法，本教材在编写过程中，较多地简化了表面活性剂的合成方法，基本上删去了理论部分的推导，重点介绍各种理论的结果及其在纺织领域的应用。

本教材主要分为两篇，第一篇是表面活性剂及其表面活性，其中包括表面活性剂及其分类，表面活性剂的界面吸附，表面活性剂的溶液性质以及混合表面活性剂的表面活性；第二篇是表面活性剂的各种作用及应用，其中包括润湿作用、乳化作用、起泡和消泡作用、分散与絮凝作用、洗涤作用以及其他非表面活性作用及其应用。一些章节可以作为课外阅读或者补充资料。

本教材在编写过程中得到了东华大学学校及同事的支持，也得到了学生的参与，在此一并表示感谢。限于本人学术水平，不妥之处在所难免，务请批评指正。

编　者

2009 年 1 月 1 日于松江

课程设置指导

课程名称 表面活性剂化学及纺织助剂
适用专业 应用化学、精细化工、轻化工程
总 学 时 32或者48
理论教学学时 30或者46
考试学时 2

课程性质 相关专业的必修课或者选修课

课程目的

1. 掌握表面活性剂的合成、分类及其基本性能、特征；
2. 了解表面活性剂的各种作用及其应用。

课程教学的基本要求

教学环节包括课堂讲授、课外作业、课内讨论、综述报告和期终考试。通过各教学环节，使学生逐步理解并掌握表面活性剂化学的基本理论知识，学会并提高分析问题和解决问题的能力。

1. 课堂讲授：采用多媒体课件，以启发思考、互动讨论的方式进行教学。
2. 课外作业：课后布置适量课外作业，以便学生复习、整理、归纳、提高。
3. 课内讨论：在习题作业基础上，根据共同存在的问题进行课内习题讨论。
4. 综述报告：课程中期，通过指定或自选题目，指导学生查阅参考文献，撰写综述报告。
5. 考核方法：由课外作业(10%)、综述报告(25%)以及期终考试(65%)三部分权重平均作为本课程的考核成绩。期终考试采用闭卷笔试方式，题型包括名词解释、填充题、选择题以及论述题。

教学学时分为30和46两种，学时分配如下：

教学环节学时分配表

章　目	讲授内容	学时分配	
第一章	绪论	2	2
第二章	表面活性剂及其分类	2	6

课程设置指导

章　　目	讲授内容	学时分配	
第三章	表面活性剂的界面吸附	4	6
第四章	表面活性剂的溶液性质	4	6
第五章	混合表面活性剂的表面活性	2	4
第六章	表面活性剂的润湿作用	4	4
第七章	表面活性剂的乳化作用及其破乳	4	6
第八章	表面活性剂的起泡和消泡作用	2	2
第九章	表面活性剂的分散与絮凝作用	2	2
第十章	表面活性剂的洗涤作用	2	2
第十一章	表面活性剂的非表面活性作用	2	6
合　计		30	46

第一篇　表面活性剂及其表面活性

第一章 绪 论

什么是表面活性剂？如果我们将一些溶质溶于水中，则有三类物质会影响水溶液的表面张力(图1－1)。第一类物质是无机盐，例如，氯化钾、硫酸铝等，随着这类物质的加入，水溶液的表面张力会缓慢增加，进一步研究发现：这类物质在溶液表面相的浓度比本体相的低，一般称为表面负吸附物质；而第二类物质是极性有机物，例如，乙醇、丙酸、丁醛等，随着这类物质的浓度增加，水溶液的表面张力会降低，而且，其在溶液表面相的浓度会高于本体相，一般称为表面正吸附物质；第三类物质则常常是一些长碳链的极性有机物，例如，硬脂酸钠(肥皂)、十二烷基硫酸酯钠等，与前两类物质不同的是：少量加入这类物质，水溶液的表面张力会急剧下降，并随其本体相浓度的增加，表面相浓度迅速趋于饱和，表面张力降至极小并趋于定值；而且继续加入，该类物质分子还会在本体相中相互缔合生成胶团、胶束。例如，水中加入0.1%的十二烷基硫酸酯钠，则水溶液的表面张力从纯水的72.8mN/m下降到52.8mN/m，表面相浓度远高于本体相；而当其浓度超过0.2%时，其表面吸附到饱和，表面张力降至40.3mN/m以下，同时，本体相中则形成缔合度达50～70的胶束。所以，第三类物质是一类极端的正吸附物质，称为表面活性剂。

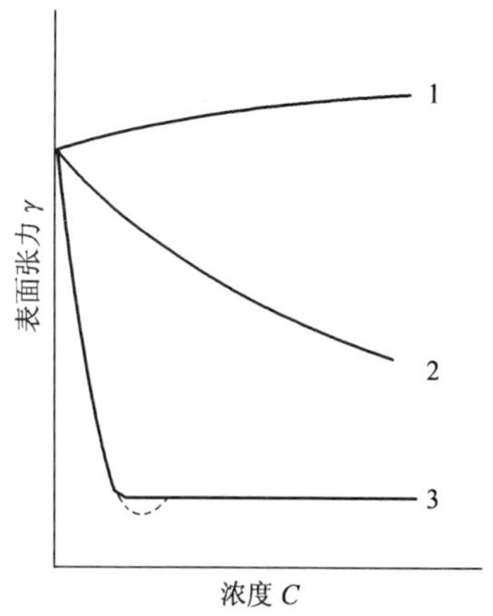

图1－1　三类物质水溶液的表面张力与浓度的关系示意图

1—无机盐　2—极性有机物　3—表面活性剂

一、表面活性剂及其发展史

其实，表面活性剂远在人类认识之前就已经客观存在了。例如，构成地球上最初的原生动物——阿米巴的细胞双分子膜中的蛋白质、核酸和脂质，以及几十万年以前的脊椎动物——恐龙体内乳化脂肪、帮助消化的胆汁酸，哺乳动物乳汁中的乳化剂酪氨酸和球蛋白，以及蛋黄中富含的卵磷脂，西方人很早就学会了用生蛋黄调制油性药剂和乳化精制油配制沙拉。

最早被人类认识并利用的表面活性剂是肥皂。肥皂的最初起源可能已无法正确考证了。但是，人类应该早在史前已经学会了利用碱性物质(草木灰等)进行油污的原位皂化方法洗涤衣物(即用碱性物质使衣物上的油污直接皂化生成肥皂，从而达到洗涤衣物之目的)。肥皂作为洗涤剂具有许多优点，例如，易于制备、无毒无害、生物可降解、与人体亲和性好等，适合生产香皂、沐浴露等洁肤用品。但是，肥皂也存在碱性大、不溶于酸性介质以及耐硬水与耐电解质能力差等缺点。

人类寻求肥皂替代品的工作可能始于19世纪初，1830年通过蓖麻油脂的硫酸化成功制备了最早的人工合成表面活性剂，并作为一种染色用润湿或渗透剂被广泛应用，部分弥补了肥皂的不足。1917 年丁基萘磺酸钠问世，但丁基萘磺酸钠的碳氢链较短，润湿和发泡能力较强，而去污能力较差，所以，不能用于洗涤。1928 年脂肪醇硫酸酯盐以其去污力强、泡沫丰富而被开发，并成为首个合成洗涤剂。1930 年以脂肪酸、脂肪醇以及脂肪胺的聚氧乙烯醚为代表的低泡、高活性的非离子表面活性剂在实验室研制成功。但是，由于原料成本及技术方面的问题，当时这些合成洗涤剂并未得到实质性的应用。

第二次世界大战以后，以四聚丙烯为原料的十二烷基苯的合成技术开发成功，而用十二烷基苯磺化制备的支链型十二烷基苯磺酸钠（ABS）以其良好的去污和起泡性能开始在家用洗涤剂领域逐步替代肥皂。到 20 世纪 60 年代，世界范围内对合成洗涤剂 ABS 的需求量已经赶上并超过洗衣皂。但是，ABS 生物降解性极差，使其在下水道、江河湖泊中大量积聚，泡沫泛滥、飞扬而造成严重的环境污染。直到这一时期研发的直链型十二烷基苯磺酸钠（LAS）全面替代 ABS 才制止了污染的进一步发生。20 世纪 70 年代，高分子合成技术取得长足的进步，聚氧乙烯醚非离子型表面活性剂的生产成本大幅下降，使得此类产品的产量与品种都有较大的发展。

到 20 世纪末，全世界市场销售的表面活性剂品种已逾数千种，表面活性剂的应用也从原来的家用洗涤剂发展到包括纺织、皮革、造纸、化妆品、食品、药品、涂料、化肥、饲料、石油、建筑、冶金及机械等工业领域，包括增溶剂、润湿剂、乳化剂、分散剂、发泡剂以及洗涤剂等加工中必不可少的工业用剂，而且，已经开始超越原来单一的表面活性剂的使用范围，成为具有包括表面活性、平滑性、柔软性、抗静电性、抗菌性以及匀染性等多种功能的“工业味精”，虽然用量不多，但能起到增加产量、降低消耗、节约能源、提高质量等关键作用，成为人类生活与生产中日益重要的角色。

而当前，表面活性剂已经成为肥皂、洗涤剂、润湿剂、渗透剂、泡沫剂、增溶剂、乳化剂、分散剂等的代名词。表面活性剂正在朝着更深刻的理论研究、更广泛的应用领域扩展。评价表面活性剂的应用水平的一个标志是表面活性剂的工业化应用水平，而评价表面活性剂工业化应用水平的一个重要标志是表面活性剂的非表面活性的工业化应用水平。我国的表面活性剂的应用水平还很低，其中，除了表面活性剂的生产水平低外，主要表现在其工业化应用水平不高，而且，非表面活性的工业化应用水平更低。即使在大量使用表面活性剂的纺织工业中，目前与发达国家的差距也甚大。因此，研究表面活性剂及其性能，扩展表面活性剂的应用领域，提高表面活性剂的工业化应用水平将是我们今后的一个重要课题。

二、表面活性剂的结构特征及其表面活性

表面活性剂的分子结构一般由具有碳氢长链的非极性亲油基团与极性的亲水基团组成，所以，表面活性剂是一类具有不对称结构的两亲化合物，如图 1－2 所示。这一结构特征使其在溶液中能定向吸附在气/液表面上降低表面张力，并当达到某一临界浓度之后，在本体相中则分子间相互缔合形成胶束。这种吸附和胶束化作用即所谓表面活性剂的表面活性作用。而这种表面活性则是表面活性剂

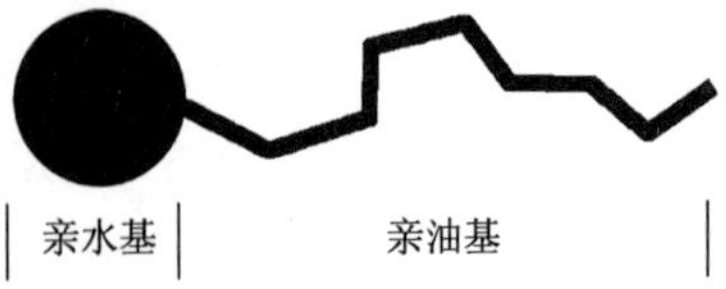

图 1－2　表面活性剂的结构示意图

两亲性不对称结构的结果。

1. 表面活性与疏水作用

由于水分子间存在强烈的氢键作用，所以，水具有很高的内聚能。如果将亲油性的烷烃与水混合，由于烃的内聚能远小于水，烃分子会迅速逃逸水而发生相分离，而且，烃分子的链越长，其逃逸水的趋势就越强烈。那么，表面活性剂溶于水中将会发生什么呢？由于表面活性剂具有双亲结构，所以，在水中亲油基会使其逃逸水，而亲水基则又会阻止这种逃逸的趋势，避免相分离并迅速地在表面上富集。表面活性剂的亲油基在水中逃逸及其相互缔合的这种趋势被称为"疏水作用"，所以，具有这种疏水作用的亲油基又称为疏水基。表面活性剂疏水作用的两个直接结果是：表面活性剂在表(界)面上疏水基朝着水相的外侧定向排列，即所谓表面活性剂的表(界)面吸附；而一旦表(界)面被表面活性剂的吸附所充满，则在水溶液的本体相中表面活性剂的疏水基会相互靠拢、缔合成聚集体，即所谓表面活性剂的胶束化作用(图 1－3)。而这种表(界)面吸附和胶束化作用的自发趋势反映了表面活性剂的一种"自组装"能力，即表面活性。

2. 表面活性与双亲结构

如上所述，物质的表面活性来自双亲结构，但是，具有双亲结构的物质不一定表现出表面活性(图 1－4)。

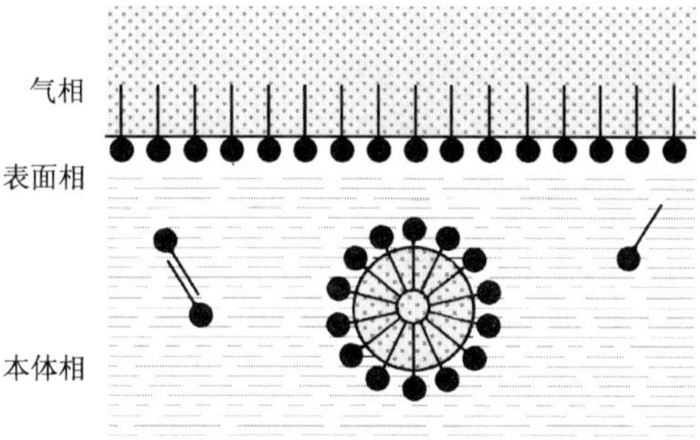

图 1－3　表面活性剂在水中的表面吸附和胶束化作用的示意图

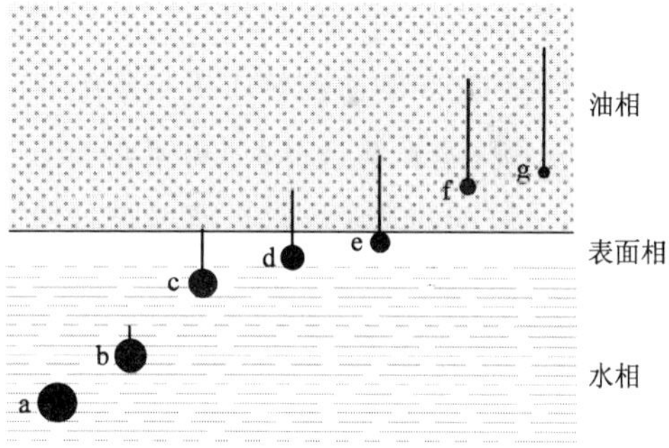

图 1－4　各类物质在油/水界面上的吸附分配示意图

从图 1－4 可知：化合物 a 是完全的亲水性物质，例如无机盐等，表现为表面负吸附，化合物 b 为表面正吸附物质，例如有机酸、醇以及胺等，而化合物 f 和 g 因其亲水性极弱，只能溶解在油相，也不具有表面活性。具有表面活性的物质唯有 c、d、e 三种，其中，化合物 c 亲水性相对较强，吸附在偏水相一侧的表(界)面，表面活性较弱；化合物 e 疏水性相对最强，吸附在偏油相一侧的表(界)面，表面活性较强。可以这样说：表面活性剂是一类具有亲水性和亲油性相对平衡的不对称化合物，亲水性越弱、亲油性越强，则其在水中的表面活性则越大。但是，亲水性过弱、亲油性过强，反而会失去表面活性，从水中析出而分相。

本教材中除特别指明体系外，表面活性剂的表面活性即指在水相中的性质。

三、表面活性剂在纺织工业的发展趋势

表面活性剂所具有的独特的表面活性，使其在许多多相分散系统中具有举足轻重的作用。而且，事实表明：作为一种更广泛意义上的精细化学品，表面活性剂的许多其他特性也正在使其成为各个工业领域不可缺少的“工业味精”。纺织工业是表面活性剂最早被应用，也是应用最广泛的工业之一。目前，用于纺织工业的表面活性剂品种超过 3000 多种，其中包括用于纺丝、纺纱工序的各种纺织和纺丝油剂、洗净剂，用于织布、编织工序的织布和针织油剂，用于精练工序的洗净剂、精练剂，用于染色工序的匀染剂、缓染剂等染色助剂，以及用于整理工序的各种柔软剂、抗静电剂、防水剂等功能整理剂等。随着 21 世纪世界工业的高速发展，表面活性剂在纺织工业中同样面临着以下挑战。

1. 新型的高性能、多功能表面活性剂的研发

从应用需求看，不仅传统的纺织用表面活性剂，例如工业洗涤剂、乳化剂、润湿剂、渗透剂、分散剂等，也包括柔软剂、抗静电剂以及抗菌剂等非传统的纺织用表面活性剂，日益广泛的应用越来越高地要求表面活性剂不仅具有出色的表面活性，能充分满足各种工艺的技术要求，而且，还要具有良好的功能性、配伍性以及对温度与化学品的稳定性；而从合成手段看，从以前的天然提取、改性与修饰，到目前通过分子设计进行化学合成，甚至采用生物技术的方法合成新型的高性能、多功能表面活性剂。

2. 表面活性剂及其他化学用剂的复配性能研究

现有表面活性剂的复配是获得高性能产品的另一个有效途径，而且成本更低，周期更短，利用表面活性剂之间的协同效应进行复配，往往可以达到事半功倍的效果。

3.“绿色生态表面活性剂”的研究

表面活性剂的安全性是近年来被日趋关注的问题。“绿色生态表面活性剂”的研究应包括三个层面的内容：

(1)应对人体无毒、无害、无刺激性；

(2)应对环境无毒、无害、无鱼毒性；

(3)应对环境友好，生物可降解性好，不会积聚。

思考题

1. 何谓表面活性剂？其化学结构有何特征？
2. 何谓表面活性剂的表面活性？其产生机理是什么？
3. 评价表面活性剂应用水平的标志是什么？表面活性剂的发展趋势是什么？

第一篇 表面活性剂及其表面活性

第二章 表面活性剂及其分类

对于表面活性剂来说，表面活性与其不对称分子结构的疏水基和亲水基密切相关。一般疏水基的疏水性越强，亲水基的亲水性越弱，表面活性剂的疏水性则越强，其在水中的表面活性就越强。反之表面活性剂的亲水性越强，则其在油相中的表面活性越强。

第一节 表面活性剂的分类

表面活性剂分子中常见的疏水基和亲水基见表 2－1。

表 2－1 表面活性剂分子中常见的疏水基和亲水基

类 型	疏 水 基
碳氢链	直链或支链烷基 $—C_{8\sim20}H_{17\sim41}$ 不饱和烃基 $—C_{8\sim20}H_{15\sim39}$ 烷基苯基  $—C_{8\sim15}H_{17\sim31}$ 烷基萘基 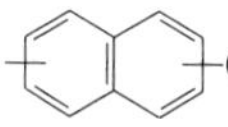 $—C_{3\sim4}H_{7\sim9}$ 松香(脂肪环)或木质素衍生物
硅氧烷	聚硅氧烷基 $—\!\!\left[O—Si(CH_3)_2\right]_n OCH_3$
氟碳链	全氟或部分氟代烷基 $—C_{5\sim10}H_{0\sim8}F_{3\sim21}$
聚醚	聚氧丙烯基 $\left[CH_2CH(CH_3)O\right]_n H$ 聚氧乙烯基 $\left[CH_2CH_2O\right]_n H$

类 型	亲 水 基
阴离子型	羧基盐 $—COOM$ 硫酸酯盐 $—OSO_3M$ 磺酸盐 $—SO_3M$ 磷酸酯盐 $—OPO_3M$
阳离子型	铵盐 $—NR_3X$ 咪唑啉盐 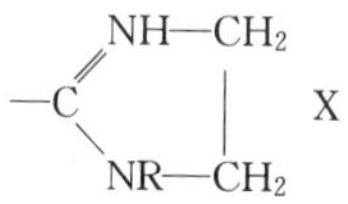 吡啶盐 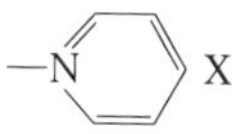 X:卤素，Ac^-等
非离子型	羟基 —OH 巯基 —SH 氰基 —CN 卤素 —Cl，—Br

表面活性剂的分类方法一般有以下几种。

一、按疏水基分类

除了那些新合成的具有特殊结构的各种疏水基之外，常见的表面活性剂分子的疏水基一般可以分为碳氢链、聚醚、硅氧烷和氟碳链四种类型（表2－1）。

1. 碳氢链疏水基

碳氢链是目前表面活性剂中用量最大，品种最多的一类疏水基，一般有以下几种结构。

（1）直链烷基：直链烷基是最常见的疏水基之一。增加表面活性剂中直链烷基的链长，则增加其在有机溶剂中的溶解度，降低其在水中的溶解度，在水中的表面活性增加，界面吸附与胶束化趋势增强。

（2）支链或不饱和烷基：在疏水基中引入支链或不饱和烷基，则与相应的直链烷基同系物相比，表面活性剂在水或有机溶剂中的溶解度增加，胶束化能力削弱。另外，具有支链烷基的表面活性剂的生物降解性一般较差。而不饱和烷基则比较容易被氧化、变色，其疏水性也因不饱和键的存在而有所减小。

（3）含芳香环或脂肪环的烷基：在疏水基中引入芳香环，表面活性剂的疏水性是增加的，但增加的幅度不如直链烷基（六个碳的苯环的疏水性大约相当于3.5个亚甲基的直链烷基）。而且，其生物降解性则降低，在界面上往往难以形成紧密的膜结构。相比较而言，含脂肪环烷基的表面活性剂（例如松香衍生物）的膜结构可能更疏松。

2. 聚氧丙烯醚链疏水基

聚氧丙烯醚链是由环氧丙烷聚合而成，相对分子质量可以从数百一直到数万，相对分子质量越大，疏水性则越强。常见的聚氧丙烯醚链疏水基的相对分子质量为1000～2000。而且，相对分子质量往往有一个分布。含有聚氧丙烯醚链的表面活性剂往往容易吸附在极性界面上，也有利于在一些极性有机溶剂中的溶解。

3. 聚硅氧烷链疏水基

聚硅氧烷链疏水基为非碳链疏水基。与碳氢链相比，耐热性好，化学稳定性高，由于柔软的硅氧链既不亲水，也不亲油，所以，在水相和非水系统都有表面活性，降低水溶液的表面张力可达20mN/m。含硅氧链的表面活性剂常常作为润湿剂、消泡剂、柔软剂等被广泛用于纺织、涂料以及化妆品等行业。缺点是生物降解性较差，价格较高，而且在胶束的形成以及增溶等方面往往不遵循表面活性剂的一般规律。

二、按亲水基分类

表面活性剂按亲水基分类一般可以分为单一型和复合型两类，单一型的即只含一种亲水基的表面活性剂，根据其在水中的电离性能又分为阴离子型、阳离子型、两性离子型和非离子型四种，而复合型表面活性剂则是含有两种以上亲水基的表面活性剂。表面活性剂分子中常见的亲水基见表2－1。

阴离子型表面活性剂的品种最多、价格最低、产量最高，是表面活性剂中的第一大类。近二十年来以聚氧乙烯醚为代表的非离子型表面活性剂取得了飞速的发展，目前，已成为仅次于阴离子型的第二大类表面活性剂。而阳离子型表面活性剂往往用作平滑、柔软和抗菌剂，用量相对较少、毒性较高，而且，价格也较贵，这十几年在非表面活性方面的应用发展迅速。当然，价格最贵的可能是两性离子型表面活性剂，但它毒性和刺激性都低，在固/液界面上有极佳的吸附性能，是一类很有发展前途的表面活性剂。

目前，复合型表面活性剂的开发研究受到广泛重视。除两性离子型表面活性剂作为特例外，多元醇与聚氧乙烯醚的复合型表面活性剂是最早的实例之一，例如，脂肪酸缩水山梨醇酯的聚氧乙烯醚非离子型表面活性剂(Tween 系列)。现在用得比较多的是离子型与非离子型的复合型表面活性剂，前者往往可以提高多元醇的亲水性，而后者则可以改善离子型的抗电解质能力。从 20 世纪末，一类由两个亲水基和两个疏水基复合而成的偶联性表面活性剂被广泛关注，这类表面活性剂的表面活性远高于传统的表面活性剂。

第二节　阴离子型表面活性剂及其特性

所谓阴离子型表面活性剂即该表面活性剂在水中电离之后，具有的表面活性片段是阴离子(图 2－1)。

图 2－1　阴离子型表面活性剂分子的结构示意图

常见的阴离子型表面活性剂有以下几类。

一、羧酸盐阴离子型表面活性剂

1. 肥皂

这类表面活性剂主要通过天然油脂皂化制备而成，简单易得。

(1)常见产品：往往是一些同系物的混合物。

①牛脂皂：由动物性油脂皂化而成。其中，油酸 40%～45%，棕榈酸 25%～30%，硬脂酸 15%～20%。

②椰皂：由椰子油皂化而成。其中，月桂酸 48%，肉豆蔻酸 17%～20%，棕榈酸 8%～10%，油酸 5%～6%。

③妥而油皂：是一种由松树提取的脂肪酸和松香酸混合物的皂化产物。经蒸馏的妥而油中一般含松香酸 25%～30%，脂肪酸(其中，饱和酸 5%，油酸 25%，亚油酸等其他不饱和脂肪酸 70%)70%～75%。

(2)性能特征：一般 C_{10} 以下的脂肪酸盐水溶性过强，表面活性较弱，而 C_{20} 以上的直链脂肪酸盐则水溶极差，只能用于非水系统。常见的脂肪酸皂的碳链介于 C_{10}～C_{20} 之间，微溶于冷水，能迅速溶于热水，浓皂液冷却后不结晶，但会结成冻状物。肥皂的水溶液具有出色的洗涤性以及对人体的亲和性，但是，耐硬水及电解质的能力差，其水溶液呈弱碱性。

(3)应用领域：主要是家用洗涤剂，例如，香皂、洗发香波以及膏霜类化妆品等；其次还用于纺织工业的精练剂，食品工业的乳化剂等。

2. N-羧乙基脂肪酰胺的盐

(1)结构式：$RCON(CH_3)CH_2COO^- M^+$；R：C_{11}～C_{17} 等；M^+：Na^+，K^+。

(2)制备方法：

$$RCOCl + CH_3NHCH_2COOH + 2NaOH \longrightarrow RCON(CH_3)CH_2COONa + NaCl$$

(3)性能特征：无毒、无刺激性，洗涤性、起泡性和抑酶性好，对硬水、酸的敏感性小于肥皂。

(4)应用领域：产品有 $C_{17}H_{33}CON(CH_3)CH_2COONa$（Medialan A）和 Lamepon A，主要是洗涤剂，例如，香皂、牙膏等，其油酰胺产品还用作涤纶纺丝的油剂等。

3. 全氟代烷基羧酸盐

(1)结构式：$CF_3(CF_2)_nCOOM$，$n=5$～10；M：H，Li，Na 等。

(2)制备方法：

$$CH_3(CH_2)_nCOCl \xrightarrow[\text{电解氟化}]{+(2n+4)HF} CF_3(CF_2)_nCOF \xrightarrow{+MOH} CF_3(CF_2)_nCOOM$$

(3)性能特征：由于全氟代烷基羧酸与相应脂肪酸相比是一个强酸，因此，在水溶液中酸与多价金属离子都对其没影响，往往表现出较好的耐强酸、耐氧化还原剂以及耐热性能(一般可达300℃以上)。而且，其表面活性比相应的脂肪酸盐强得多，降低表面张力的能力很强，甚至在有机溶剂中也有表面活性，不仅疏水，而且疏油。全氟代烷基磺酸盐也一样具有极佳的化学与热稳定性。缺点是价格高，直链全氟代烷基羧酸盐的生物降解性较差。

(4)应用领域：含氟单体的乳化剂，织物、皮革、纸的防水、防油剂，有机溶剂的抑制蒸发剂。

二、磺酸盐阴离子型表面活性剂

1. 烷基苯磺酸盐

(1)结构式：$RC_6H_4SO_3Na$，R：C_{12}～C_{18} 等。

(2)制备方法：

$$RC_6H_5 \xrightarrow{+SO_3} RC_6H_4SO_3H \xrightarrow{NaOH} RC_6H_4SO_3Na$$

(3)性能特征：耐酸碱性，耐硬水性稍好于肥皂，其水溶液呈中性。支链十二烷基苯磺酸钠(ABS)的生物降解性极差，20 世纪 50 年代被禁止用于洗涤剂，其替代品直链十二烷基苯磺酸钠(LAS)的生物降解性较之有较大的改善。

(4)应用领域：十二烷基苯磺酸钠被广泛应用于洗衣粉、洗洁精、乳化剂。而其钙盐或者

C_{13}～C_{15}的钠盐可用于润滑油的添加剂。

2. 烷基磺酸盐(AS)

(1)结构式:$R'(R'')CHSO_3Na$,R',R'':H,C_1～C_{17};$R'+R''=C_{11}$～C_{17}。

(2)制备方法:

$$n\text{-烷烃}+SO_2+O_2 \longrightarrow AS$$

(3)性能特征:其水溶液的黏度较低,与皮肤的亲和性好,生物降解性比相似链长的LAS更好。

(4)应用领域:主要用于洗涤剂。

3. 脂肪酸亚乙基磺酸盐(Isethionates)

(1)结构式:$RCOOCH_2CH_2SO_3Na$,R:C_9～C_{17}。

(2)制备方法:

$$RCOCl+HOCH_2CH_2SO_3Na \xrightarrow{NaOH} RCOOCH_2CH_2SO_3Na+NaCl$$

(3)性能特征:C_{12}～C_{17}饱和酸的亚乙基磺酸钠在室温下的水溶性较差(0.01%,25℃),不耐硬水,降低水溶液表面张力的能力较大(C_{14}饱和酸的亚乙基磺酸钠,0.1%的水溶液的表面张力为27mN/m),具有出色的泡沫性、洗涤性和分散性能,但在热的酸碱中易水解(pH<6,pH>8)。

(4)应用领域:产品有$C_{17}H_{33}COOCH_2CH_2SO_3Na$(Igepon A),一般用于洗涤剂、合成肥皂、去油污剂和硬水起泡剂。

4. 烯烃磺酸盐(AOS)

(1)结构式:$R'CH=CH(CH_2)_xSO_3Na$(Ⅰ)与$R''CH(OH)(CH_2)_xSO_3Na$(Ⅱ)。R',$R''=C_9$～C_{15};$x=2$～3。

(2)制备方法:直链α-烯烃与SO_3反应即得,其中结构式Ⅰ约占64%～72%,结构式Ⅱ占21%～26%,还有少量二磺酸盐。

(3)性能特征:水溶性好,即使在硬水中也具有出色的泡沫性,对皮肤无刺激,生物降解性优于LAS。

(4)应用领域:一般用于洗涤剂和硬水起泡剂。

三、硫酸酯盐阴离子型表面活性剂

1. 脂肪醇硫酸酯盐或者烷基磺酸盐

(1)结构式:$ROSO_3M$,R:C_8～C_{18};M^+:Na^+,K^+,Mg^{2+},有机铵。

(2)制备方法:

$$n\text{-}ROH+SO_3 \xrightarrow{+MOH} AS$$

(3)性能特征:上述反应在室温下即可完成。耐硬水、泡沫性强,混有少量未反应的脂肪醇,则泡沫性更强。无毒,但对皮肤有刺激,而且在热的(70℃以上)酸、碱中易水解。

(4)应用领域：常见的脂肪醇硫酸酯盐的应用见表 2－2。

表 2－2 一些常见的脂肪醇硫酸酯盐的应用

表面活性剂	应用
辛基硫酸钠	润湿剂
十二烷基硫酸钠	洗涤剂、牙膏发泡剂、乳化剂等
十二烷基硫酸钾	合成皂
十二烷基硫酸镁	洗涤剂、发泡促进剂等
十二烷基硫酸铵	香波成分、发泡剂
1－辛基十六烷基硫酸钠	纺织用精练剂
1－辛基十八烷基硫酸钠	平滑剂、柔软剂

2. 脂肪醇醚硫酸盐(AES)

(1)结构式：$CH_3(CH_2)_n(OC_2H_4)_mOSO_3^-M^+$，$M^+$：$Na^+$，$K^+$等。

(2)制备方法：

$$CH_3(CH_2)_n(OC_2H_4)_mOH+SO_3 \xrightarrow{+MOH} AES$$

(3)性能特征：它是具有聚氧乙烯醚和硫酸酯盐两种亲水基的复合型表面活性剂，因此，耐硬水、电解质的能力以及起泡力都优于 AS，$m=2\sim3$ 的 AES 的洗涤能力也普遍优于 AS。不过聚氧乙烯醚(PEO)的引入也使其溶液黏度增加，特别是在加入盐时会大幅提高。

(4)应用领域：常用于衣用洗涤剂、洗发香波、o/w 型乳化剂以及灭火用泡沫剂等。

四、磷酸酯盐阴离子型表面活性剂

1. 脂肪醇磷酸酯盐或者烷基磷酸盐(MAP)

(1)结构式：$ROPO_3^{2-}(M^+)_2$，M^+：H^+，Na^+及其他碱金属离子，有机铵离子等。

(2)制备方法：

$$ROH+H_3PO_4 \longrightarrow ROPO_3H_2 \xrightarrow{+NaOH} ROPO_3HNa$$

(3)性能特征：脂肪醇磷酸酯是二元酸，但工业上制备高纯的 MAP 比较困难，不可避免地产生副产物脂肪醇磷酸二酯，MAP 的纯度一般最高在 80%左右。MAP 的优点是毒性、刺激性小，耐热碱，低泡，并具有抗静电作用。缺点是 MAP 属中等表面活性润湿剂、洗涤剂、泡沫剂，价格高，其游离酸能溶于水和有机溶剂，但钠盐不溶于非极性溶剂。

(4)应用领域：可以用于各种 pH 值领域的乳化剂，洗面乳、洗发香波以及抗静电剂等。

2. 脂肪醇醚磷酸酯盐

(1)结构式：$RO(C_2H_4O)_mPO_3^{2-}(M^+)_2$，$M^+$：$H^+$，$Na^+$及其他碱金属离子，有机铵离子等。

(2)制备方法：

$$RO(C_2H_4O)_mH+P_2O_3 \xrightarrow{+MOH} RO(C_2H_4O)_mPO_3M_2$$

（3）性能特征：与 MAP 相同。由于脂肪醇醚磷酸酯盐是聚氧乙烯醚与磷酸酯盐的复合表面活性剂，所以，水溶性和耐硬水性更好。

（4）应用领域：除与 MAP 相同外，更适合用于高盐、强碱介质。

第三节　阳离子型表面活性剂及其特性

与阴离子型表面活性剂相反，阳离子型表面活性剂电离后的表面活性片断是阳离子。这类表面活性剂的亲水基大部分是铵盐，其中常见的有长链烷基胺和季铵盐。由于大部分固体在水中往往带负电荷，所以，阳离子型表面活性剂极易吸附到固/水界面上，常被用作平滑剂、柔软剂、抗静电剂、矿石浮选剂以及防水剂等。而且，由于吸附后正电荷常常会使得细胞质发生变异，所以阳离子型表面活性剂又是一种常用的抗菌剂。阳离子型表面活性剂分子的结构如图 2－2 所示。

图 2－2　阳离子型表面活性剂分子的结构示意图

一、胺及其盐

1. 长链烷基胺及其盐

（1）结构式：$R'R''R'''N^+HX^-$，R'：$C_{12}\sim C_{18}$，$C_{17}H_{35}COOCH_2CH_2$；R''，R'''：H，CH_3，C_2H_5，$(C_2H_4O)_nH$，$n\geqslant1$；X^-：Cl^-，I^-，Br^-等。

（2）制备方法：一般通过以脂肪醇为原料合成的脂肪胺与酸中和制得。

$$R'R''R'''N+HCl \longrightarrow R'R''R'''NHCl$$

（3）性能特征：长链烷基铵盐的水溶性较差，特别是在碱性介质中，易生成亲水性较差的胺而溶解度降低。由于这类阳离子型表面活性剂的活性离子在 pH＞7 的水中为非离子，而在 pH＜7的水中为阳离子，所以，它是一类具有 pH 值敏感性的阳离子型表面活性剂，不仅容易在负电荷固体表面吸附，也容易去除。

（4）应用领域：可以用作织物柔软剂、抗静电剂等纺织助剂，特别是长链胺易在表面形成定向吸附的疏水膜，从而达到阻断来自水、盐、酸的腐蚀。其次，还可用于沥青铺路的黏合增强剂、矿石浮选剂以及低 pH 值介质中的原位乳化剂等。

2. 聚氧乙烯醚化的长链胺及其盐

（1）结构式：$RN[(CH_2CH_2O)_xH]_2$

（2）制备方法：

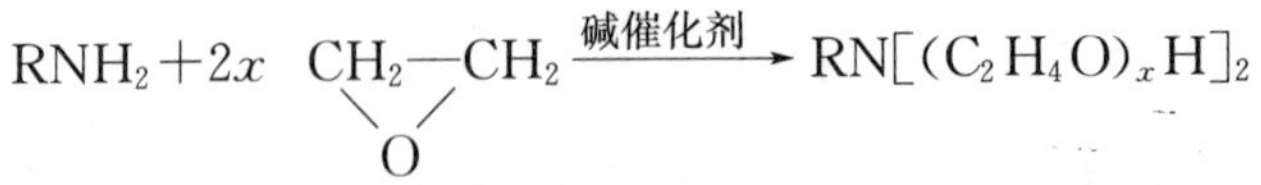

(3)性能特征：是长链胺与聚氧乙烯醚的复合型表面活性剂，具有长链胺的 pH 敏感性，而且，在碱性介质中水溶性更好。此类胺的无机酸或小分子有机酸盐都可溶于水，但与长链有机酸的盐则都是油溶性的。

(4)应用领域：可以在粘胶生产中改善再生纤维的强度，维护纺丝板不结痂，也是除草剂、杀虫剂和油漆等的乳化剂。

二、季铵盐

1. 长链季铵盐

(1)结构式：$R'R''R'''R''''N^+X^-$，R'：$C_{12}\sim C_{18}$；R''，R'''：CH_3；R''''：$—CH_2$，CH_3 等；X^-：Cl^-，I^-，Br^-等。

(2)制备方法：一般以长链脂肪叔胺为原料季铵化制得。

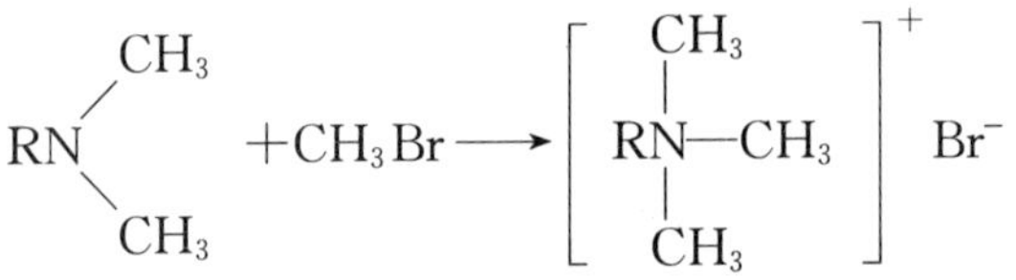

(3)性能特征：对 pH 值不敏感，其表面活性片断在不同 pH 值介质中都表现为阳离子，所以，一旦吸附于基质表面较难除去。

(4)应用领域：主要用作织物柔软剂、染色助剂和合成纤维的平滑剂。

2. 聚氧乙烯醚化的季铵盐

(1)结构式：$RN^+(CH_3)[(C_2H_4O)_xH]_2X^-$，$X^-$：$Cl^-$，$I^-$，$Br^-$等。

(2)制备方法：

$$RN[(C_2H_4O)_xH]_2+CH_3Cl \longrightarrow RN^+(CH_3)[(C_2H_4O)_xH]_2X^-$$

(3)性能特征：为季铵盐与 PEO 的复合表面活性剂，具有长链季铵盐的特性，而且耐硬水、耐电解质性能更强。

(4)应用领域：一般用作织物抗静电剂、匀染剂和柔软剂。另外，还用作金属防锈剂、肥料防结块剂、黏土在油脂中的分散剂、极性有机物(脂肪酸、胺)o/w 型的乳化剂等。

第四节　两性离子型表面活性剂及其特性

两性离子型表面活性剂的表面活性片断同时包含阳离子和阴离子，而且大多数两性离子具有等电点(IEP)并随介质 pH 值变化而变化，即具有 pH 敏感性，见表 2-3。两性离子型表面活性剂的优点是与所有类型的表面活性剂的配伍性良好。它可以吸附在带正电荷或者带负电荷的固/液界面，而不形成疏水膜。这类表面活性剂的不足之处还是与离子型表面活性剂一样，往往在包括乙醇在内的许多有机溶剂中不能溶解。两性离子型表面活性剂分子的结构如图 2-3 所示。

图 2-3 两性离子型表面活性剂分子的结构示意图

表 2-3 两性离子型表面活性剂的 pH 敏感性

阴离子	阳离子	等电点(IEP)	pH<IEP	pH>IEP	pH 敏感性
弱酸(如羧酸)	弱碱(如伯胺)	中性	阳离子	阴离子	有
弱酸(如羧酸)	强碱(如季铵)	碱性	阳离子	两性离子	部分有
强酸(如磺酸)	弱碱(如伯胺)	酸性	两性离子	阴离子	部分有
强酸(如磺酸)	强碱(如季铵)	—	两性离子	两性离子	无

从结构上分类，两性离子型表面活性剂一般可以分成三类。

一、氨基酸型两性离子型表面活性剂

1. N-烷基-β-氨基丙酸

(1)结构式：$R\overset{+}{N}H_2CH_2CH_2COO^-$

(2)制备方法：

$$RNH_2+ClCH_2CH_2COONa \longrightarrow R\overset{+}{N}H_2CH_2CH_2COO^-+NaCl$$

(3)性能特征：IEP 在 pH=4 附近，在酸、碱性介质中，分别呈阳、阴离子性，能溶于强酸、强碱，能耐电解质，但在绝大多数有机溶剂中溶解度较低，一般在碱性介质乳化和泡沫能力较酸性介质强。对皮肤刺激性小，毒性低。

(4)应用领域：由于是两性离子，故易吸附于各种固/液界面。用作织物柔软剂、抗静电剂、毛发调理剂以及金属防腐剂。

2. N-烷基氨基二丙酸

(1)结构式：$RN^+H\begin{cases}(CH_2)_2COO^- \\ (CH_2)_2COOH\end{cases}$

(2)制备方法：

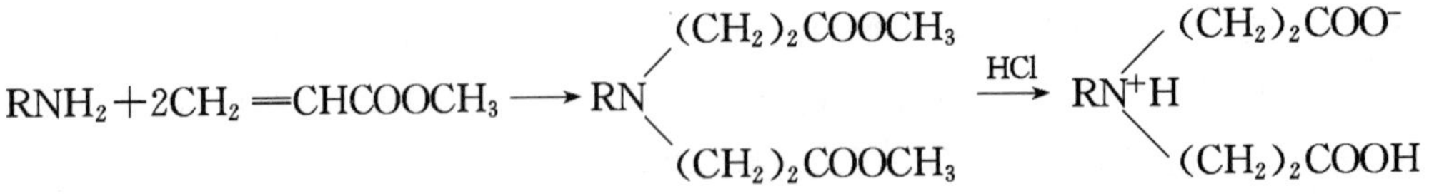

(3)性能特征:IEP 在 pH=1.7~3.5,比相应的 N-烷基氨基丙酸及其衍生物更易溶于水,刺激性更小,而且将 pH 值调至 IEP 以上,可较容易地从基质表面除去被吸附的 N-烷基氨基二丙酸表面活性剂。

(4)应用领域:用作织物柔软剂。

二、甜菜碱型两性离子型表面活性剂

1. N-烷基甜菜碱

(1)结构式:$RN^+(CH_3)_2CH_2COO^-$

(2)制备方法:

$$RN(CH_3)_2+ClCH_3COONa \longrightarrow RN^+(CH_3)_2CH_2COO^-+NaCl$$

(3)性能特征:由于其阳离子为季铵盐,所以,其等电点实际为中性偏碱性的一个区域,在酸性介质内是阳离子。在 pH=7 时刺激性最小。往往像阳离子表面活性剂那样,易吸附于负电荷表面,而不受 pH 值影响。其在酸性介质中的润湿性和泡沫性优于碱性。

(4)应用领域:用作织物柔软剂。

2. 磺基甜菜碱

(1)结构式:$RN^+(CH_3)_2(CH_2)_xSO_3^-$

(2)制备方法:

$$RN(CH_3)_2+Cl(CH_2)_xSO_3Na \longrightarrow RN^+(CH_3)_2(CH_2)_xSO_3^-+NaCl$$

(3)性能特性:为 pH 不敏感的两性离子型表面活性剂,在任何 pH 值条件下都能吸附在带电表面而不会形成疏水膜。磺基甜菜碱的水溶性不如羧基或硫酸基同系物,改进方法是在疏水链中引入极性基,例如 $RCONH(CH_2)_3N^+(CH_3)_2CH_2CH(OH)CH_2SO_3^-$,不仅在浓酸、碱及盐中的溶解度高,而且,刺激性更低,生物降解性更好。

(4)应用领域:与其他两性离子型表面活性剂一样,可以用作渗透剂、分散剂和洗涤剂。

三、咪唑啉型两性离子型表面活性剂

(1)结构式: 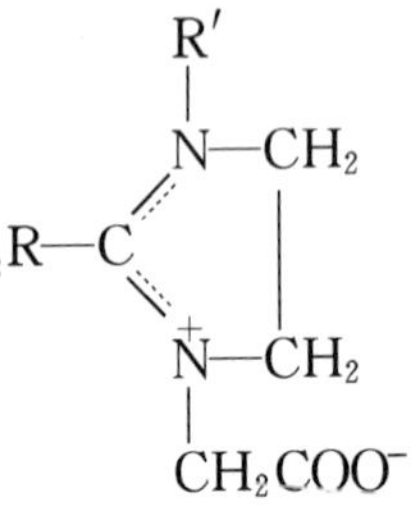 ,R′:H,CH_3,CH_2COO^-。

(2)制备方法：

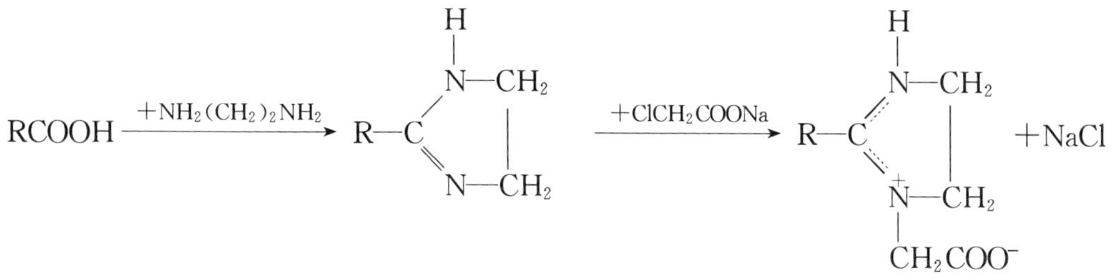

(3)性质特征：此类两性离子型表面活性剂随着 R′取代基的不同，其性质有较大的变化。当 R′=H 时，往往表现为一种完全 pH 敏感型表面活性剂。而当 R′=CH_3 时，则其 pH 敏感性更接近 *N*-烷基甜菜碱，即在酸性介质中表现为阳离子，在碱性介质中表现为两性离子的部分 pH 敏感性。能与所有种类的表面活性剂复配，而且，能溶于高浓度的盐、酸和碱水溶液。R′中也含有羧基时，其产物的皮肤和眼的刺激性极小。

(4)应用领域：是一种可以通过调碱的方法简单去除的织物柔软剂，也可用于化妆品。

第五节　非离子型表面活性剂及其特性

非离子型表面活性剂在水中是不电离的，所以它与其他表面活性剂的配伍性好，耐电解质、硬水以及金属离子的能力强，其特点是在水中的表面活性较高，并且随温度升高而增高，与其他表面活性剂相比，其不仅能溶于水，还能溶于有机溶剂，甚至烃类。其中，聚氧乙烯醚非离子型表面活性剂常常是炭黑等疏水性颗粒的分散剂。缺点是由于为非离子型，所以在带电界面无强的静电吸附作用。非离子型表面活性剂分子的结构如图 2-4 所示。

表面活性分子

图 2-4　非离子型表面活性剂分子的结构示意图

非离子型表面活性剂一般分为两类(表 2-4)：多元醇型和聚氧乙烯醚型。

表 2-4　非离子型表面活性剂的分类及举例

多元醇型		聚氧乙烯醚型	
种　类	结构式	种　类	结构式
脂肪酸乙二醇酯	$RCOOCH_2CH_2OH$	脂肪醇聚氧乙烯醚	$RO(CH_2CH_2O)_nH$
脂肪酸甘油酯	$RCOOCH_2CH(OH)CH_2OH$	烷基酚聚氧乙烯醚	$R-C_6H_4-O(CH_2CH_2O)_nH$
脂肪酸季戊四醇酯	$RCOOC_5H_8(OH)_4$	脂肪酸聚氧乙烯醚酯	$RCOO(CH_2CH_2O)_nH$
脂肪酸失水山梨醇酯	$RCOOC_7OH_8O(OH)_3$	脂肪胺聚氧乙烯醚	$RNH(CH_2CH_2O)_nH$
脂肪酸蔗糖酯	$RCOOC_{12}O_3H_{14}O(OH)_7$	*N*-聚氧乙烯醚脂肪酰胺	$RCONH(CH_2CH_2O)_nH$
烷基糖苷	$ROC_{12}O_3H_{14}(OH)_7$	嵌段聚醚	$HO[CH_2CH(CH_3)O]_m(CH_2CH_2O)_nH$

一、多元醇非离子型表面活性剂

这类表面活性剂的亲水基为多元醇，所谓多元醇即除甘油、乙二醇等小分子醇之外，大多数是一些葡萄糖、蔗糖以及山梨醇等糖类，并通过醇醚、酚醚、酯等化学键与疏水基连接而成。这类表面活性剂的水溶性较差，具有较强的表面活性，是许多乳化剂中常用的组分之一。而且，毒性极低，对人体安全无毒，对环境友好，可生物降解，是一类极具应用前景的表面活性剂。一些典型的产品如下：

1. 脂肪酸缩水山梨醇酯

不同脂肪酸的缩水山梨醇酯被称为斯盘(Span)系列。

(1)结构式：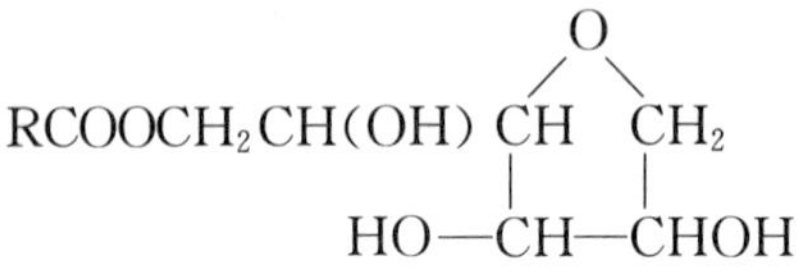

(2)制备方法：

$$RCOOH + C_6H_8(OH)_6 \xrightarrow[230\sim250^\circ C]{NaOH, N_2} RCOOC_6H_8O(OH)_3 + 2H_2O$$

(3)性能特征：上述反应产物除单酯外，还有副产物双酯和三酯，所以，往往是混合物。缩水山梨醇酯一般为油溶性，很难在水中单独使用。常用的斯盘系列产品见表 2-5。

表 2-5 斯盘(Span)和吐温(Tween)系列的组成及性状

Span 系列	组　成	熔点/℃ 及其性状	HLB 值	Tween 系列	组　成	熔点/℃ 及其性状	HLB 值
Span 20	缩水山梨醇单月桂酸酯	室温，油状	8.6	Tween 20	Span20+20molEO	室温，油状	16.7
Span 40	缩水山梨醇单棕榈酸酯	42～46	6.7	Tween 40	Span40+20molEO	室温，油状	15.6
Span 60	缩水山梨醇单硬脂酸酯	49～53	4.9	Tween 60	Span60+20molEO	室温，油状	14.9
Span 65	缩水山梨醇三硬脂酸酯	44～48	2.1	Tween 65	Span65+20molEO	27～31	10.5
Span 80	缩水山梨醇单油酸酯	室温，油状	4.3	Tween 80	Span80+20molEO	油状	15.0
Span 85	缩水山梨醇三油酸酯	室温，油状	1.8	Tween 85	Span80+20molEO	室温，油状	11.0

(4)应用领域：一般用于 w/o 型的乳化剂，纺织工业的许多纤维用油剂和助剂以及食品、化妆品和药品常常含有此类产品。

2. 蔗糖酯

(1)结构式：$RCOOC_{12}H_{21}O_{10}$

(2)制备方法：

$$RCOOCH_3 + C_{12}O_3H_{14}(OH)_8 \xrightarrow[90\sim100^\circ C]{K_2CO_3\ 减压} RCOOC_{12}O_3H_{14}(OH)_7 + CH_3OH$$

(3)性能特征：除了具有非离子型表面活性剂一般的特征，即临界胶束浓度(cmc)较小，降低表面张力的能力大，泡沫性差之外，是一类安全、无毒、无臭、无异味、无刺激、无污染的环境友好型表面活性剂。一般为白色粉状、块状或蜡状固体，易溶于乙醇、丙酮等极性有机溶剂，水溶性好于相应的缩水山梨醇酯。其单酯的 HLB 值为 10～16，双酯 HLB 值为 7～10，三酯 HLB 值为 1～7。一些蔗糖单酯的性状见表 2－6：

表 2－6　一些蔗糖单酯的性状

种　　类	软化点/℃	1%水溶液的表面张力/(mN/m)
月桂酸蔗糖酯	90～91	33.4
豆蔻酸蔗糖酯	67～69	33.1
硬脂酸蔗糖酯	52～53	33.5
油酸蔗糖酯	50～54	31.8

(4)应用领域：由于蔗糖酯的 HLB 值分布较宽，所以用作 o/w 和 w/o 的乳化剂，又因为其无毒，无刺激，还有营养，所以广泛用于轻纺、食品和医药领域。

3. 烷基聚葡糖苷(APG)

APG 是 20 世纪后叶开发的一类由淀粉及其水解糖与脂肪醇缩合而成的新一代多元醇非离子型表面活性剂。

(1)结构式：$RO\{O_6O_2H_7(OH)_3\}_nH$，$n=1,2,3\cdots$

(2)制备方法：

$$ROH + HO\{C_6O_2H_7(OH)_3\}_nH \xrightarrow{酸性催化剂} RO\{C_6O_2H_7(OH)_3\}_nH + H_2O$$

目前，如上所示的直接糖苷化一步法在实际工业化生产中尚不多见，而迄今普遍采用的方法是二步法即转移醚化法。

(3)性能特征：这类表面活性剂除了具有与脂肪醇聚氧乙烯醚相近的降低表面张力的能力之外，而且是乳化、增溶和分散性能极佳，泡沫、润湿和去污能力适中，安全、生态无毒、无刺激的表面活性剂。

(4)应用领域：鉴于其上述特征，烷基聚葡糖苷在洗涤剂、化妆品、药品、食品、涂料、农药以及纺织加工、制革、石油开采等领域具有广泛的应用前景。

二、聚氧乙烯醚非离子型表面活性剂

这类表面活性剂的亲水基是聚氧乙烯醚(或聚乙二醇)，所以，其亲水性与乙氧基的聚合度成正比。由于聚氧乙烯醚基与水形成的氢键随温度升高而易于脱氢键，这类表面活性剂在水中的溶解度随温度升高而降低，而表面活性增大。其中酚醚类以其化学性质稳定，耐酸碱、耐高温，并可以通过调节其乙氧基的数目，调节其亲水亲油性，使其在各种领域具有广泛的应用。但由于其生物降解性差，毒性较大，目前正在被其他的聚氧乙烯醚非离子型表面活性剂所取代。

1. 脂肪醇聚氧乙烯醚

(1)结构式：$RO(CH_2CH_2O)_nH$

(2)制备方法：

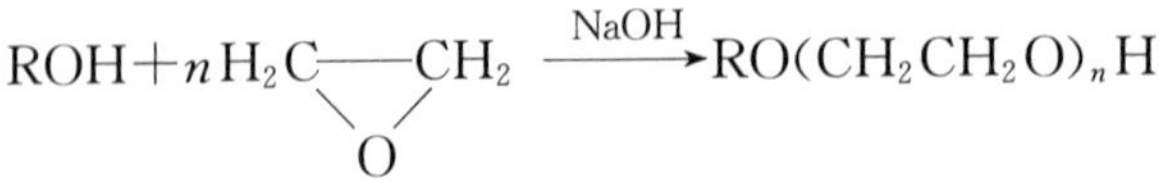

(3)性能特征：与烷基酚聚氧乙烯醚相比，此类表面活性剂毒性低，刺激性小，生物降解性较好，而与脂肪酸聚氧乙烯醚相比，则稳定性较高，水溶性较好。通常含1～5mol 乙氧基(EO)的产品是油溶性的，完全溶解于烃类；含7～10mol 乙氧基的产品能在水中分散或溶解；为了获得理想的水溶性，十八醇需要加成12～15mol 环氧乙烷，而十八烯醇则需要加成7～9mol 环氧乙烷。以十二醇聚氧乙烯醚为例，各种性能与乙氧基的加成数 n 的关系如图2-5所示。

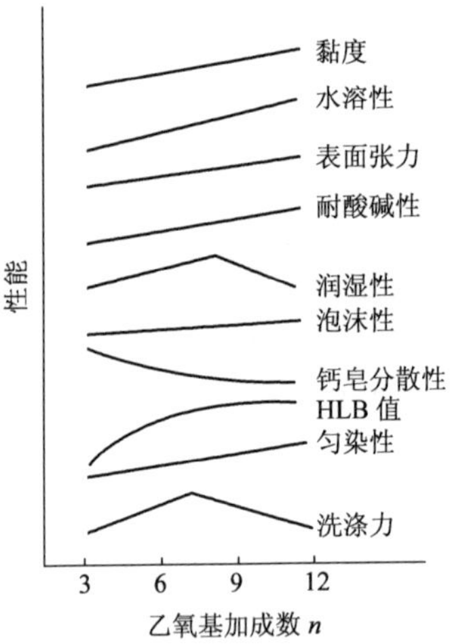

图2-5 十二醇聚氧乙烯醚的各种性能与其乙氧基加成数 n 的关系

(4)应用领域：由于乙氧基的加成数可调，所以它不仅可用作润湿剂、乳化剂、洗涤剂，甚至可用作钙皂分散剂和匀染剂。常用的有渗透剂JFC，分子式为：

$$C_{7\sim9}H_{15\sim19}O(CH_2CH_2O)_{5\sim6}H$$

具有良好的润湿力，广泛用于纤维加工。另外，还有平平加O，此为十八醇和十八烯醇与15～20mol 环氧乙烷加成的产物。在印染工业中用作匀染剂，此外还可以用作抗静电剂和乳化剂。椰子油醇的低摩尔环氧乙烷加成物则用作 w/o 型乳化剂。

2. 脂肪酸聚氧乙烯醚酯

(1)结构式：$RCOO(CH_2CH_2O)_nH$

(2)制备方法：有两种方法。

①采用环氧乙烷加成：

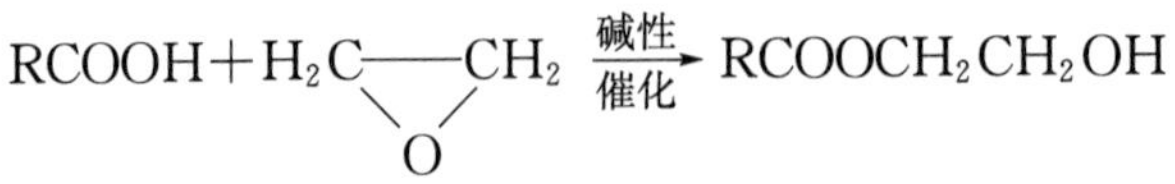

当脂肪酸与环氧乙烷完全加成后，

$$RCOOCH_2CH_2OH+(n-1)H_2C\underset{O}{\diagdown\!\!\!\diagup}CH_2 \xrightarrow{\text{碱性}} RCOO(CH_2CH_2O)_nH$$

在碱性催化下，同时也形成双酯和聚乙二醇：

$$2RCOO(CH_2CH_2O)_nH \xrightleftharpoons{\text{碱性}} RCOO(CH_2CH_2O)_nOCR+HO(CH_2CH_2O)_nH$$

②采用聚乙二醇直接酯化：

$$RCOOH+HO(CH_2CH_2O)_nH \rightleftharpoons RCOO(CH_2CH_2O)_nH+H_2O$$

由于聚乙二醇有两个羟基，所以反应也可以生成二酯：

$$2RCOOH+HO(CH_2CH_2O)_nH \rightleftharpoons RCOO(CH_2CH_2O)_nOCR+2H_2O$$

以上两种方法往往得到的都是混合物。

(3)性能特征：其水溶性正比于分子中 EO 的加成数。通常，加成 1～8mol EO 的产品为油溶性，可完全溶于烃类；当 EO 加成数增至 12～15mol 时才能在水中分散、溶解。与脂肪醇聚氧乙烯醚相比，其润湿性、去污性、发泡力以及耐酸碱性均较差，但具有良好的乳化、润湿、分散、悬浮能力。

(4)应用领域：用作金属加工工业的平滑添加剂，纺织工业的柔软剂和抗静电剂。一般，油酸的 6mol 聚氧乙烯醚酯是油脂、矿物油出色的油溶性乳化剂，特别适用于中性乳化；油酸的 9mol 聚氧乙烯醚酯，可在水中分散，但分散不好，可用作 w/o 型乳化剂；当 EO 的加成数达12～15mol 时，宜用作洗涤剂；EO 加成数达 22mol 时，则适用作 o/w 型乳化剂。而月桂酸与 9mol 的 EO 加成物有良好的洗净、平滑和乳化性，常用作合成纤维油剂。

3. 聚醚

聚醚是以聚氧丙烯醚为亲油基，聚氧乙烯醚为亲水基的非离子型表面活性剂。

(1)结构式：$HO[CH_2CH(CH_3)O]_n(CH_2CH_2O)_mH$

式中，n 至少为 15，$(CH_2CH_2O)_mH$ 则为聚醚总重量的 10%～80%。上式为 AB 型聚醚，也有 ABA 型聚醚，为一类高分子表面活性剂。

(2)制备方法：一般用环氧乙烷和环氧丙烷通过开环、嵌段、共聚制得。

(3)性能特征：聚醚的性质取决于亲油基和亲水基的比例及其相对分子质量。通常，随着聚醚的相对分子质量和聚氧乙烯醚段的增加，其润湿性、去污性和分散性增强，降低表面张力的能力降低。而当乙氧基数量相同时，亲油基聚氧丙烯醚基增长，则去污能力提高。但聚醚的起泡性差，乙氧基含量少的品种几乎无泡，随乙氧基增加或者温度升高，其起泡性增大，但稳泡性仍然不佳。

(4)应用领域：由于其低泡特性，是生产低泡洗涤剂的重要原料。此外，聚醚可用作润湿剂、抗静电剂、分散剂、乳化剂和平滑剂等。

4. 乙氧基化的脂肪酸缩水山梨醇酯(Tween 系列)

这类表面活性剂是以 Span 系列为原料，通过环氧乙烷开环加成制得的表面活性剂。

(1)结构式:

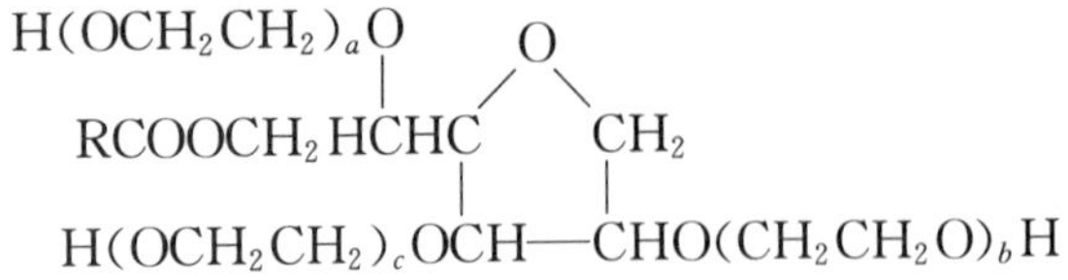

(2)制备方法:

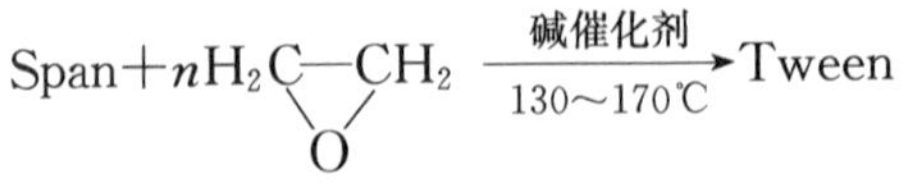

$n=a+b+c$

(3)性能特征:在 Span 基础上加成环氧乙烷,使其亲水性大大提高,常见的 Tween 产品见表 2-5。

(4)应用领域:由于 Span 系列和 Tween 系列的产品其 HLB 值包含范围为 1.8~16.7,所以两系列的复配可以配制不同 HLB 值的混合水溶液。

第六节 其他类型的表面活性剂

一、高分子表面活性剂

高分子表面活性剂是一类由许多重复单元通过化学键连接而成,相对分子质量在数千以上并具有表面活性的高分子化合物。虽然,聚氧乙烯醚非离子型表面活性剂也是通过环氧乙烷的开环聚合而成,但其相对分子质量一般在 1000 以下。根据高分子表面活性剂的来源一般可以分为天然高分子表面活性剂、半合成高分子表面活性剂和合成高分子表面活性剂三种,而根据其在水中电离性质又可以分为阴离子型、阳离子型、两性离子型和非离子型高分子表面活性剂(表 2-7)。与传统低分子表面活性剂相比,高分子表面活性剂降低表(界)面张力的作用较差,而且其相对分子质量大,扩散渗透作用较弱。在水中一般存在两种状态的高分子表面活性剂,一种是分子分散的水溶性高分子,另一种则是能形成胶束结构的两亲性高分子。

表 2-7 高分子表面活性剂的分类

来 源	阴离子型	阳离子型	非离子型	两性离子型
天 然	海藻酸钠、果胶酸钠、咕吨胶	壳聚糖	各种淀粉	明胶、多肽
半合成	羧甲基纤维素、淀粉(甲基)丙烯酸接枝淀粉、木质素磺酸盐	阳离子淀粉 改性壳聚糖	甲基纤维素(MC)、乙基纤维素(EC)、羟乙基纤维素(HEC)	改性蛋白质
合 成	聚丙烯酸(AA)、聚马来酸(MA)、水解聚丙烯酰胺	聚乙烯基吡啶(VP)	聚醚、聚乙烯醇、聚丙烯酰胺、聚乙烯基吡咯烷酮、聚乙烯亚胺(VA)	AA 与 VP 共聚物、两性丙烯酸酯共聚物、两性丙烯酰胺共聚物

1. 水溶性高分子表面活性剂

包括天然水溶性高分子，例如明胶、淀粉各种多糖以及树脂等；半合成水溶性高分子，例如阳离子淀粉、甲基纤维素、羧甲基纤维素等；以及通过水溶性单体的均聚或共聚得到的合成水溶性高分子，例如(甲基)丙烯酸盐、乙烯基苯磺酸盐、乙烯基硫酸盐、乙烯基吡啶盐、丙烯酰胺以及乙烯基吡咯烷酮等的均聚物或共聚物。水溶性高分子在水中虽然不能形成胶束，但由于其相对分子质量大，根据其不同的分子结构，又能与各种有机化合物发生缔合作用。而且，由于其分子内的排除体积效应，分子在水中呈现舒展的构象，特别是聚电解质能显著提高水溶液的黏度，并易在固/液和液/液界面吸附，具有增溶、稳定泡沫、分散、凝聚和乳化等能力，广泛用于增溶剂、增稠剂、减阻剂、胶凝剂、分散剂、絮凝剂、乳化剂、破乳剂、保湿剂和抗静电剂等领域。

2. 两亲性高分子表面活性剂

即分子链上既有亲水性链节，又有疏水性链节的高分子表面活性剂，与水溶性高分子相比，性质上更接近传统低分子表面活性剂，所以也称为聚皂。一般有两种制备方法：其一为亲水性高分子的疏水性改性方法，例如，许多天然的多通过长链烷烃或烷芳烃链接枝得到的两亲性高分子；其次，即直接通过亲水性和疏水性单体共聚的方法，例如，丙烯酸盐与丙烯酸酯、马来酸酐与烯烃、*N*-烷基丙烯酰胺与季铵化丙烯酰胺的共聚物等。一般共聚的方式有三种，即随机共聚、接枝共聚和嵌段共聚(图 2-6)。由于具有两亲性，所以比水溶性高分子更易进入界面，而且，一旦在界面吸附又比低分子表面活性剂更难脱附，是一类高效能的分散剂、乳化剂以及乳化和泡沫稳定剂。当两亲性高分子中的疏水链占 30%以上时，单个分子链在无限稀的水溶液中呈现线团状(图 2-7)，即单分子胶束稳定存在于本体相中，这可能就是两亲性高分子表面活性剂降低表(界)面张力的能力仍然不佳的原因之一。

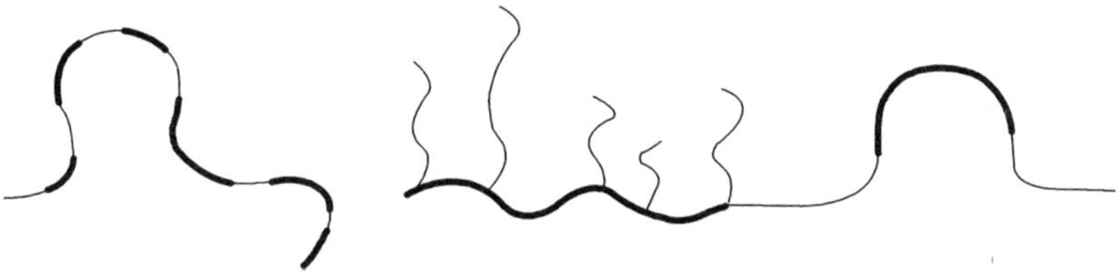

图 2-6 三种共聚方式的两亲性高分子表面活性剂

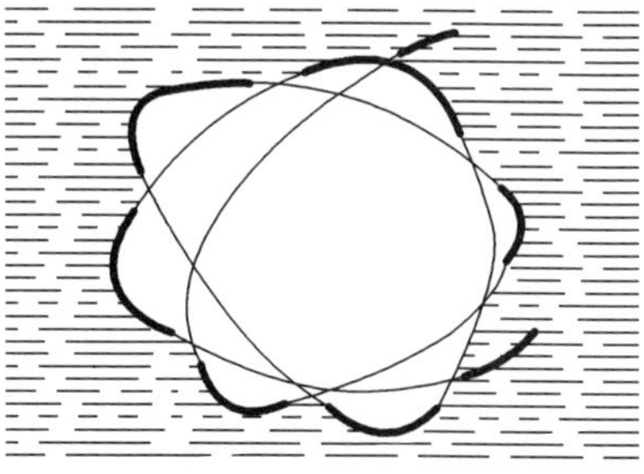

图 2-7 两亲性高分子链在无限稀的水溶液中呈现的线团状

二、偶联型表面活性剂

偶联型表面活性剂是从 20 世纪末开始研究开发的一类新型表面活性剂。与普通表面活性剂不同的是偶联型表面活性剂相当于将两个表面活性剂分子通过偶联基连接而成，具有两亲水头与两疏水链的双体结构的表面活性剂(图 2-8)。

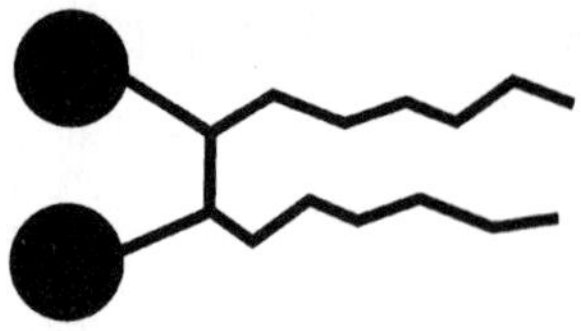

图 2-8　偶联型表面活性剂的结构示意图

常见的亲水基有阳离子型的季铵盐、吡啶盐等，阴离子型的磷酸盐、硫酸盐、磺酸盐以及羧酸盐等，非离子型的聚氧乙烯醚和各种糖基。疏水链主要是饱和烃，也有氟代烃、不饱和烃以及聚氧丙基等。连接的两个亲水基可以相同，例如阳离子型、阴离子型的偶联型表面活性剂，也可以不同，例如阳离子和阴离子和非离子等两性离子型的偶联型表面活性剂。与偶联型表面活性剂的单体相比，偶联型表面活性剂的 CMC 要降低 1～2 个数量级，表面活性大大提高。不仅容易表(界)面吸附，而且能在表(界)面上堆砌紧密，有利于降低液体的表面张力，也有利于固体表面的平滑；容易形成胶团、胶束，有利于提高其增溶作用。而且，偶联型表面活性剂能在很宽的浓度范围内形成囊泡和液晶，它的这些特性正在受到广泛的关注。

三、反应性表面活性剂

所谓“反应性”是指含有反应性双键或者三键的表面活性剂。常见的有阴离子型的磺酸盐，例如，丙烯酰胺的烷基磺酸盐[结构式(A)]，马来酸酯的烷基磺酸盐[结构式(B)]，阳离子型的季铵盐[结构式(C)和(D)]，两性离子型的磷酸酯[结构式(E)]，非离子型的亚油酰单乙醇胺聚氧乙烯[结构式(F)]以及甲基丙烯酸酯的聚醚[结构式(G)]和复合型反应性表面活性剂的非离子—阴离子型[结构式(H)]以及非离子—阳离子型[结构式(I)]。

(A) $CH_2{=}CH{-}CONH{-}CH(CH_2SO_3^-){-}(CH_2)_nCH_3$

(B) $CH_3(CH_2)_nOCOCH{=}CHCOO(CH_2)_3SO_3^-$

(C) $[CH_2{=}C(CH_3)COO(CH_2)_{11}]_2\overset{+}{N}(CH_3)_2$

(D) $CH_2{=}C(CH_3)COO(CH_2)_{11}\overset{+}{N}(CH_3)_2(CH_2)_{13}CH_3$

(E) $CH_3(CH_2)_2C{\equiv}C(CH_2)_7OCOCH_2$
$CH_3(CH_2)_2C{\equiv}C(CH_2)_7OCOCHOPO_3(CH_2)_2\overset{+}{N}H(CH_3)_2$

(F) $CH_3(CH_2)_4CH{=}CHCH_2CH{=}CH(CH_2)_7CONH(C_2H_4O)_nH$

(G) $CH_2{=}C(CH_3)COO[CH(C_2H_5)CH_2O]_n(CH_2CH_2O)_mH$

(H) $CH_2{=}CHCH_2O[CH(C_2H_5)CH_2O]_n(CH_2CH_2O)_mSO_3^-$

(I) 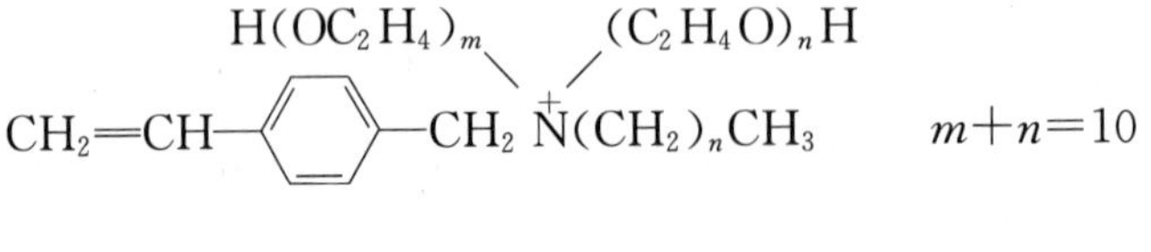
$m+n=10$

这些反应性表面活性剂不仅具有良好的表面活性，而且具有反应活性，一旦在 UV 光或者引发剂下引发即可发生自聚或共聚合。在使用引发剂时，应该考虑反应基团在表面活性剂分子中的位置，通常可聚合双键的位置在疏水基部分时，最好采用油溶性引发剂，反之则水溶性引发剂更好。目前，反应性表面活性剂主要有以下几方面的应用。

1. 乳液聚合

大多数反应性表面活性剂作为可聚合乳化剂用于乳液聚合。例如纺织用聚丙烯酸酯和聚醋酸乙烯酯涂料，通常都采用乳液聚合的方法合成，不仅可以避免使用有机溶剂，而且聚合物相对分子质量可望提高，但是，普通乳化剂的存在会严重影响涂料的成膜性能。由于可聚合乳化剂参与聚合，可以大大削弱因竞争吸附产生的问题，提高涂料成膜的粘接性、抗水和抗化学药品的性能。

2. 表面交联

反应性表面活性剂也可以用作涂料的交联剂。它们在涂料干燥成膜过程中经引发而交联聚合，不仅大大提高胶膜的机械性能，而且加快了干燥速度和耐水性。

3. 表面改性

固体表面通过吸附反应性表面活性剂，并使其交联聚合，可以改善其表面性能，使原来疏水性表面变为亲水性，也可以使亲水性表面变为亲油性，从而赋予固体表面特殊的功能。实验证明：由两个具有反应性基团的疏水链构成的表面活性剂，例如结构式 C 和 E，作为表面改性剂的效果最佳。这种结构在固体表面的覆盖效果最好，而且，大量可聚合基团的交联能够形成高分子量的网络结构，使改性层更牢固地吸附在表面上（图 2－9）。

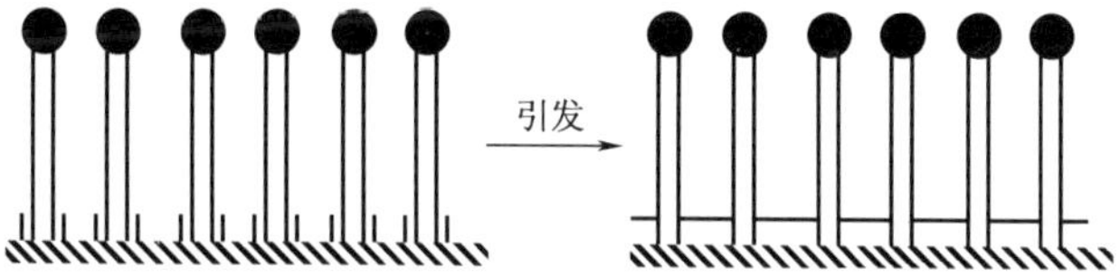

图 2－9　反应性表面活性剂对固体表面的改性示意图

四、微生物表面活性剂

这是一类从 20 世纪 70 年代后发展起来的，利用微生物发酵方法合成的表面活性剂。许多微生物包括细菌、酵母菌以及霉菌等在其代谢过程中会分泌出具有表面活性的代谢产物，例如，糖脂、磷脂、脂肽、脂多糖以及中性类脂等。微生物表面活性剂在结构上与普通表面活性剂相似，其疏水基一般为 C_8～C_{18} 的饱和或者不饱和脂肪酸及其羧基脂肪酸，不少微生物表面活性剂内疏水基往往是由多条羟基脂肪酸的缩合物或者多条脂肪酸分别以酯键、酰胺键的形式连接在亲水基上，所以表现出较高的表面活性；其亲水基则羧基的阴离子型、多糖或多元醇的非离子型、氨基酸或多肽的两性离子型及其复合型多种类型（表 2－8），阳离子型微生物表面活性剂至今尚未见报道。

表 2-8 微生物表面活性剂的分类、常见产物及其亲水基结构类型

类　型	常见产物	举例(亲水基类型)
糖　脂	鼠李糖脂、海藻糖脂、槐糖脂等	鼠李糖脂 Ⅰ～Ⅳ(阴、非离子的复合型)
脂肪酸中性类脂	甘油单、双酯,脂肪醇,蜡以及脂肪酸	脂肪酸甘油单酯(非离子型)
磷　脂	α-磷脂、β-磷脂、鞘磷脂等	α-磷脂酰胆碱(两性离子型)
含氨基酸类脂	脂蛋白、脂肽、脂氨基酸等	脂肽(两性离子型)
聚合物	脂多糖、脂多糖蛋白复合物	脂多糖 Emulsan(非离子型)
全　胞	微生物破乳剂	微生物破乳剂(复合型)

与合成表面活性剂相比,微生物表面活性剂除了其生产工艺安全、生态、环境友好以及其本身无毒、无刺激和生物可降解之外,其最大特点是具有极高的表面活性(表 2-9)。其中一部分相对分子质量较小的微生物表面活性剂具有极强降低表(界)面张力的能力;而另一部分相对分子质量较大的则虽然不能显著降低表(界)面张力,但与油水界面却具有很强的亲和力,例如脂多糖 Emulsan 只能将水/十六烷的界面张力从 47mN/m 降至 30mN/m,但是,由于它在水和油中的溶解度都很低,极易吸附到油水界面上,从而大大提高乳液的稳定性。正因为以上原因,微生物表面活性剂在纺织、医药、化妆品和食品等工业领域都有广泛的应用前景。但要想对微生物表面活性剂进行大规模工业开发,特别是在纺织工业中得以应用,降低微生物的发酵成本,提高产率,简化工艺,降低分离、纯化的成本是必须解决的关键问题。

表 2-9 一些常见的微生物表面活性剂的表面活性

表面活性剂	最低表面张力 γ_{CMC}/(mN/m)	临界胶束浓度/(mg/L)	最低界面张力/(mN/m)
鼠李糖脂Ⅰ	27	10	<1
鼠李糖脂Ⅱ	26	20	4
鼠李糖脂Ⅲ	30	200	<1
鼠李糖脂Ⅳ	25	200	<1
海藻糖-6-棒杆霉菌酸酯	32	3	16
海藻糖-6,6′-棒杆霉菌酸酯	36	4	17
海藻糖-2,3,4,2′-四酶	26	15	<1
甘露糖-6-棒杆霉菌酸酯	40	5	19
葡萄糖-6-棒杆霉菌酸酯	40	10	9
麦芽糖-6-棒杆霉菌酸酯	33	1	1
麦芽糖-6,6′-棒杆霉菌酸酯	46	10	13
纤维二糖-6-棒杆霉菌酸酯	35	3	1

五、绿色表面活性剂

"绿色"是 20 世纪后期提出的一个新理念,所谓"绿色"应该包含无毒、无害、无刺激、可生物

降解、生态能循环利用和环境友好，而“绿色表面活性剂”则应该包含其生产原料绿色、生产过程绿色以及产物绿色。前述微生物表面活性剂除了其在发酵和分离、纯化过程中可能会造成一定的环境问题外，是表面活性剂生产的一个“绿色化”范例，所以，绿色表面活性剂应该是今后很长一段时期的努力目标。目前，在合成表面活性剂的研究开发中，不仅关注原料和过程绿色，例如利用生物酶对底物进行化学修饰来合成表面活性剂，同时，对合成表面活性剂的“绿色”性能给予高度重视。而提高合成表面活性剂的“绿色”性能至少存在以下三个方面的工作。

1. 降低表面活性剂的刺激性

表面活性剂在与皮肤黏膜接触时，对其表皮的保湿因子、皮脂，甚至细胞及其细胞间脂质等存在溶解作用；同时也会渗入表皮，甚至会吸附于蛋白质表面使之变性，从而使皮肤致敏、发炎。通常，影响表面活性剂的刺激性大小的因素如下。

(1)表面活性剂的亲水基。不同类型亲水基的刺激性排序一般如下：阳离子型＞阴离子型＞两性离子型＞非离子型。在一些常用的含阴离子活性基的表面活性剂中，其刺激性排序如下：烷基苯磺酸盐(LAS)＞烷基磺酸盐(AS)＞烯烃磺酸盐(AOS)＞脂肪醇醚硫酸酯盐(AES)＞*N*-脂肪酰基-*N*-甲基牛磺酸钠＞脂肪酸多肽缩合物＞*N*-脂肪酰肌氨酸盐＞十二烷基氨基丙酸衍生物＞两性甜菜碱＞咪唑啉两性离子型表面活性剂＞磺基琥珀酸单酯二钠盐。而在聚氧乙烯醚非离子型表面活性剂中，随乙氧基增加，刺激性减小，而且在其他离子型表面活性剂中引入乙氧基也能降低其刺激性。

(2)表面活性剂的疏水基。一般认为疏水基链越长，支化度越小，表面活性剂对皮肤的刺激性越小。不过有人考察了不同链长的AS、LAS和AOS对皮肤的刺激大小发现：C_{10}～C_{14}的阴离子型表面活性剂对皮肤的刺激作用相对比较强。

(3)表面活性剂的相对分子质量。表面活性剂的相对分子质量越大，其渗透性则越弱，对皮肤的刺激性则越小。

2. 减小表面活性剂的毒性

表面活性剂对人体的毒性一般分为急性、亚急性和慢性三种。在急性试验中阳离子型表面活性剂表现出较高的毒性，与之相比阴离子型明显较低，而两性离子型和非离子型的急性毒性更低，是比较安全的。而亚急性和慢性试验表明现代生产、生活中使用的表面活性剂对人体来说具有足够的安全性。即使是阳离子型表面活性剂，例如烷基二甲基苄基氯化铵在做动物试验时几乎无亚急性和慢性影响。但浓度高时，也能抑制发育，甚至刺激消化道，妨碍正常的营养摄取而呈现其亚急性和慢性毒性。

3. 改善表面活性剂的生物降解性

生物降解性通常是指在自然环境下，表面活性剂受到微生物作用所引起结构变化而被破坏瓦解的性能，表面活性剂的生物降解性是环境友好与否的基本条件。20世纪五六十年代造成泡沫涌塞下水道并积浮江河，严重污染世界自然水系统的支链烷基苯磺酸钠就是因为其不良的生物降解性。实际上，表面活性剂的生物降解是由微生物活动所导致的氧化过程引起的，而这种氧化过程一般分为三个步骤，即表面活性剂因氧化而失去表面活性的初级降解、导致不污染环境的次级降解以及最终生成CO_2、H_2O和NH_3等无机物的最终降解。其中，次级降解应该是表面活性剂的环境可接受生物降解的最低标准。

有关影响表面活性剂生物降解的因素尚有待进一步研究，一般存在以下规律：

(1)不同类型表面活性剂中，阳离子型表面活性剂具有抗菌性，生物降解性最差，其次是阴离子型，两性离子型表面活性剂的生物降解性相对最易；

(2)相同类型表面活性剂中的疏水基的链长越长，则生物降解性越差，而且支链的表面活性剂较直链的难生物降解，分子中含酚基时更难降解，例如在一些阴离子型的硫酸盐和磺酸盐表面活性剂中，直链的烷基醇硫酸酯盐的生物降解性最佳，而在各种十二烷基酚磺酸盐中，直链者[LAS,$CH_3(CH_2)_{11}C_6H_4SO_3Na$]最易生物降解，其次为支链的四聚丙烯苯磺酸钠{ABS,$(CH_3)_2CH[CH_2CH(CH_3)]_3C_6H_4SO_3Na$}，生物降解性最差的是支化度最高的同分异构体[$(CH_3)_3CCH_2C(CH_3)_2(CH_2)_4C_6H_4SO_3Na$]；

(3)聚氧乙烯醚非离子型表面活性剂中的PO、EO链节越长，生物降解性越差，而且相同链长的PO链比EO链更难生物降解。

思考题

1. 表面活性剂按疏水基分类有哪几种？它们分别有什么特征？
2. 表面活性剂按亲水基分类有哪几种？它们分别有什么特征？
3. 除了传统意义上的表面活性剂之外，还有哪些表面活性剂？它们分别有什么特征？

第三章　表面活性剂的界面吸附

界面吸附是指物质由相内部富集于界面的现象。例如，水的活性炭净化技术就是利用活性炭极大的比表面积，吸引水中的有害物质，富集于固/水界面上，达到净化之目的。在此过程中吸附水中有害物质的活性炭被称为吸附剂，而被吸附的有害物质为吸附质。物质的这种界面吸附的驱动力来自界面的比表面自由能(或界面张力)降低的趋势，所以，界面吸附不仅仅发生在大比表面系统，也可以发生在一般的固/液界面、液/液界面和气/液界面。表面活性剂由于其特有的逃逸水的双亲性分子结构，使其在各种界面吸附中扮演了极其重要的角色，是一类特殊的吸附质。

研究表面活性剂在界面的吸附性能至少包括以下三方面内容。

第一，界面吸附量。即界面相中表面活性剂的浓度比本体相浓度的超量。

第二，界面吸附取向。即表面活性剂在界面上定向排列方式，可以分为以下两类。

(1)疏水基定向吸附：这类界面吸附的特点是表面活性剂分子的疏水基在界面上朝着水相的外侧定向排列。一般表面活性剂在水溶液气/液表面、油/水界面以及疏水性固体(例如石墨、聚丙烯等)的固/水界面(图 3－1)属于此类吸附。

(2)亲水基定向吸附：表面活性剂分子的亲水基朝着水相的外侧定向排列(图 3－2)，这类吸附方式往往发生在极性固体(例如玻璃、羊毛等)的固/水界面上。表面活性剂在界面上定向排列之后，使界面的性质发生极大变化。例如表面活性剂在水溶液表面定向排列后，不仅大大降低了水溶液的表面张力，而且使其极易形成泡沫。而表面活性剂在油/水界面定向排列，则可以使油和水发生乳化。表面活性剂在固/液界面的吸附比较复杂，如果是发生疏水基定向吸附，则固体表面会更易被水润湿，相应的粉末会易分散于水中；反之，如果固/液界面上发生了亲水

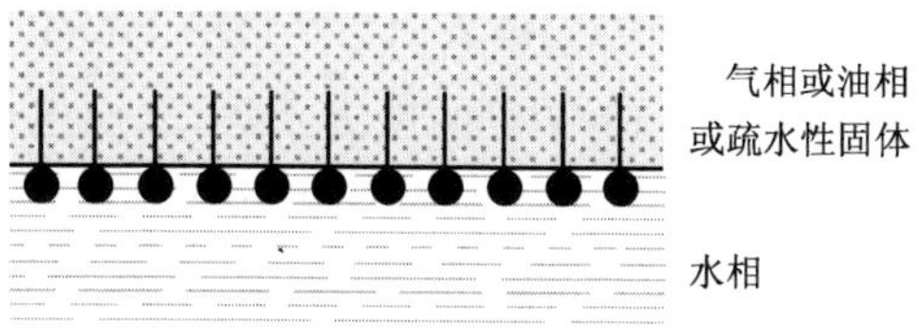

图 3－1　疏水基定向吸附示意图

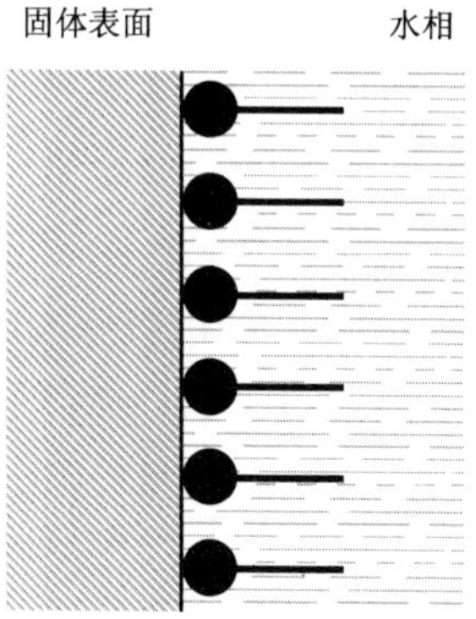

图 3－2　亲水基定向吸附示意图

基定向吸附，则固体表面会难以润湿，相应的粉末则会在水中易聚结。所以表面活性剂的界面吸附是研究泡沫、乳化、分散以及固体表面润湿的基础。其中，固/液界面吸附最为复杂，其原因是固/液界面往往会带电。

第三，界面吸附的热力学性质。即包括标准吸附自由能 $\Delta G_{ad}^{\ominus}$，标准吸附焓 $\Delta H_{ad}^{\ominus}$ 和标准吸附熵 $\Delta S_{ad}^{\ominus}$ 等，通过研究这些热力学参数，可以进一步了解吸附过程的方向及其驱动力。

第一节　固/液界面带电及其双电层模型

一、固/液界面带电机理

固/液界面带电一般有以下四种情况。

1. 固体表面基团电离带电

例如离子交换树脂、蛋白质等，在水中电离出反离子后，固/液界面即带相反电荷。以蛋白质为例，蛋白质是由各种氨基酸通过肽键连接而成的，拥有不同的酸性和碱性侧基，所以蛋白质与氨基酸一样存在等电点(IEP)，具有 pH 敏感性。随着介质的 pH 值改变，蛋白质表面电荷符号也随着改变：

$$H_3^+NR\text{—}COOH \underset{+H^-}{\overset{-H^+}{\rightleftharpoons}} H_2N\text{—}R\text{—}COOH \underset{+H^+}{\overset{+OH^-}{\rightleftharpoons}} H_2N\text{—}R\text{—}COO^- + H_2O$$

即当介质 pH＜IEP 时，蛋白质表面因—NH_3^+ 而带正电荷，介质 pH＞IEP 时，蛋白质表面则因—COO^- 而带负电荷，而当 pH＝IEP 时，则形成内盐而不带电。

2. 固体表面吸附离子带电

该种带电机理是固体表面优先吸附水中某种离子而带电。

(1)疏水性固体表面：例如石墨、油脂以及合成纤维自身不能电离，但由于水中相同电荷的正、负离子的水化能力不同，正离子更易水化，即更易分散于水中，所以负离子相对更易被吸引到这些固体表面上去而使之带负电。

(2)难溶盐的固体表面：例如 AgI，$BaSO_4$ 等。根据 Fajans(法扬斯)规则，难溶盐晶格更易优先吸附水溶液中的相同元素的离子。以 AgI 溶胶为例，在溶胶水溶液中加入 $AgNO_3$，AgI 表面易吸附 Ag^+ 而带正电；反之加入 KI 时，则 AgI 表面易吸附 I^- 而带负电荷。

(3)金属氧化物及难溶的氢氧化物固体表面：这类物质的固体表面与水接触就发生水化，存在一个零电点(PZC)，当 pH＝PZC 时，固体表面吸附 H^+ 和 OH^- 的能力相等，表面电位为零。而其随 pH 值的变化与蛋白质的 IEP 非常相似，即当 pH＞PZC 时，固体表面优先吸引 OH^- 而带负电荷，而当 pH＜PZC 时，固体表面优先吸引 H^+ 而带正电荷。一些金属氧化物或氢氧化物在水中的 PZC 见表 3－1。

3. 固体表面晶格交换离子带电

这是一种比较特殊的固体表面带电机理。在硅铝酸盐、黏土矿物中最为常见，例如高岭土、

蒙脱土晶格中的 Ag^{+} 易被水中 Mg^{2+} 或 Ca^{2+} 所交换而带负电荷。

表 3-1　一些金属氧化物或氢氧化物在水中的 PZC

金属氧化物或氢氧化物	PZC	金属氧化物或氢氧化物	PZC
SiO_2	1.5～3.6	$\alpha-Al_2O_3$	9.1～9.5
TiO_2	4.7～6.0	MgO	12.5
$Ti(OH)_4$	4.8	ZnO	9.3～10.3
$\alpha-Fe_2O_3$	5.7～6.9	ZrO_2(KNO_3 水溶液)	5.5～6.2
$\gamma-Al_2O_3$	7.4～8.6	$\alpha-MnO_2$	4.5～4.6

4. 固体表面在非水体系中的摩擦带电

在非水体系中，当固液两相接触分离，由于两相对电子的亲和力不同而引起带电。根据 Coehu 研究，当不同物质接触时，介电常数大的一相带正电荷，小的一相带负电荷。室温下一些常见物质的介电常数见表 3-2。

表 3-2　室温下一些常见物质的介电常数

聚集态	固　体				液　体			
物质	玻璃	聚丙烯腈	聚酰胺	纤维素	水	苯	丙酮	二氧六环
介电常数	5～6	2～3	2～3	5～6	81	2	21	2.2

从表 3-2 中不难判断，由于水的介电常数特别大，所以，固/水界面往往带负电荷，例如玻璃/水、玻璃/丙酮界面带负电荷。玻璃/苯、玻璃/二氧六环界面带正电荷。但是，这样的判断有时也会出错，例如玻璃/二氧六环界面实际是带负电荷。

二、扩散双电层理论——Stern 模型

当固体表面带电之后，由于静电作用会吸引溶液中带相反电荷的反离子，使其向固体表面靠拢，而排斥溶液中带相同电荷的同离子，使固/液界面相内正负离子的浓度产生差异，构成了所谓的双电层。目前，比较成功的双电层理论是 Stern 模型。

1. Stern 模型的基本要点

(1)溶液中的离子包括其周围的水化层具有一定的半径。

(2)固体表面不仅通过库仑引力吸引溶液中的反离子，还会通过非库仑引力吸引包括与固体表面带相同或相反电荷的离子，这类吸附的发生主要取决于溶液中离子本身的吸附特性，称为特性吸附离子。

(3)双电层可以分为两部分，即由吸附在固体表面的特性吸附离子及部分反离子构成的单分子特性吸附层和反离子扩散层，在该区域中，反离子受到固体表面的吸引和自身热运动两方面的作用，如图 3-3 所示。

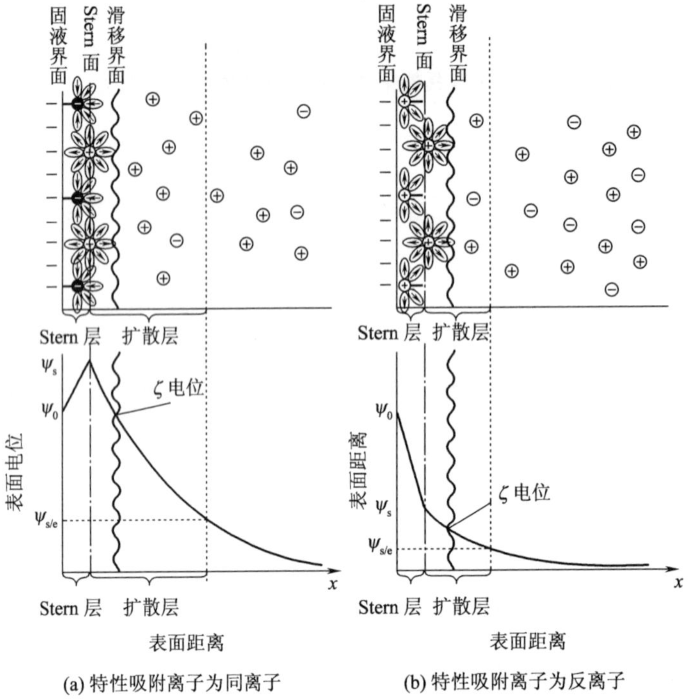

图 3-3　Stern 双电层模型示意图

2. Stern 面与表面电位

(1)Stern 面：即单分子特性吸附层与反离子扩散层之间的接界面。在 Stern 面的内侧，由于固体表面的静电引力、范德华引力等各种相互作用力以及对溶液中表面活性离子的特性吸附作用，使得被吸附的离子紧贴于固体表面整齐排列，形成单分子的特性吸附层。由于特性吸附作用不仅仅来自静电引力，所以，特性吸附层内被吸附离子不仅可以持固体表面相反电荷的离子，也可以持相同电荷离子，其分布符合 Langmuir(朗格谬尔)单分子层吸附理论。

(2)Stern 电位 ψ_s 和表面热力学电位 ψ_0：所谓表面热力学电位 ψ_0 即固体表面至溶液本体相的电位差。当系统以及温度和压力确定之后，ψ_0 便是一个确定的热力学量。而其外侧的 Stern 面至溶液本体相的电位差为 Stern 电位 ψ_s，ψ_s 不仅与 ψ_0 有关，还与特性吸附层的特性吸附有关。与固体表面电荷相比，吸附相同电荷离子，则 $|\psi_s|$ 升高；反之则降低，极端情况下，ψ_s 可能反号为相反电位，所以特性吸附离子又称为电位决定离子。在 Stern 面内侧从 ψ_0 到 ψ_s 的变化是线性的。

3. 扩散双电层与双电层厚度 κ^{-1}

扩散层即从 Stern 面到溶液本体相的区域。扩散层的反离子在受到固体表面带电层静电吸引的同时，引起反离子在该区域的浓度差，产生反向的扩散力。在这两种力的作用下，反离子就不可能像特性吸附层那样整齐排列，而是靠近固体表面的反离子较同离子浓度高，随着其远离固体表面，反离子浓度降低直至正负离子浓度相等。所以，扩散层的电位实际上由 ψ_s 递减至零。根据 Debye－Hükel 理论，在低电位下，ψ 可以表示为：

$$\psi=\psi_s e^{-\kappa x} \tag{3-1}$$

式中：x 为离 Stern 面的距离；κ^{-1} 为扩散双电层的理论厚度，当 $x=\kappa^{-1}$ 时，$\psi/\psi_s=e^{-1}=0.37$（图 3－3）。

根据 Debye－Hükel 的电解质溶液理论，κ^{-1} 同时也是离子氛的半径，表示如下：

$$\kappa^{-1}=\left(\frac{1000\varepsilon KT}{4\pi N_A e^2\sum C_i Z_i^2}\right)^{\frac{1}{2}}=\left(\frac{1000\varepsilon KT}{8\pi N_A e^2 I}\right)^{\frac{1}{2}} \tag{3-2}$$

式中：ε 为介质的介电常数，K 为 Boltzmann（波耳兹曼）常数，N_A 为 Avogadro（阿伏伽德罗）常数，C_i 为本体相中 i 离子的摩尔浓度，Z_i 为 i 离子的电荷，I 为溶液的离子强度，

$$I=\frac{1}{2}\sum C_i Z_i^2 \tag{3-3}$$

25℃时，

$$\kappa^{-1}=\frac{4.3\times10^{-10}}{\sqrt{\sum C_i Z_i^2}} \tag{3-4}$$

由式（3－4）可计算各种电解质水溶液，在不同浓度时 κ^{-1} 值，见表 3－3，由表可知，电解质浓度越高，离子的价数越大，双电层 κ^{-1} 越薄。

表 3－3　各种电解质水溶液的浓度与 κ^{-1} 的关系

电解质浓度/(mol/L)	双电层厚度 κ^{-1}/m	
	1－1 型电解质	2－2 型电解质
10^{-5}	9.6×10^{-8}	4.8×10^{-8}
10^{-3}	9.6×10^{-9}	4.8×10^{-9}
10^{-1}	9.6×10^{-10}	4.8×10^{-10}

4. 滑移面和 ζ 电位

Stern 双电层模型引入了特性吸附等概念，较成功地解释了双电层的特性。但由于模型还是比较简单，所以仍存在许多不足之处，特别是 Stern 模型中的不少参数是无法测定的，包括 Stern 面及其 ψ_s。有实验意义的是 Stern 面外侧的固/液相对位移的滑移面，即液体滞留层的外沿。而由滑移面至溶液本体相的电位差，即固/液界面的动电位，又称为 ζ 电位（图 3－4）。

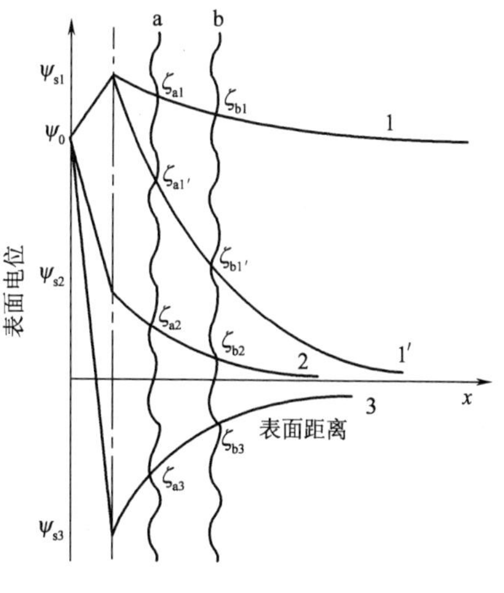

图 3－4　ζ 电位的影响因素

（1）ζ 电位的影响因素：影响 ζ 电位的因素通常有两方面，一般情况下滑移面的相对位置是固定的，所以 ζ 电位首先与它所在的扩散层的电位梯度，即双电层厚度 κ^{-1} 有关，溶液的电解质浓度越高，双电

层厚度则越薄，电位梯度则越大，ζ 电位的绝对值则越小，图 3－4 中 ζ 电位从低电解质浓度时的 ζ_{a1} 降到高电解质浓度的 $\zeta_{a1'}$；另一方面有时候滑移面也会外移，例如表面吸附聚氧乙烯醚非离子或高分子表面活性剂会使滞留层变厚，见图 3－4。随滑移面外移，即使电位梯度不变，ζ 电位的绝对值也由 $\zeta_{a1'}$ 降至 $\zeta_{b1'}$。

(2)ζ 电位与 ψ_s 电位：通常认为特性吸附层内除了特性吸附离子外，其外侧还有库仑吸引的水化反离子。Stern 面应该通过这些反离子的中心，而滞留层内除了各种正、负离子外，还有一定量的溶剂分子(图 3－3)。因此，滑移面的合理位置应在 Stern 面的外侧附近，$|\zeta|$ 应比 $|\psi_s|$ 略低(图 3－4)。实验结果表明，除非以下两种情况：其一是表面电位很高或者电解质浓度很大，扩散层电位梯度很大，例如图 3－4 中 $|\zeta_{a1'}| \ll |\psi_{s1}|$；其二是固体表面吸附了聚氧乙烯醚非离子型或高分子型表面活性剂，滑移面明显外移，从而使 ζ 电位与 ψ_s 的差变大，例如图 3－4 中，$|\zeta_{b1}| \ll |\psi_{s1}|$ 或者 $|\zeta_{b2}| \ll |\psi_{s2}|$ 等。一般情况下用 ζ 电位替代 ψ_s 不会引入很大的误差。

(3)动电位的测定方法：最常见的有四种。

①电渗。在外加电场作用下，液相相对于静止不动的带电固体表面运动。

②流动电位。在外加压力下迫使液体流过静止固体表面，即在两端产生电位差，是电渗的反现象。

③电泳。在外加电场作用下，带电的固相物质相对于静止液体流动。

④沉降电位。固体微粒相对于静止液相运动(重力或离心力沉降)时产生电位差，是电泳的反现象。

四种动电现象的相对关系如图 3－5 所示。

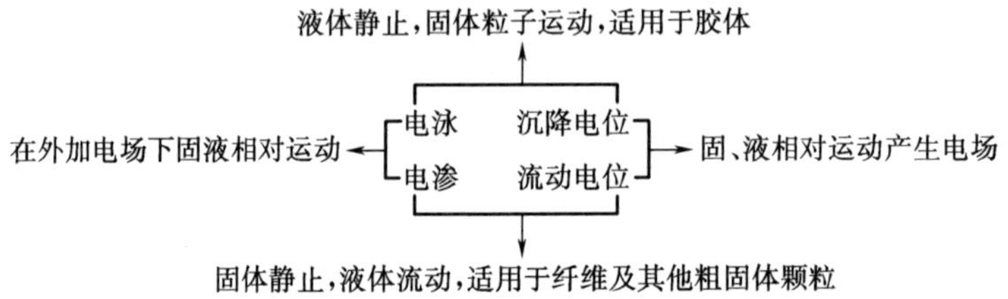

图 3－5　四种动电现象的相对关系

5. 影响双电层的因素

(1)加入特性吸附离子：例如离子型表面活性剂，可有效改变固体的表面电荷和表面 Stern 电位。特性吸附离子与表面电荷同号，可以使表面电位的绝对值提高，异号可以降低甚至反转改变表面电荷符号。

(2)特性吸附的是非离子：例如聚氧乙烯醚或者高分子表面活性剂，则滑移面会外移，虽然对 Stern 电位无影响，但会降低 ζ 电位的绝对值。

(3)在溶液中加入惰性电解质(与固体表面只有库仑作用的中性无机盐等)。将会压缩双电层，使 κ^{-1} 变薄，$|\zeta|$ 降低，当 $\kappa^{-1}=0$ 时，$\zeta=0$。

(4)加入的惰性电解质的反离子价数越高，压缩双电层的能力越大。

第二节　表面活性剂在固/液界面的吸附

一、表面活性剂在固/液界面的吸附机理

表面活性剂是一类能在固/液界面发生特性吸附，有效改变其表面电位的吸附质。在表面活性剂的浓度不太高时，其在固/液界面上的吸附方式有以下几种。

1. 离子对位吸附

表面活性剂离子于具有相反电荷的、未曾被反离子所占据的固体表面位置上的吸附，如图 3－6(a)。

2. 离子交换吸附

表面活性剂离子取代已吸附在固/液界面上同种电荷的反离子的吸附，见图 3－6(b)。

以上两种吸附方式是亲水基定向吸附，由于是正负电荷相吸，所以这类吸附更易进行，吸附量大，吸附后固体表面的亲水性下降，疏水性提高，表面润湿性会受到直接影响。

3. 化学吸附

即通过氢键、酸碱作用甚至其他化学键的吸附。以氢键为例[图 3－6(c)]，表面活性剂分子或离子与固体表面的极性基团形成氢键结合的吸附。由于能形成氢键的往往是含氧、氮等的极性基，所以这类吸附也是亲水基定向吸附，由于会发生表面活性剂分子的多点吸附，所以分子

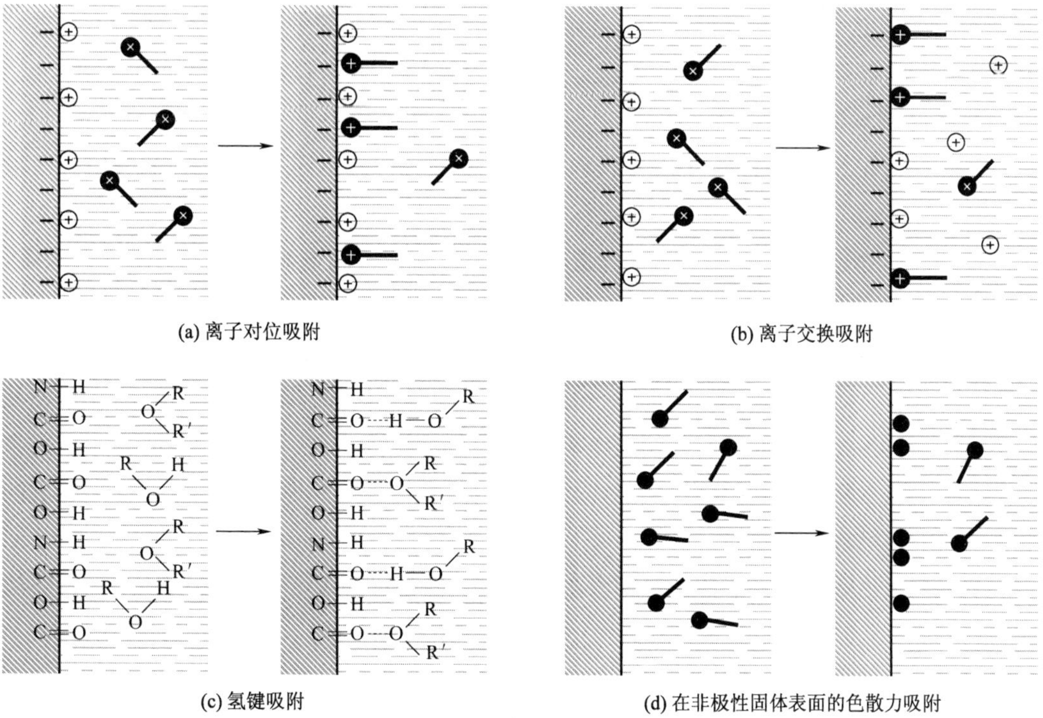

(a) 离子对位吸附　(b) 离子交换吸附

(c) 氢键吸附　(d) 在非极性固体表面的色散力吸附

图 3－6

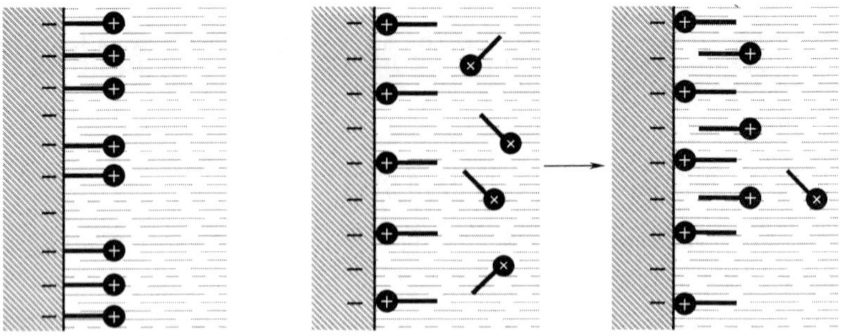

(e1) 在带相同电荷表面的疏水相互作用吸附　　(e2) 在带相反电荷表面的疏水相互作用吸附

图 3－6　表面活性剂在固/液界面的各种吸附方式

不完全是直立的姿态，吸附层比较疏松。

4. π 电子极化吸附

这类吸附方式主要存在于含 π 键或芳香环的表面活性剂中，当其与固体表面的强正电荷吸附位接近时，会以 π 键平躺的构型吸附于固/液界面上，致使表面活性剂分子在固/液界面往往也以平躺方式被吸附，占据较大的表面积，阻碍其他表面活性剂分子进一步吸附。

5. 色散力吸附

色散力存在于所有表面活性剂分子与固体表面的相互作用之中，而且，相对分子质量越大，色散相互作用越强烈。对于仅仅依靠色散相互作用吸附于固/液界面的表面活性剂离子或分子，在吸附量较小时，可能会以平躺的方式吸附在固/液界面，随着吸附量增加，则逐渐向疏水基定向排列的方式吸附[图 3－6(d)]。事实上色散力吸附往往同时存在其他类型的吸附。

6. 疏水作用吸附

表面活性剂在水中逃逸水，并通过疏水基相互吸引缔合而在固/液界面上的吸附。一般有两种情况：

(1)表面活性剂分子在不带电荷或者表面活性离子在带相同电荷的固/液界面上的吸附，见图 3－6(e1)；

(2)表面活性离子在带相反电荷的固/液界面上的吸附，当那些亲水基定向吸附的表面活性剂达到一定浓度之后，后继吸附的表面活性剂亲水基受到静电排斥而指向水相，疏水基相互吸引缔合，在固/液界面上形成具有半胶束结构的双分子吸附层，见图 3－6(e2)，使得原来因亲水基定向吸附而疏水化固体表面变得润湿，吸附量上升，固体表面的电荷有可能因吸附过量的相反电荷表面活性剂离子而反号。

上述四种除色散力和疏水作用两种吸附方式为疏水基定向吸附，而其余的还须视具体情况而定。

二、固/液界面吸附量及其三类固体吸附剂

评价固/液界面吸附性能的重要参数是吸附量 n^s，即单位质量(或体积)吸附剂吸附吸附质

的物质的量。

$$n^s=\frac{x}{m}=\frac{C_0-C}{m}V \qquad (3-5)$$

式中：C_0，C 分别为吸附质吸附平衡前后的摩尔体积浓度，mol/m^3；V 为溶液的体积，m^3；x 为吸附质的物质的量；m 为吸附剂的质量，kg；或体积，m^3。

如果引入吸附剂的比表面积 $a^s(m^2/kg)$，那么吸附量 Γ 又可表示为单位表面积吸附剂吸附吸附质的物质的量。

$$\Gamma=\frac{n^s}{a^s}=\frac{C_0-C}{ma^s}V \qquad (3-6)$$

实际上，上述得到的为表观吸附量，其适用前提是溶剂不发生吸附作用，即溶剂在固/液界面和本体相的浓度是相同的，或者溶液浓度足够稀。

表面活性剂在不同固体吸附剂中的吸附行为是非常复杂的，常见的固体吸附剂有三大类。

1. 表面带强电荷的固体吸附剂

这类吸附剂包括处于非等电点的羊毛或者非零电点的金属氧化物，碱性条件下的纤维素以及离子交换树脂等。

其最典型的吸附等温线应是表面活性剂离子，在相反电荷表面的 S 型吸附等温线（图 3－7），例如烷基磺酸钠在带正电荷的 Al_2O_3 表面的吸附行为。从图 3－7 可知，吸附等温线可以分为四个区域。在区域 1 中，表面活性剂主要通过离子交换吸附，固体表面的 Stern 面的电位和电荷密度几乎保持恒定，此时，固体表面的疏水性增加。进入区域 2 的吸附量显著增加，这时由于溶液中表面活性剂的亲水基与已被定向吸附的表面活性剂亲水基发生静电排斥，亲水基指向水相，疏水基相互缔合，即发生疏水相互作用吸附，形成双分子层聚集体，一般称该转折点为“半胶束形成”或者“合作吸附”，从这一点开始，固体表面亲水性逐渐恢复。当转入区域 3 时，固体表面电荷开始反号，区域 3 因同性电荷相斥，吸附趋缓。当进入区域 4 时，吸附达到饱和，固体

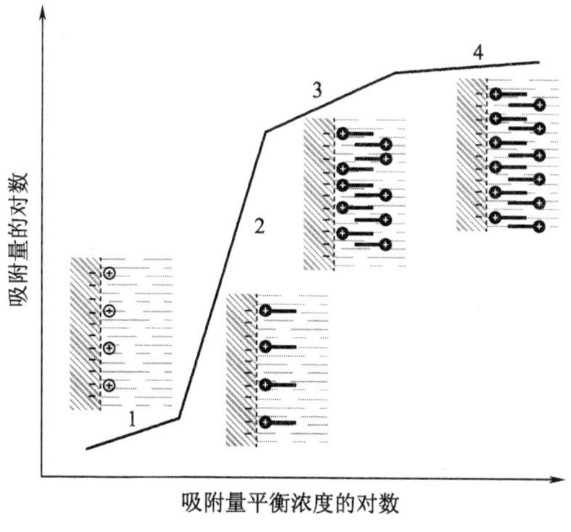

图 3－7 离子型表面活性剂在相反电荷表面的 S 型吸附等温线

表面亲水性达到极限。

影响表面带强电荷的固体吸附剂吸附等温线的因素很多，一般可以归纳为以下几个方面。

(1)如果反电荷的表面活性剂离子的疏水基太短，不足以克服同性电荷的斥力而疏水相互作用缔合，或者是同电荷的表面活性剂离子在此类吸附剂的吸附则往往可能为单分子层的L型吸附等温线。

(2)非离子型表面活性剂与离子型表面活性剂则不同，往往会在此类吸附剂表面发生氢键吸附，例如聚氧乙烯醚非离子型表面活性剂在纤维素表面，醚键与羟基会发生氢键结合，吸附等温线往往也是呈L型的，而且随着乙氧基的增加，吸附量会降低，吸附类型还会转成多分子层吸附。

(3)水溶液pH值的变化对此类吸附剂吸附性能的影响主要反映在对吸附剂和吸附质的电荷的影响上，例如羊毛在低pH值时表面为正电荷，而在高pH值时表面为负电荷，而许多表面活性剂也是对pH值敏感的，一旦吸附剂和吸附质的电荷确定，则其吸附性能与前述相似。不同的是两性离子型表面活性剂在任何带电固体表面的吸附都不会形成疏水膜。

(4)增加水溶液的离子强度，例如加入中性电解质NaCl，则会压缩表面活性剂的离子氛半径，直接减少其在相反电荷表面的吸附作用，同时，又会增加其在相同电荷表面的吸附作用。此外，多价金属离子如Ca^{2+}的存在将使阴离子表面活性剂在吸附剂上的吸附增加，这可能是因为Ca^{2+}的吸附会增加固体表面正电荷，有利于阴离子表面活性剂的吸附。

(5)温度增加一般会使离子型表面活性剂的吸附减少，但可使聚氧乙烯醚非离子型表面活性剂的吸附增加。

2. 非极性的疏水固体吸附剂

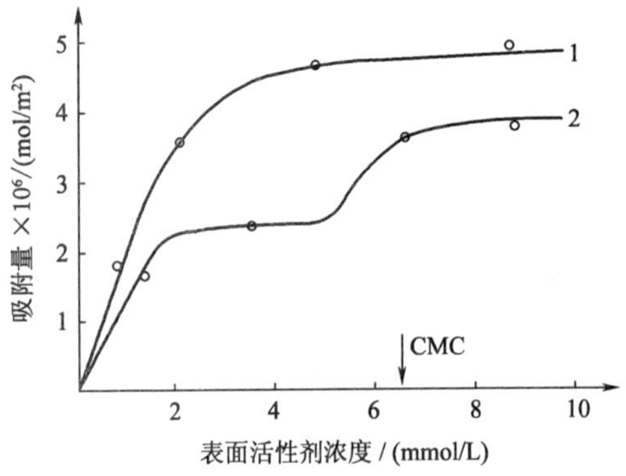

图3-8　25℃下十二烷基硫酸钠在石墨/水界面的吸附等温线

1—纯水中　2—0.1mol/L NaCl水溶液中

这类吸附剂有炭黑、聚乙烯或聚丙烯等，其吸附等温线一般为L型吸附(图3-8)，这种吸附主要依靠色散力，例如十二烷基硫酸钠在石墨/水界面的吸附。从图3-8可知，不加盐时，吸附等温线呈二台阶型，这主要是因为阴离子表面活性剂在离子强度(I)比较小时，离子氛半径较大，极性头的静电斥力较大，在浓度比较低时，表面活性剂分子以平躺方式吸附于固/液界面，随着离子型表面活性剂的浓度增加，溶液的离子强度也增加，离子氛半径减小，极性头的静电排斥也有所降低，而表面活性剂的表面活性增大，定向吸附由平躺转为垂直，此时，溶液中开始出现胶束。在溶液中加入大量中性盐，其结果是离子强度极度增加，大大削弱极性头的静电排斥作用，使表面活性剂的表面活性大增，表现为稀溶液区的就以垂直的方式定向排列吸附量急剧增加。由于离子氛半径被压缩，饱和吸附量也比未加盐时增大，CMC

大大降低。这类吸附的结果是:固体表面的润湿性随表面活性剂浓度的增加而增大。

3. 表面无强电荷的极性固体吸附剂

这类吸附剂包括中性介质中的棉、聚酯、聚酰胺等,往往通过氢键和色散力吸附表面活性剂。例如聚氧乙烯醚非离子表面活性剂会通过氢键吸附于棉纤维表面,亲水基定向吸附,所以最初可能会降低棉的亲水性。如果表面活性剂与吸附剂之间不能形成氢键的,例如聚酯、聚酰胺,则一般与非极性吸附剂类似。

第三节　气/液界面和液/液界面吸附

如前所述,因固/液界面带电,使得固体的吸附性能非常复杂,所幸的是固体吸附量 n^s 可以实测。相比较而言,气/液表面和液/液界面的吸附性能虽然比较简单,一般都是以单分子层的疏水基定向吸附,但是相应的吸附量却无法直接测定。Gibbs(吉布斯)方程从热力学出发给出了溶液表面张力与吸附量的关系,解决了间接测定其气/液表面和液/液界面的吸附量问题。

一、Gibbs 方程的基本假设

根据热力学推导,当溶液由 n 个表面活性剂组分组成时,其 Gibbs 方程可以表示如下:

$$-\mathrm{d}\gamma=\sum_{i=1}^{n}\Gamma_i\mathrm{d}\mu_i \qquad i=1,2,3,\cdots,n \tag{3-7}$$

式中,Γ_i 的物理意义为单位面积上所含 i 组分的物质的量相对于本体相中相同量溶剂所含 i 组分的物质的量之超量,称为表(界)面吸附超量,单位为 mol/m²。而表(界)面张力 γ 的降低与各组分的表(界)面吸附超量 Γ_i 与化学位 μ_i 增量之积的总和有关。方程设定溶剂的表面吸附量为零,即溶剂在界面和本体相中的浓度相等。

对于表面活性剂的单组分溶液系统,Gibbs 方程可表示为:

$$-\mathrm{d}\gamma=\Gamma_1\mathrm{d}\mu_1 \tag{3-8}$$

根据

$$\mu_1=\mu_1^{\ominus}+RT\ln a_1 \tag{3-9}$$

式中:μ_1 与 $\mu_1^{\ominus}$ 分别为组分 1 的化学位及其标准化学位,a_1 为组分 1 在本体相的活度,将式(3-9)代入式(3-8)得:

$$\Gamma_1=-\frac{1}{RT}\frac{\mathrm{d}\gamma}{\mathrm{d}\ln a_1}=-\frac{a_1}{RT}\frac{\mathrm{d}\gamma}{\mathrm{d}a_1} \tag{3-10}$$

对稀溶液来讲,浓度可以代替活度,可得:

$$\Gamma_1=-\frac{1}{RT}\frac{\mathrm{d}\gamma}{\mathrm{d}\ln C_1}=-\frac{C_1}{RT}\frac{\mathrm{d}\gamma}{\mathrm{d}C_1} \tag{3-11}$$

从式(3－11)可知，

当 $d\gamma/dC_1<0$ 时，随 C_1 增加，溶液的表(界)面张力 γ 降低，$\Gamma_1>0$，即所谓正吸附；

当 $d\gamma/dC_1>0$ 时，随 C_1 增加，溶液的表(界)面张力上升，$\Gamma_1<0$，即所谓负吸附；

当 $d\gamma/dC_1=0$ 时，则无论 C_1 变化，溶液的表(界)面张力都不变，$\Gamma_1=0$，无吸附，即表(界)面吸附超量为零。

对于多组分稀溶液系统，

$$-d\gamma = RT\sum_{i=1}^{n}\Gamma_i d\ln a_i \tag{3-12}$$

溶液足够稀时，

$$-d\gamma = RT\sum_{i=1}^{n}\Gamma_i d\ln C_i \tag{3-13}$$

应当指出，即使运用活度计算，Gibbs 方程一般只适用于浓度低于 CMC 的范围。

二、表面活性剂在气/液界面上的吸附

下面以单组分表面活性剂溶液系统为例。

1. 非离子型表面活性剂

Gibbs 方程：

$$\Gamma_1=-\frac{1}{RT}\frac{d\gamma}{d\ln a_1} \tag{3-14}$$

由于是非离子，所以当浓度是足够稀时(一般 $C_1\leqslant10^{-2}$ mol/L)，可将活度用浓度代替，即：

$$\Gamma_1=-\frac{1}{RT}\frac{d\gamma}{d\ln C_1}=-\frac{C_1}{RT}\frac{d\gamma}{dC_1} \tag{3-15}$$

而溶液浓度为 C_1 时的吸附超量 Γ_1 可以通过测定该浓度时溶液的表面张力随浓度的变化率$\left(\frac{d\gamma}{dC_1}\right)$来求算。

2. 离子型表面活性剂

由于离子间存在库仑引力，所以偏离理想的状态较远，相对于非离子表面活性剂要复杂一点。下面以 1－1 型的阴离子表面活性剂的钠盐为例，即：

$$RNa \longrightarrow R^- + Na^+$$

如果忽略水的电离，则：

$$-\frac{d\gamma}{RT}=\Gamma_{R^-} d\ln a_{R^-} + \Gamma_{Na^+} d\ln a_{Na^+}$$

因 $\Gamma_{R^-}=\Gamma_{Na^+}$，所以，

$$-\frac{d\gamma}{RT}=\Gamma_{R^-}(d\ln a_{R^-} + d\ln a_{Na^+})=\Gamma_{R^-} d\ln(a_{R^-}\cdot a_{Na^+})$$

$$=\Gamma_{R^-}\,\mathrm{dln}a_{\pm}^2=2\Gamma_{R^-}\,\mathrm{dln}a_{\pm}=2\Gamma_{R^-}\,\mathrm{dln}(C_{\pm}+f_{\pm})$$
$$=2\Gamma_{R^-}\,\mathrm{d}(\mathrm{ln}C_{\pm}+\mathrm{ln}f_{\pm}) \tag{3-16}$$

对于 1－1 型阳离子表面活性剂，$\Gamma_{R^-}=\Gamma_{Na^+}=\Gamma_1$，$C_{\pm}^2=C_{R^-}C_{Na^+}=C_1^2$，所以 $C_{\pm}=C_1$，代入式(3－16)得：

$$-\frac{\mathrm{d}\gamma}{RT}=2\Gamma_1\,\mathrm{d}(\mathrm{ln}C_1+\mathrm{ln}f_{\pm}) \tag{3-17}$$

式中：C_1 为 1－1 型的离子表面活性剂的浓度；$f_{\pm}$ 为 1－1 型的离子表面活性剂的平均活度系数，根据 Debye－Hückel 方程：

$$\mathrm{lg}f_{\pm}=\frac{-0.509|Z_+Z_-|\sqrt{I}}{1+0.33\alpha\sqrt{I}} \tag{3-18}$$

式中：I 为溶液的离子强度；Z_+，Z_- 分别表示正负离子的电荷；α 为离子的平均间距(Å，1Å＝10^{-10}m)，对小的反离子来讲(例如 Na^+，K^+，Br^-，Cl^- 等)，α＝0.3，而对于表面活性离子，α＝0.6，而：

$$\mathrm{lg}f_{\pm}=\frac{1}{2}(\mathrm{lg}f_++\mathrm{lg}f_-) \tag{3-19}$$

如果 C_1 足够稀，则 $f_{\pm}\rightarrow 1$，$\mathrm{lg}f_{\pm}\rightarrow 0$，则由式(3－17)得：

$$-\frac{\mathrm{d}\gamma}{RT}\approx 2\Gamma_1\,\mathrm{dln}C_1\approx 2\Gamma_1\,\mathrm{dln}m_1 \tag{3-20}$$

式中：m_1 为质量摩尔浓度，稀溶液 $m_1\approx C_1$。

如果在 1－1 型的表面活性剂溶液中加入中性盐，则表面活性剂的反离子(如本例的 Na^+)的吸附量减少，其原因可从两方面分析：

(1)如果反离子是中性盐中的同离子(例如 NaCl)，则由于本体相中大量 Na^+ 向表面层扩散而使得 Na^+ 的吸附超量下降；

(2)如果反离子并非中性盐的同离子(例如 KCl)，则表面层中的 Na^+ 会与本体相中的 K^+ 发生交换，其吸附超量仍会降低。所以，加盐会降低表面活性剂的吸附量。即：

$$-\frac{\mathrm{d}\gamma}{RT}=x\Gamma_1\,\mathrm{dln}C_1=x\Gamma_1\,\mathrm{dln}m_1 \tag{3-21}$$

其中，

$$x=1+\frac{C_{R^-}}{C_{R^-}+C_s} \tag{3-22}$$

C_s 为中性盐的浓度，当 C_s＝0 时，x＝2；当 C_s＝∞时，则 x＝1。

所以在离子型表面活性剂溶液中大量加盐，其 Gibbs 方程则转变为：

$$-\frac{\mathrm{d}\gamma}{RT}=\Gamma_1\,\mathrm{dln}C_1 \tag{3-23}$$

与非离子表面活性剂的 Gibbs 方程具有相同形式。

对 $n-m$ 型的离子表面活性剂来讲，1mol 分子能电离出 n mol 的正离子和 m mol 的负离子，其总的摩尔数为 $x=n+m$，其 Gibbs 方程仍具有以下形式：

$$-\frac{d\gamma}{RT}=x\Gamma_1 d\ln a_1 \tag{3-24}$$

三、表面活性剂在溶液表面的饱和吸附量及吸附截面

因为表面活性剂在气/液表面和液/液界面属单分子层的疏水基定向吸附，所以其吸附等温线应服从 Langmuir 吸附类型。通常表面活性剂溶液的表面张力与其本体相浓度之间存在以下经验关系：

$$\gamma=\gamma_0-\gamma_0\ln(1+KC_1) \tag{3-25}$$

其中，γ_0 和 K 为两半经验参数，γ_0 表示溶剂的表面张力，而 K 为表面活性剂的吸附平衡常数。将式(3-25)代入 Gibbs 方程式(3-11)可得：

$$\Gamma_1=\frac{\gamma_0}{RT}\frac{KC_1}{1+KC_1}=\Gamma_\infty\frac{KC_1}{1+KC_1} \tag{3-26}$$

上式即 Gibbs 方程的 Langmuir 形式。根据 Langmuir 单分子层吸附理论，我们注意到式(3-26)中的吸附超量 Γ_1 实际上包含了第二重的意义：即表(界)面平衡吸附量。

1. 表面活性剂的表(界)面的平衡吸附量 Γ_1 和表(界)面饱和吸附量 Γ_∞

对于表面活性剂来说，Gibbs 方程中的 Γ_1 可以表示为表面活性剂达吸附平衡时，对应于本体相浓度为 C_1 的表(界)面平衡吸附量，即达吸附平衡时，单位表面积上吸附表面活性剂的物质的量；而 Γ_∞ 表示吸附达饱和时的表(界)面平衡吸附量，即吸附饱和时单位表面积上吸附表面活性剂的物质的量。在这里完全忽略了吸附超量中本体相的浓度，无疑这样的概念转换对于表面活性剂的稀溶液而言是合理的。

2. 吸附截面积 A 和分子截面积 A_∞

既然 Γ_1 表示达吸附平衡时，单位表面积上吸附的表面活性剂的物质的量，那么表面活性剂分子吸附截面积 A 可由下式求得：

$$A=\frac{10^{20}}{N_A\Gamma_1} \tag{3-27}$$

A 表示达吸附平衡的本体相浓度为 C_1 时，单个表面活性剂分子在吸附表面所占据的平均面积，即吸附截面积单位 Å^2。A_∞ 则表示达饱和吸附时，单个表面活性剂分子在吸附表面所占据的平均面积，此参数可以用来表示被吸附分子的分子截面积。

以下用十二烷基硫酸钠为例，从不同吸附平衡浓度 C_1 的吸附截面积数值，来探讨吸附分子的表面状态。

十二烷基硫酸钠在 0.1mol/L NaCl 溶液中的表面吸附量如图 3-9 所示。由图 3-9 可见，

稀溶液时吸附量小，但随浓度而急剧增加，浓度大到一定程度以后，吸附量趋于恒定，即为饱和吸附量。不同浓度的十二烷基硫酸钠的表面吸附分子面积值列于表 3－4 中。

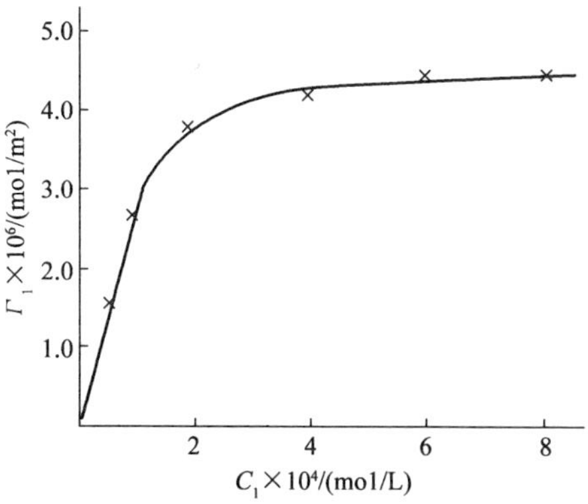

图 3－9　十二烷基硫酸钠在 0.1mol/L NaCl 水溶液中的吸附等温线

表 3－4　不同浓度的十二烷基硫酸钠的表面吸附分子面积值(25℃)

浓度/(mol/L)	5.0×10^{-6}	1.26×10^{-5}	3.2×10^{-5}	5.0×10^{-5}	8.0×10^{-5}
分子面积/Å^2	475	175	100	72	58
浓度/(mol/L)	2.0×10^{-4}	4.0×10^{-4}	6.0×10^{-4}	8.0×10^{-4}	—
分子面积/Å^2	45	39	36.5	36	—

十二烷基硫酸钠的表面活性离子 $C_{12}H_{25}SO_4^-$ 的分子结构为棒状，根据计算结果，该分子“平躺”在表面上所占的面积为 100Å^2，如果把此结果与表 3－4 所列的不同浓度的表面吸附分子面积相对照可见：只有在浓度很稀时(如 3.2×10^{-5}mol/L)，吸附分子很少，分子才有可能采取在表面上“平躺”的方式，如图 3－10(a)所示；在表面活性剂浓度较大时(>3.2×10^{-5}mol/L)，表面活性离子 $C_{12}H_{25}SO_4^-$ 已不可能在溶液表面随意“平躺”了，为中等浓度时的状态[图 3－10(b)]；而在浓度接近 8.0×10^{-4}mol/L 附近时，表面上的吸附分子甚至已处于直立状态而形成较为紧密的定向排列，即为吸附近于饱和时的状态[图 3－10(c)]。此时，由于水的极性表面在很大程度上已被两亲分子所覆盖，而且非极性的亲油基朝外，等于形成一层由碳氢链构成的表面层，表面性质大大地改变了。这时，溶液具有最低的表面张力，有较好的润湿性质以及较大的起泡能力等。

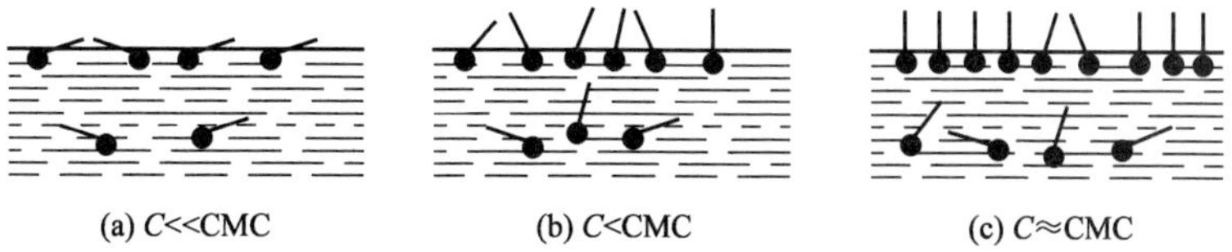

图 3－10　十二烷基硫酸钠分子在表面上的吸附状态示意图

此种吸附分子在表面上的状态模型，对于直链极性有机物(如有机醇、胺及酸等)亦可适用。对于表面活性剂在非极性油/水界面上的吸附态，也与此大同小异。但应注意，由于密度较大的非极性油相的存在，在溶液浓度较稀时，表面活性剂亲油性的碳氢链比较容易进入油相中，因而较易吸附，即界面浓度较大；在溶液浓度较大而接近饱和吸附时，则油相的非极性碳氢链可能容易插入表面活性剂吸附层中的定向的碳氢链间，饱和吸附量可能会降低。

从上述溶液表面吸附的情形可以看出，一个具较高表面活性的表面活性剂，应该是在其浓度较稀时即能达到吸附饱和状态，亦即在浓度较稀时即有最低的表面张力。这就是说，可以用达到最低表面张力时的浓度大小作为衡量表面活性剂的表面活性的一种量度(实际上即用表面活性剂的临界胶团浓度 CMC 作为此种量度)。

根据有关实验数据，表面活性剂在溶液表面的吸附可归纳为以下几点。

(1)溶液浓度从小到大时，表面活性剂分子在溶液表面上从基本是无一定方向的、平躺的状态，逐步过渡到基本是直立的、定向排列的状态；

(2)表面活性剂的亲水基团相同或相似时，亲油基团的直链碳氢基的碳原子数越大则越易于在表面吸附；即在相同的溶液浓度时，碳氢链中碳原子数多者表面吸附量大；

(3)亲油部分为直链碳氢基的离子表面活性剂同系物，在饱和吸附时，分子面积基本很接近。这表示分子在表面有比较紧密的直立定向排列，即表面吸附层一般是单分子层，分子截面积主要取决于亲水基团；

(4)亲油部分相同而聚氧乙烯链长不同的非离子表面活性剂，其聚氧乙烯链越长则表面吸附量越小，同时在最大吸附时的表面分子面积越大。这表示氧乙烯链不是完全伸直的或完全卷曲的定向排列。而可能有杂乱的、各种不同定向分布的卷曲构象。

四、气/液和液/液界面吸附的热力学参数

常见的有三个标准热力学参数 $\Delta G_{ad}^{\ominus}$，$\Delta H_{ad}^{\ominus}$ 和 $\Delta S_{ad}^{\ominus}$，它们之间存在以下关系：

$$\Delta G_{ad}^{\ominus}=\Delta H_{ad}^{\ominus}-T\Delta S_{ad}^{\ominus} \tag{3-28}$$

1. 标准吸附自由能 $\Delta G_{ad}^{\ominus}$

根据定义，

$$\Delta G=-RT\ln\frac{\pi_f{}^*}{a} \tag{3-29}$$

式中：$\pi_f{}^*$ 为表面逸度，$\pi_f=\pi\cdot f$，f 为逸度系数；a 为本体相的活度，$a=c\cdot\varphi$，φ 为活度系数。当 $c\rightarrow 0$ 时，f 和 φ 都趋于 1，所以可用表面压 π 和浓度 c 来代替，但是，无限稀溶液的表面压很难精确测定。1981 年 Rosen 和 Aronson 提出采用下式求算 $\Delta G_{ad}^{\ominus}$：

$$\Delta G_{ad}^{\ominus}=RT\ln a_{\pi}-\pi N_a A_m \tag{3-30}$$

式中：a_π 为表面压为 π 时的表面活性剂活度，A_m 则为其分子截面积。在稀溶液($<1\times10^{-2}$mol/L)条件下，式(3-30)可以表示为：

(1)非离子表面活性剂，浓度 c_π(mol/L)可以代替活度，而且，π 的单位为 mJ/m^2，A_m 的单位为 Å^2，$R=8.314$J/(mol·K)，则：

$$\Delta G_{ad}^{\ominus}=\frac{RT\ln c_{\pi}}{55.5}-6.023\pi A_m \tag{3-31}$$

(2)离子型表面活性剂则不行，对于 1－1 型而言：

$$\Delta G_{ad}^{\ominus}=RT[\ln c_{+}/55.5+\ln f_{+}+\ln c_{-}/55.5+\ln f_{-}]-6.023\pi A_m \tag{3-32}$$

f_{+}，f_{-}可以用式(3－18)估算。如果计算得到的 $\Delta G_{ad}^{\ominus}$小于零，则可以认为：在标准状态下，表面活性剂的吸附过程是一个自发过程。

2. 标准吸附焓 $\Delta H_{ad}^{\ominus}$和标准吸附熵 $\Delta S_{ad}^{\ominus}$

由于 $\Delta H_{ad}^{\ominus}=Q_P$，所以，$\Delta H_{ad}^{\ominus}$可以用量热法测定。根据 Gibbs－Helmholtz 公式：

$$\Delta H=-T^2\frac{\partial}{\partial T}\left(\frac{\Delta G}{T}\right) \tag{3-33}$$

所以，标准吸附焓 $\Delta H_{ad}^{\ominus}$和标准吸附熵 $\Delta S_{ad}^{\ominus}$也可以由下式求算：

$$\Delta H_{ad}^{\ominus}=-T^2\frac{\partial}{\partial T}\left(\frac{\Delta G_{ad}^{\ominus}}{T}\right)_P \tag{3-34}$$

$$\Delta S_{ad}^{\ominus}=\frac{\Delta H_{ad}^{\ominus}-\Delta G_{ad}^{\ominus}}{T} \tag{3-35}$$

由上述式子计算的各种表面活性剂的界面吸附热力学参数，见表 3－5。

表 3－5 各种表面活性剂的界面吸附热力学参数

表面活性剂	界面类型	温度/℃	$\Delta G_{ad}^{\ominus}$/(kJ/mol)	$\Delta H_{ad}^{\ominus}$/(kJ/mol)	$T\Delta S_{ad}^{\ominus}$/(kJ/mol)
$C_{10}H_{21}SO_3^-Na^+$	气/水	25	－45.7	－1.96(40℃)①	43.7
$C_{12}H_{25}SO_3^-Na^+$	气/水	10	－50.7	－7.25(25℃)	43.5
$C_{12}H_{25}SO_3^-Na^+$	气/水	25	－53.0	－7.25(40℃)	45.8
$C_{12}H_{25}SO_4^-Na^+$	气/水	25	－54.4	—	—
$C_{12}H_{25}(OC_2H_4)_2SO_4^-Na^+$	气/水	25	－59.1	－7.41(40℃)	51.7
$C_{12}H_{25}(NC_5H_5)^+Br^-$②	气/水	25	－52.3	－8.56(40℃)	43.7
$C_{12}H_{25}(NC_5H_5)^+Cl^-$	气/水	25	－51.1	－11.3(40℃)	39.8
$C_{12}H_{25}(OC_2H_4)_3OH$	气/水	10	－43.0	4.25(25℃)	47.2
$C_{12}H_{25}(OC_2H_4)_3OH$	气/水	25	－45.5	－11.7(40℃)	33.8
$C_{12}H_{25}(OC_2H_4)_7OH$	气/水	25	－46.9	－3.16(40℃)	43.7
$C_{12}H_{25}N^+(CH_3)(CH_2C_6H_5)CH_2COO^-$③	气/水	25	－42.1	－12.3(40℃)	29.8
$C_{12}H_{25}N^+(CH_3)(CH_2C_6H_5)CH_2COO^-$	环已烷/水	25	－48.0	－14.0(35℃)	34.0

①括号内温度表示设 $\Delta H_{ad}^{\ominus}$在该温度范围内为常数。

②分子式中(NC_5H_5)表示吡啶基。

③分子式中($CH_2C_6H_5$)表示苄基。

所有表面活性剂的标准吸附熵 $\Delta S_{ad}^{\ominus}$都是正值，这说明吸附过程始终存在熵的驱动。从标准吸附自由能 $\Delta G_{ad}^{\ominus}$看，表面活性剂的碳链增加有利于 $\Delta G_{ad}^{\ominus}$的减少，这与前面关于表面活性增加是一致的。而 $\Delta H_{ad}^{\ominus}$随着温度升高，由正变负，亦即恒压吸附热是由吸热向放热变化。这是因为温度升高，表面活性剂的亲水基的水化度降低，而吸附过程的脱水化度随之降低的缘故。同样理由，随着非离子表面活性剂的聚氧乙烯醚段的增加，水化度增加，而 $\Delta H_{ad}^{\ominus}$增大。当在液/液界面吸附时，由于非极性溶剂相与疏水基的亲和性更强于气相，所以 $\Delta G_{ad}^{\ominus}$会降低，见表 3－5 中两性离子型表面活性剂在环己烷/水界面的标准吸附自由能为－48.0kJ/mol，比气/水表面的降低 5.9kJ。

第四节　气/液表面和液/液界面吸附的效率和效能

大凡评价某种作用的效果大小有两种尺度，即：

效率(efficiency)——单位耗量所产生的效果；

效能(effectiveness)——所能产生的最大效果。

一、界面吸附效率

1. 界面吸附效率

按照定义，界面吸附效率应为单位浓度所能达到的界面吸附量，用 Γ_2/C_2 来表示。然而，这个量较难进行比较，根据 Gibbs 方程式(3－11)得：

$$\Gamma_1/C_1=-\frac{1}{RT}\frac{d\gamma}{dC_1} \tag{3-36}$$

即 Γ_2/C_2 正比于单位浓度引起溶液表面张力的降低。实验发现：与纯溶剂表(界)面张力 γ_0 相比，溶液的表(界)面张力 γ 下降 20mN/m 时，各种表面活性剂的界面吸附量 Γ_1 约为 Γ_∞ 的 84%～99.9%。如果把溶液的表面张力降低 $\gamma_0-\gamma$ 定义为表面压 π，那么，吸附效率一般采用表面压 π=20mN/m 时的本体相浓度 $C_{\pi=20}$的对数的负值来表示：$pC_{20}=-\lg C_{\pi=20}$。

2. 影响界面吸附效率的各种因素

(1)表面活性剂的结构：

①疏水基：在各种疏水基中，氟碳链、硅氧烷和碳氢链型的表面活性剂的 pC_{20}是逐个递减的。碳氢链中，碳链越长，pC_{20}则越大，直链的 pC_{20}比其含支链的同分异构体更大。

②亲水基：含相同疏水基的表面活性剂中，亲水基的亲水性越弱，pC_{20}则越大。所以非离子表面活性剂的 pC_{20}为最大，其次为两性离子型表面活性剂，最小的为一般离子型表面活性剂。而对于离子型表面活性剂而言，离子头的有效电荷越小，pC_{20}则越大。

(2)电解质：加入电解质的结果使离子型表面活性剂的离子氛半径被压缩，亲水性降低，表面活性增加，pC_{20}则随之增加。

(3)水结构调节剂：所谓水结构即存在于液态水中的相对规整的假晶结构，水结构调节剂一般可分为两类：水结构促进剂，例如木糖、果糖等，这类有机物会促进水结构的形成，降低表面活性剂的亲水基的水化度即亲水性，从而提高其表面活性，表现为吸附效率 pC_{20} 增大；反之为水结构破坏剂，例如尿素、甲酰胺、N－甲基乙酰胺、胍盐等的加入则使表面活性剂的表面活性降低，pC_{20} 减小。

(4)温度：温度对表面活性剂的吸附效率影响可分为两类：离子型包括两性离子型表面活性剂的吸附效率 pC_{20} 随温度升高而下降；非离子型表面活性剂特别是聚氧乙烯醚非离子型表面活性剂在 10～40℃范围内的吸附效率 pC_{20} 是随温度升高而增加的。

二、界面吸附效能

1. 界面吸附效能的定义

界面吸附效能则为界面所能达到的最大吸附量，即饱和吸附量 Γ_∞。因此，吸附效能直接与表面活性剂的分子截面积有关，分子截面积越小，吸附效能越大。与吸附效率一样，各种因素也会对吸附效能产生影响。

2. 影响界面吸附效能的各种因素

(1)疏水基：相对于其他因素，疏水基的长度对吸附效能的影响极小，只有当 16 个碳以上的直链，随着链长的增加，吸附效能才明显下降。此外，支化度高的同系物的 Γ_∞ 也会减小。

(2)亲水基：一般来讲，具有相同疏水基的非离子型表面活性剂与离子型表面活性剂相比，由于其极性头之间的排斥力更小，吸附效能应更大。但这不包括聚氧乙烯醚非离子型表面活性剂，由于随着乙氧基的加成数增加，其亲水基的亲水性提高，体积变大，分子截面积 A_∞ 增加，致使其吸附效能 Γ_∞ 减小。而如果聚氧乙烯醚非离子型表面活性剂中乙氧基的摩尔比不变，则其吸附效能 Γ_∞ 将随疏水基链的增加而增加。

(3)添加剂：如果在离子型表面活性剂中加入中性盐，则压缩离子头的离子氛半径，离子间的库仑力减小，吸附效能 Γ_∞ 随之增加。相比较而言，加入中性盐也能增加非离子型表面活性剂的吸附效能 Γ_∞，但影响较小。

(4)温度：提高温度的结果是增加分子的热运动，从而增加单个分子在界面上占据的面积，所以通常表面活性剂的吸附效能 Γ_∞ 随之减小。

有关一些常见的表面活性剂在各种界面的吸附效率和吸附效能的实验数据可以参见表3－6。

表 3－6　一些常见的表面活性剂在各种界面的吸附效能和吸附效率

化合物	界面类型	温度/℃	$\Gamma_\infty \times 10^6$/(mol/m²)	A_∞/Å²	pC_{20}
$n-C_{11}H_{23}COO^-Na^+$	0.11mol/L NaCl(aq.)/气	20	3.5	47	—
$n-C_{12}H_{25}SO_4^-Na^+$	H_2O/气	25	3.16	53	2.51
$n-C_{12}H_{25}SO_4^-Na^+$	H_2O/气	60	2.65	63	2.24

续表

化合物	界面类型	温度/℃	$\Gamma_\infty \times 10^6$/(mol/m²)	A_∞/Å²	pC_{20}
$n-C_{12}H_{25}SO_4^-Na^+$	0.1 mol/L NaCl(aq.)/气	25	4.03	41	3.67
$n-C_{12}H_{25}SO_4^-Na^+$	H_2O/辛烷	25	3.32	50	2.76
$n-C_{14}H_{29}SO_4^-Na^+$	H_2O/气	25	3.7	45	3.1
$(C_7H_{15})_2CHSO_4^-Na^+$	H_2O/气	25	3.25	51	—
$n-C_{16}H_{33}SO_4^-Na^+$	H_2O/气	25	—	—	3.70
$n-C_{12}H_{25}(OC_2H_4)_2SO_4^-Na^+$	H_2O/气	10	2.76	60	2.96
$n-C_{12}H_{25}(OC_2H_4)_2SO_4^-Na^+$	H_2O/气	25	2.62	63	2.92
$n-C_{12}H_{25}(OC_2H_4)_2SO_4^-Na^+$	H_2O/气	40	2.50	66	2.86
$n-C_{12}H_{25}SO_3^-Na^+$	H_2O/气	10	3.02	55	2.38
$n-C_{12}H_{25}SO_3^-Na^+$	H_2O/气	25	2.93	57	2.36
$n-C_{12}H_{25}SO_3^-Na^+$	H_2O/气	40	2.73	60	2.33
$n-C_{12}H_{25}SO_3^-Na^+$	H_2O/气	60	2.5	65	2.14
$n-C_{12}H_{25}SO_3^-Na^+$	0.1mol/L NaCl(aq.)/气	25	3.76	44	3.38
$n-C_{12}H_{25}SO_3^-Na^+$	0.5mol/L NaCl(aq.)/气	25	3.85	42	4.06
$n-C_{16}H_{33}SO_3^-K^+$	H_2O/气	60	2.8	58	3.35
$C_6H_{13}CH(C_5H_{11})C_6H_4SO_3^-Na^+$	H_2O/气	75	2.2	74	2.52
$C_6H_{13}CH(C_4H_9)CH_2C_6H_4SO_4^-Na^+$	H_2O/气	75	2.9	57	2.98
$p-C_{12}H_{25}C_6H_4SO_4^-Na^+$	H_2O/气	75	3.2	52	3.14
$n-C_7F_{15}SO_3^-Na^+$	H_2O/气	25	3.1	53	2.76
$n-C_8F_{17}SO_3^-Li^+$	H_2O/气	25	3.0	55	3.20
$n-C_8F_{17}SO_3^-Na^+$	H_2O/气	25	3.1	53	3.23
$n-C_8F_{17}SO_3^-K^+$	H_2O/气	25	3.7	45	3.56
$n-C_8F_{17}SO_3^-\overset{+}{N}H_4$	H_2O/气	25	4.1	41	3.40
$n-C_8F_{17}SO_3^-\overset{+}{N}H_3C_2H_4OH$	H_2O/气	25	3.9	43	3.44
$n-C_{12}H_{25}\overset{+}{N}(CH_3)_3Cl^-$	0.1mol/L NaCl(aq.)/气	25	4.35	38	3.68
$n-C_{16}H_{33}\overset{+}{N}(CH_3)_3Cl^-$	0.1mol/L NaCl(aq.)/气	25	3.6	46	5.0
$C_{12}H_{25}(NC_5H_5)^+Cl^-$	H_2O/气	10	2.7	61	2.12
$C_{12}H_{25}(NC_5H_5)^+Cl^-$	H_2O/气	25	2.7	62	2.10
$C_{12}H_{25}(NC_5H_5)^+Cl^-$	H_2O/气	40	2.6	63	2.07
$C_{12}H_{25}(NC_5H_5)^+Cl^-$	0.1mol/L NaCl(aq.)/气	25	3.0	55	2.98
$C_{12}H_{25}(NC_5H_5)^+Br^-$	H_2O/气	30	2.75	60	2.94
$C_{12}H_{25}N^+(CH_3)_3 \cdot C_2H_5SO_4^-$	H_2O/气	25	2.85	58	2.57
$C_{12}H_{25}N^+(CH_3)_3 \cdot C_6H_{13}SO_4^-$	H_2O/气	25	2.58	64	3.70

续表

化合物	界面类型	温度/℃	$\Gamma_\infty \times 10^6$/(mol/m^2)	A_∞/Å^2	pC_{20}
$C_{12}H_{25}N^+(CH_3)_3 \cdot C_{12}H_{25}SO_4^-$	H_2O/气	25	2.74	61	5.32
$C_{12}H_{25}(OC_2H_4)_4OH$	H_2O/气	25	3.63	46	5.34
$C_{12}H_{25}(OC_2H_4)_5OH$	H_2O/气	25	3.31	50	5.37
$C_{12}H_{25}(OC_2H_4)_7OH$	H_2O/气	10	2.85	58	5.15
$C_{12}H_{25}(OC_2H_4)_7OH$	H_2O/气	25	2.90	57	5.26
$C_{12}H_{25}(OC_2H_4)_7OH$	H_2O/气	40	2.77	60	5.28
$C_{12}H_{25}(OC_2H_4)_8OH$	H_2O/气	25	2.52	66	5.20
$C_{13}H_{27}(OC_2H_4)_8OH$	H_2O/气	25	2.78	60	5.62
$C_{14}H_{29}(OC_2H_4)_8OH$	H_2O/气	25	3.43	48	6.02
$C_{15}H_{31}(OC_2H_4)_8OH$	H_2O/气	25	3.59	46	6.31
$n-C_{16}H_{33}(OC_2H_4)_6OH$	H_2O/气	25	4.4	38	6.80
$n-C_{12}H_{25}N(CH_3)_2O$	H_2O/气	25	3.5	47	3.62
$n-C_{12}H_{25}CH(COO^-)N^+(CH_3)_3$	H_2O/气	27	3.1	54	—
$C_{10}H_{21}N^+(CH_3)_2CH_2COO^-$	H_2O/气	23	4.15	40	2.59
$C_{12}H_{25}N^+(CH_3)_2CH_2COO^-$	H_2O/气	23	3.57	46.5	3.56
$C_{14}H_{29}N^+(CH_3)_2CH_2COO^-$	H_2O/气	23	3.53	47	4.62
$C_{16}H_{33}N^+(CH_3)_2CH_2COO^-$	H_2O/气	23	4.13	40	5.54
$C_{12}H_{25}CH(NC_5H_5)^+COO^-$	H_2O/气	25	3.57	46	3.98

第五节　表面活性剂的表(界)面张力的降低作用

一、溶液的表(界)面张力

分子在本体层与表(界)面层所处的环境不同，受到的作用力也不同(图 3－11)，而表(界)面张力的大小则和表(界)面层分子与周围分子的相互作用有关。由于分子间的排斥力是近程力，只有当非常靠近时才起作用，所以溶液的表(界)面层分子主要受到相邻分子的吸引力。如图 3－11 所示，本体层分子 B 所受到周围分子对它的吸引力是对称的(如图中箭头所示)，因此，分子在本体层内移动无需做功。但是，表面层分子 A 所受周围分子的吸引

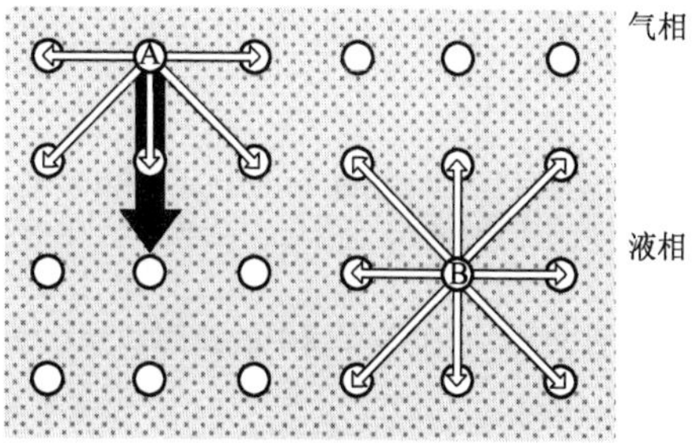

图 3－11　气/液表面层和本体相分子受到的相互作用力示意图

力则是不对称的，这是因为表面上气相的密度远小于液相。所以，来自本体层分子对它的吸引力比气相大得多，结果产生了表面层分子受到一指向本体层内部的不对称合力。所以，表面层分子比本体层分子相对地不稳定，它存在向本体层内移的趋势，即表面存在一种使表面积减小的收缩力。以线圈实验为例，若将一个封闭的细软线圈置于肥皂水膜内，则最初线圈呈现随机形状[图 3－12(a)]，这说明圈内外膜的收缩力是相等的。一旦刺破线圈内的皂膜，则线圈被圈外皂膜收缩力的作用，绷紧成圆形[图 3－12(b)]。皂液膜有两个表面，所以有两个收缩力，而任何一个作用于表面的，垂直于线圈并指向皂膜缩小方向的单位长度上的收缩力即常说的表面张力(单位 N/m 或 mN/m)。如果换个角度从能量分析，正因为表面层分子受到内向合力，所以，欲将本体层分子移至表面层则需要消耗能量，而将一定量分子从本体层移至表面并形成单位表面积所做的最小功称为比表面自由能(单位 J/m^2 或 mJ/m^2)。比表面自由能与表面张力是数值和量纲相同，但单位和意义不同的两个物理量。

在两个凝聚相接界面上，界面两侧的两种界面层分子的位能也不同于它们各自的本体层分子，界面上每个分子的位能要高于本体层分子。假如考虑的是两纯液体间的界面 a 和 b(图 3－13)，则 a 相的界面层分子 a 比其本体层分子所增加的位能应等于 $A_{aa}-A_{ab}$，其中 A_{aa} 表示 a 相中本体层分子对其界面层分子 a 的吸引能，A_{ab} 表示界面层分子 a 受 b 相分子的吸引能。同理，b 相的界面层分子 b 比其本体层分子增加的位能则等于 $A_{bb}-A_{ab}$。而所有界面层分子较其本体层分子所增加的位能，即界面自由能，其值为 $(A_{aa}-A_{ab})+(A_{bb}-A_{ab})$ 或 $A_{aa}+A_{bb}-2A_{ab}$，也等于生成新界面所需的最小功。单位面积的界面自由能即比表面自由能，也称为表面张力 γ，可用下式表示：

$$\gamma=\gamma_a+\gamma_b-2\gamma_{ab} \qquad (3-37)$$

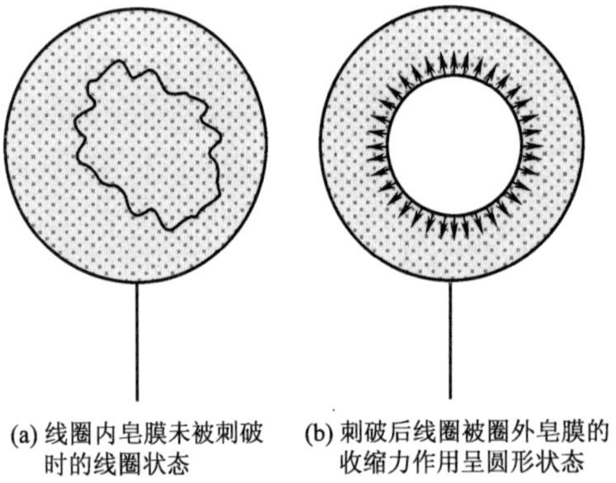

图 3－12　肥皂水膜中的线圈实验示意图

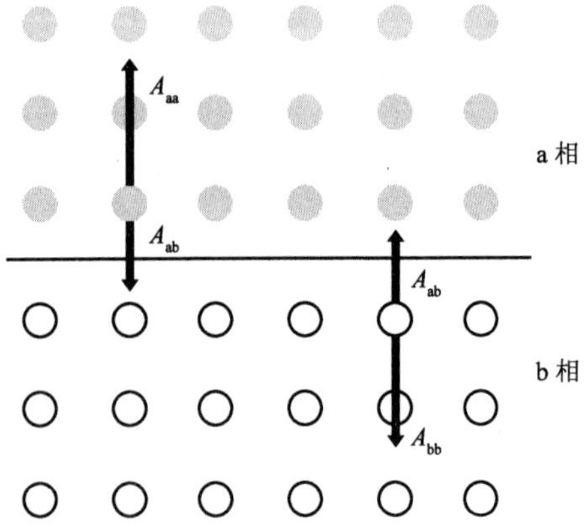

图 3－13　互不相溶的两凝聚相 a 和 b 之间接界面分子的相互作用力示意图

式中：γ_a 和 γ_b 分别为纯液体 a 和 b 的比表面自由能(表面张力)，而 γ_{ab} 为单位面积界面上 a 和 b 分子间的吸引能。当两相中有一相为气相(如 a 相为气相)，由于气相中的分子密度远比凝聚相低，所以，由分子相互吸引产生的张力可以忽略，即 $\gamma=\gamma_b$ 为凝聚相 b 的表面张力。当两相是互不相溶的液体时，其表面张力 γ_a 和 γ_b 甚至包括 γ_{ab} 一般都可以通过实验测定。如果有一相是固体，则实验测定 γ_{ab} 是非常困难的。但有一个共识是如果 a 和 b 两相的分子结构及其相互作用的性质越相似，则它们之间的作用也越强，γ_{ab} 的数值越大，界面张力 γ 也越小。当 $\gamma_{ab}=\gamma_a=\gamma_b$ 时，两相消失并成为一相。

二、表面活性剂降低表(界)面张力的原理

如果将表面活性剂加入互不相溶的液/液两相系统(例如庚烷和水)中，表面活性剂则以亲水基指向水相，疏水基指向庚烷相，疏水基定向吸附在油/水界面上。由于原来界面上的水和庚烷分子被表面活性剂分子所取代，所以，界面的一侧是表面活性剂的亲水基和水分子之间的相互作用；另一侧是其疏水基和庚烷分子之间的相互作用。这种相互吸引作用的强度远大于原来庚烷和水分子之间相互吸引的程度，所以，γ_{ab} 大大增加，界面张力大大降低。而在空气/水溶液表面上，由于空气中的分子是非极性的，所以表面活性剂对空气/水溶液界面张力的降低作用在许多方面是类似于对庚烷/水溶液界面张力的降低作用。

从以上例子可见，表面活性剂在降低表(界)面张力时，具有两个作用。

(1)表(界)面吸附作用，即驱使其逃逸水相并在界面上发生富集。为了使表面活性剂具有显著的表(界)面吸附作用，保持其分子的亲水—亲油平衡是关键。以水溶液为例，如果表面活性剂的亲水性太强，则其表面活性偏弱；而亲油性太强，则可能直接从水相中游离出来。除了表面活性剂的分子结构外，温度、pH 值以及包括电解质、有机化合物等添加剂浓度都会对其亲水—亲油平衡有影响。一般来说，只有当表面活性剂在溶液中具有显著而有限的溶解度时，才能表现出良好的表(界)面吸附作用。例如一些表现出良好的降低水溶液表面张力的表面活性剂在极性有机溶剂如乙醇、丙二醇等中没有明显的作用，这是因为它们在这些有机溶剂中具有较大的溶解度。

(2)表(界)面取向作用，我们不能期望含有烃链的离子型表面活性剂能降低烃类溶剂的表面张力，因为这些分子吸附在空气/烃界面上，是以离子基团定向指向非极性的空气，结果是降低了界面两边的相互吸引作用。在水溶液中有两种可能：如果表面活性剂在界面上发生的是疏水基定向吸附，则界面张力降低(例如水溶液表面及油/水界面)；反之是亲水基定向吸附，则界面张力反而增高(例如某些固/水界面)。所以，可以说表面活性剂的表面活性是降低表(界)面张力的必要条件，但不是充分条件。

三、表面活性剂降低表(界)面张力效率和效能

与表(界)面吸附效率和效能一样，降低表(界)面张力效率和效能也是评价表面活性剂表面活性的重要参数。

1. 表(界)面张力降低效率

表(界)面张力降低效率，即表面活性剂的单位本体浓度引起溶剂表(界)面张力降低的值，

可以表达为 π/c。与表(界)面吸附效率一样,习惯上,降低表(界)面张力效率也是采用 pC_{20} 来表征,有关影响 pC_{20} 的各种因素已在前面介绍。当然,有人采用 CMC 来衡量效率大小,只是与 pC_{20} 相反,当降低表(界)面张力效率越大,则 CMC 越小,所以,也有人以 1/CMC 表示。无论采用哪个参数,表(界)面张力的降低是本体相表面活性剂的表(界)面吸附的结果,因此,表面活性剂单位本体浓度引起的表(界)面吸附与表(界)面张力的降低仅仅是一个问题的两个方面。所以降低表(界)面张力效率与表(界)面吸附效率采用同一个参数就不奇怪了。

2. 表(界)面张力降低效能

表(界)面张力降低效能,即表面活性剂降低溶剂表(界)面张力的最大值,用 π_{CMC} 来表示。降低表(界)面张力效能与效率不同,它与吸附效能 Γ_∞ 之间存在以下关系。

大量表面活性剂溶液的表面张力与浓度的实验数据可以发现:表面压为 20mN/m 的浓度 C_{20} 点在 γ—ln$C$ 曲线上已经处于线性部分(见前吸附效率),这说明此时表面吸附已达到饱和,所以该线性部分的 Gibbs 方程可进一步简化为:

$$\Delta\gamma = -nRT\Gamma_\infty \Delta\ln C \quad 或 \quad \Delta\pi = nRT\Gamma_\infty \Delta\ln C \tag{3-38}$$

如果取浓度上下限为 C_{20} 和 CMC,则相应的表面压为 20mN/m 和 π_{CMC},代入上式即为:

$$\pi_{CMC} = 20 + nRT\Gamma_\infty \ln\frac{CMC}{C_{20}} \tag{3-39}$$

所以,π_{CMC} 不仅与 Γ_∞ 有关,也是 CMC/C_{20} 的函数。C_{20} 为溶液的表面压达 20mN/m 时表面活性剂在本体相的浓度,C_{20} 越小表示表面活性剂的表面吸附作用越强;而 CMC 则为本体相中形成胶束的最低浓度,CMC 越小则表示表面活性剂的胶束化作用越强。所以,表面活性剂的 CMC/C_{20} 变小则表示 CMC 变小或 C_{20} 变大,其表面活性有利于胶束化作用;反之 CMC/C_{20} 变大则有利于表(界)面吸附。

如果表面活性剂的 Γ_∞ 和 CMC/C_{20} 成正比关系变化,则 Γ_∞ 的增加有利于 π_{CMC} 的增大;反之,Γ_∞ 和 CMC/C_{20} 成反比关系变化,则 Γ_∞ 的增加有可能引起 π_{CMC} 的减小。以有支链的或亲水基在疏水链中间的表面活性剂为例,这类表面活性剂与其直链同系物相比,由于 A_∞ 更大,所以 Γ_∞ 更小。而 CMC/C_{20} 也因其支链之间的空间排斥,不能形成紧密的聚集体,胶束化作用更差,与直链相比 CMC/C_{20} 则更大,其 π_{CMC} 有可能比直链同系物更大,表 3-7 列出了一些表面活性剂在水溶液介质中的 Γ_∞、CMC/C_{20} 和 π_{CMC} 值。

表 3-7　一些表面活性剂在水溶液介质中的 Γ_∞、CMC/C_{20} 和 π_{CMC}

化合物	温度/℃	$\Gamma_\infty \times 10^6$/(mol/m²)	CMC/C_{20}	π_{CMC}/(mN/m)
$C_{10}H_{21}SO_3^-Na^+$	25	3.3	2.1	31.0
$C_{12}H_{25}SO_3^-Na^+$	25	2.9	2.8	33.0
$C_{12}H_{25}SO_3^-Na^+$	60	2.5	1.92	29.0
$C_{12}H_{25}SO_3^-Na^+$(0.1mol/L NaCl)	25	3.8	5.9	36.4

续表

化合物	温度/℃	$\Gamma_\infty \times 10^6$/(mol/m^2)	CMC/C_{20}	π_{CMC}/(mN/m)
$C_{12}H_{25}SO_3^- Na^+$(0.5mol/L NaCl)	40	3.6	6.8	39.0
$C_{12}H_{25}SO_4^- Na^+$	25	3.2	2.6	32.5
$C_{12}H_{25}SO_4^- Na^+$(H_2O—十七烷)	25	3.3	4.8	42.5
$C_{12}H_{25}SO_4^- Na^+$(H_2O—苯)	25	2.3	2.2	29.1
$C_{14}H_{29}SO_4^- Na^+$	25	—	2.6	37.2
$C_{12}H_{25}(OC_2H_4)_2SO_4^- Na^+$	25	2.6	2.5	30.6
$C_{12}H_{25}C_6H_4SO_3^- Na^+$	70	3.7	1.33	25.8
$p-C_6H_{13}CH(C_5H_{11})C_6H_4SO_3^- Na^+$	75	2.1	>1.7	>26
$p-C_6H_{13}CH(C_4H_9)CH_2C_6H_4SO_3^- Na^+$	75	2.85	3.2	35
$n-C_7F_{15}COO^- Na^+$	25	4.0	9.4	47.4
$n-C_7F_{15}COO^- K^+$	25	3.9	9.3	51.4
$(CF_3)_2CF(CF_2)_4COO^- Na^+$	25	3.8	11.2	51.8
$C_{14}H_{29}N^+(CH_3)_3Br^-$	30	2.7	2.1	31
$C_{14}H_{29}N^+(C_3H_7)_3Br^-$	30	1.9	2.4	29
$C_{12}H_{25}N^+(CH_3)_3Cl^-$(0.1mol/L NaCl)	25	4.2	9.5	42
$C_{10}H_{21}N^+(CH_3)_2COO^-$	23	4.15	7.0	39.7
$C_{12}H_{25}N^+(CH_3)_2CH_2COO^-$	23	3.57	6.5	36.5
$C_{14}H_{29}N^+(CH_3)_2CH_2COO^-$	23	3.53	7.5	37.5
$C_{16}H_{33}N^+(CH_3)_2CH_2COO^-$	23	4.13	6.9	39.7
$C_{12}H_{25}CH(NC_5H_5)^+COO^-$	25	3.57	5.66	35.0
$C_{12}H_{25}N^+(CH_2C_6H_5)(CH_3)CH_2COO^-$	25	2.86	14.4	39.0
$C_{10}H_{21}(OC_2H_4)_6OH$	25	3.0	17.0	42
$C_{12}H_{25}(OC_2H_4)_3OH$	25	3.98	11.4	44.1
$C_{12}H_{25}(OC_2H_4)_4OH$	25	3.63	13.7	43.4
$C_{12}H_{25}(OC_2H_4)_5OH$	25	3.31	15.0	41.5
$C_{12}H_{25}(OC_2H_4)_6OH$	25	3.7	9.6	41
$C_{12}H_{25}(OC_2H_4)_7OH$	25	2.90	14.9	38.3
$C_{13}H_{27}(OC_2H_4)_8OH$	25	2.78	11.3	36.7
$C_{14}H_{29}(OC_2H_4)_8OH$	25	3.43	8.4	38.0
$C_{15}H_{31}(OC_2H_4)_8OH$	25	3.59	7.1	37.4
$C_{16}H_{33}(OC_2H_4)_6OH$	25	4.4	6.3	40
$p-t-C_8H_{17}C_6H_4O(C_2H_4O)_8H$	25	2.6	21.4	40
$(CH_3)_3SiO[Si(CH_3)_2O]_3Si(CH_3)_2CH_2(C_2H_4O)_{8.2}CH_3$	25	3.4	37	50

3. 影响CMC/C_{20}比值的因素

(1)对于直链的离子型表面活性剂,随 R 增长,CMC/C_{20}增大极为有限;

(2)若在直链表面活性剂中引入支链或将亲水基移至中间,则 CMC/C_{20}增大;

(3)对于聚氧乙烯醚非离子型表面活性剂来讲,指定疏水基,增加 POE 链长的 CMC/C_{20}增大,指定 POE 链,增加疏水链长的 CMC/C_{20}减小;

(4)对于离子型表面活性剂来说,离子强度增加或者加入与之有缔合作用的反离子(如 6 个碳以上的表面活性反离子),则其 CMC/C_{20}明显增大;

(5)在常温下,温度升高,表面活性剂的 CMC/C_{20}减小;

(6)用氟碳链或者硅氧烷替代碳氢链的表面活性剂的 CMC/C_{20}显著增加;

(7)用油/水界面替代气/水表面,则表面活性剂的 CMC/C_{20}的变化须视其疏水基与油相的相似性而定,相似者 CMC/C_{20}明显增加,反之则会稍稍降低。一般疏水基为饱和烃的表面活性剂在饱和烃的油/水系统中的 CMC/C_{20}比气/水系统的要大,有利于界面吸附;而在不饱和烃/水或短链的芳烃/水系统则要小。

思考题

1. 固/液界面带电机理是什么?为什么固体表面往往带负电荷?

2. 何谓 Stern 电位 ψ_s?请解释 ψ_s|与|ψ_0|哪个更大些及其影响因素。

3. 何谓 Zeta 电位 ζ?请解释|ζ|与|ψ_s|哪个更大些及其影响因素。

4. 何谓扩散双电层厚度 κ^{-1}?请解释 κ^{-1}的影响因素。若室温时在 0.1mol/L NaCl 水溶液中的 κ^{-1}为 10Å,则在同样摩尔体积浓度的 $CaCl_2$ 水溶液中的 κ^{-1}为多少?

5. 将 2g 固体粉末放入 100mL 浓度为 0.01mol/L 的表面活性剂水溶液,达吸附平衡后溶液浓度为 7.22×10^{-3}mol/L,若表面活性剂的分子截面积为 60Å^2,则该固体粉末的比表面积为多少?

6. 简述表面吸附超量 Γ_i 的物理意义以及在表面活性剂表面吸附中的应用。

7. 已知 25℃时乙醇水溶液的表面张力服从 γ(mN/m)$=72-0.5C+0.2C^2$,其中 C 为乙醇浓度(mol/L),试问当 $C=0.5$mol/L 时,乙醇的表面吸附超量(mol/m^2)和吸附截面积(Å^2)。

8. 何谓吸附效率?简述影响 pC_{20}的各种因素。试根据以下表面活性剂的分子结构,判断其水溶液的表面吸附效率 pC_{20}值的大小并排序。

(a)$CH_3(CH_2)_{11}SO_4^- Na^+$

(b)$CH_3(CH_2)_9C_6H_4SO_3^- Na^+$

(c)$CH_3(CH_2)_9\overset{+}{N}(CH_3)_2Cl^-$

(d)$CH_3(CH_2)_4CH(C_3H_7)CH_2SO_4^- Na^+$

(e)$CH_3(CH_2)_{11}O(C_2H_4O)_4H$

9. 何谓吸附效能?简述影响 Γ_∞的各种因素。试根据以下表面活性剂的分子结构,判断其水溶液的表面吸附效能 Γ_∞值的大小并排序。

(a)$C_{10}H_{21}SO_4^- Na^+$

(b)$C_{12}H_{25}SO_4^-Na^+$

(c)$C_{16}H_{33}SO_4^-Na^+$

(d)$C_{18}H_{37}SO_4^-Na^+$在水中

(e)$C_{16}H_{33}SO_4^-Na^+$在 0.1mol/L NaCl 的水溶液中

10. 表面张力降低效能 π_{CMC} 与吸附效能之间存在什么关系？简述影响 CMC/C_{20} 的各种因素。

第四章　表面活性剂的溶液性质

如前所述，在水中加入表面活性剂，溶液的表面张力会急剧降低，当浓度升至一定值时，其表面张力便趋于定值。那么，这种表面现象与其溶液性质有何关系？水溶液的内部结构又发生了什么变化？而这种变化的热力学规律是什么以及它有何应用？本章将简单讨论以上问题。

以水溶液的电导率为例（图 4－1）。一般在稀溶液区，无机盐的电导率都是随浓度的增加而线性递增的。而十二烷基磺酸钠只有在浓度极低的区域才是如此，达到一定浓度后会发生转折，直线的斜率变缓，即电导率随浓度的增幅变小。显然，在转折点前后，表面活性剂水溶液的内部结构发生了变化。而且，这个转折点会随烷基磺酸钠的疏水基增长而向低浓度位移，因此这个转折点的发生实际上与表面活性剂的表面活性有关。

事实上，表面活性剂水溶液的许多物理性质都存在这种现象。图 4－2 是十二烷基磺酸钠水溶液的各种物理性质与其本体浓度的变化关系。由图 4－2 可以看出：溶液的表面现象（即表面张力、界面张力等）与其内部性质（即摩尔电导、电导率、渗透压、浊度以及密度变化等）存在相互一致的内在关系，即溶液所有的物理性质的变化均存在一个范围很小、统一的浓度突变点。我们发现当溶液浓度达到该突变点之后，溶液的表面张力和渗透压趋于定值，摩尔电导和自扩散系数急剧下降，而光散射强度和浊度则随之增大，溶液的内部结构发生变化，本体相中表面活性剂分子开始聚集起来形成多分子的球形胶束。该突变点即称为临界胶束浓度，用 CMC 表示，溶液的所有性质的突变都与胶束的形成有关。实际上，胶束形成的过程可看成表面活性剂

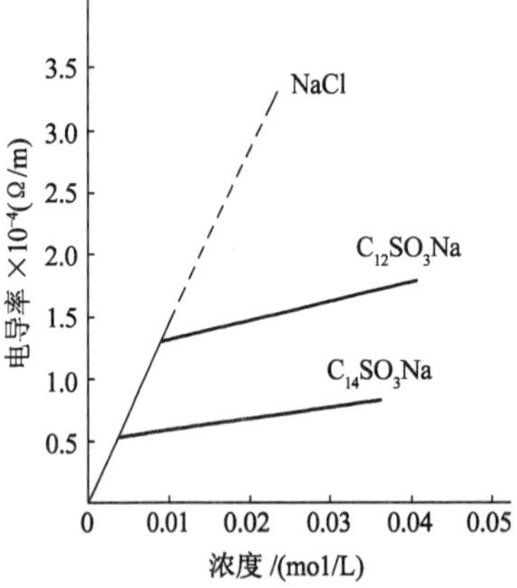

图 4－1　无机盐和烷基磺酸钠水溶液电导率与浓度的关系

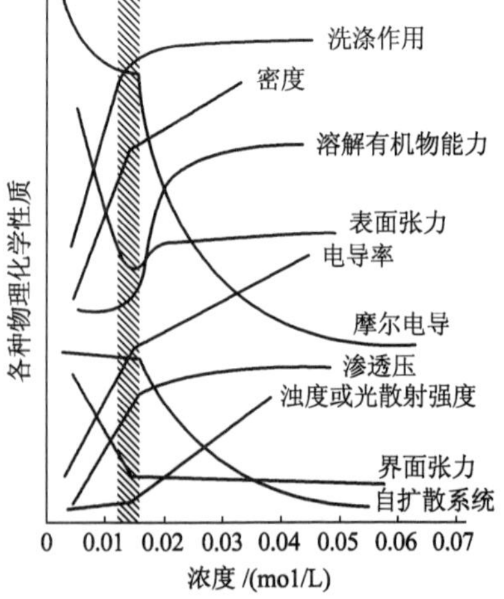

图 4－2　十二烷基磺酸钠水溶液的各种物理化学性质与其本体浓度的关系

逃逸水的第二种趋势。当表面活性剂浓度达 CMC 后，表(界)面吸附达到饱和，致使本体相中表面活性剂的疏水基只能通过相互缔合来进一步逃逸水。表面活性剂在溶液中的这种自发的缔合过程，或者说自组装称为胶束化作用。胶束化作用与界面吸附作用一样是表面活性剂表面活性的直接结果。

第一节　胶束的结构、形状及聚集数

一、胶束的结构

由于表面活性剂在溶液中的表面活性作用，在 CMC 浓度以上许多分子会相互缔合，自组装成胶团、胶束。胶束的大小与一般胶体相似(粒径≤100nm)。在溶液中，表面活性剂的胶束与其分子或离子处于平衡状态，以下就胶束各部分结构进行一些分析和讨论。

在水介质中，当浓度超过 CMC 不多以及不存在能使胶束增溶的其他添加物时，胶束一般呈现球形结构(图 4－3)。胶束的内核由表面活性剂分子的疏水基团组成，相当于液态烃，半径约等于完全扩展的疏水基长度。其外部区域是由亲水基及其结合水构成的胶束表面。之间是与极性基相连的数个 CH_2 基团，在其周围有渗入的形成结构的水分子，称为栅栏区，此区域的极性梯度较大，不再具有内核液态烃的性质。离子型胶束的表面由极性头离子及其反离子和水化水共同组成的 Stern 层构成。此表面的极性头错落有致，变化不定，犹如变形虫。在表面区之外还有一个由未与极性头离子缔合的反离子组成的扩散双电层(图 4－3)。非离子型胶束则不同，没有双电层。以聚氧乙烯醚为例，其表面由聚氧乙烯醚链和醚键的结合水构成，其厚度往往超过内核尺寸(图 4－4)。

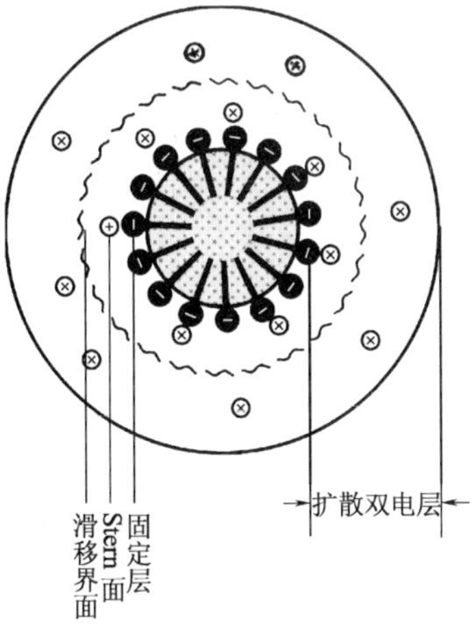

图 4－3　离子型表面活性剂胶束的结构示意图

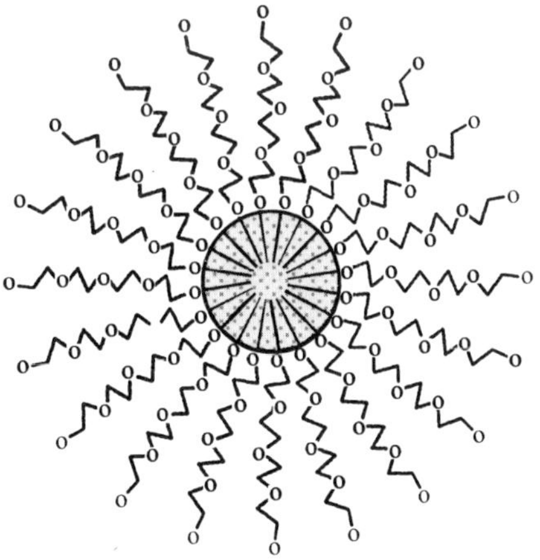

图 4－4　聚氧乙烯醚非离子型表面活性剂胶束的结构示意图

二、胶束的形状

根据光散射方法对胶束的研究，也证实在CMC到十倍于CMC的一段范围内，胶束是对称的(即球状)，而且胶束的缔合度不变。但是，在有些情形下，胶束的形状是不对称的，或从几何方面考虑，胶束呈偏圆状，甚至盘状。

在十倍于CMC或更大的浓溶液中，胶束一般是非球状的。Debye根据光散射实验结果，提出了棒状胶束的模型(图4－5)。这种模型使大量的表面活性剂分子碳氢链与水接触的面积缩小，有更高的热力学稳定性。表面活性剂的亲水基构成棒状胶束的表面，内部由憎水基构成。在某些表面活性剂溶液(甚至是稀溶液)中，这种棒状胶束还有一定的柔顺性，就像蚯蚓一样地运动。随着溶液浓度的不断增加，棒状胶束聚集成束，周围是溶剂。当浓度更大时，就形成巨大的层状胶束(图4－5)。水溶液中如有其他物质存在也会影响胶束的形状。例如在离子胶束溶液中加入无机盐，则会促使不对称胶束的形成。若在表面活性剂的浓水溶液中加入适量的非极性油，则可能形成逆胶束，甚至形成微乳液。

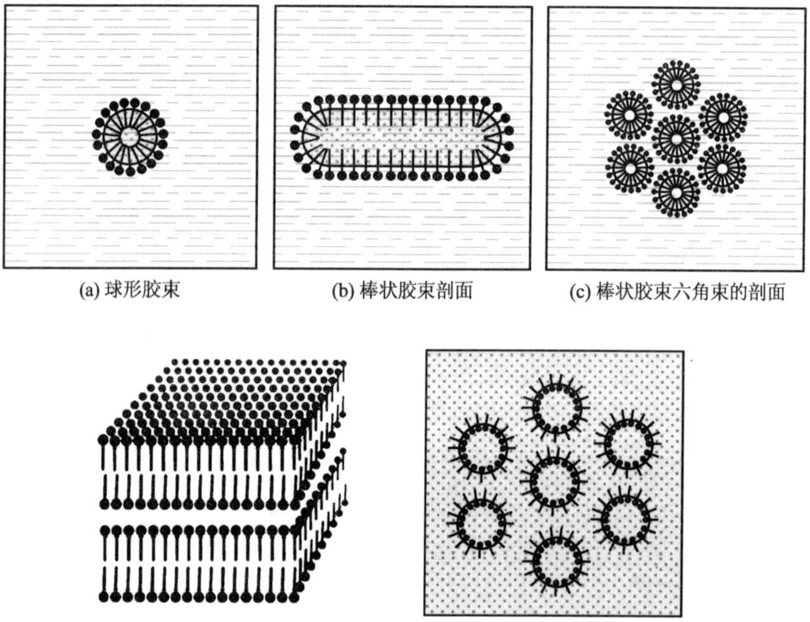

(a) 球形胶束　(b) 棒状胶束剖面　(c) 棒状胶束六角束的剖面

(d) 层状胶束　(e) 逆胶束

图4－5　表面活性剂水溶液的浓度在CMC以上时各种胶束的形状示意图

三、聚集数

胶束大小的量度是胶束聚集数，即缔合成胶束的表面活性剂分子(或离子)数。胶束聚集数常用光散射法、超离心法加以测定。实验发现，离子型表面活性剂的聚集数 n 为50～60，而非离子型表面活性剂的聚集数一般大于100。

通常，表面活性剂的亲油基团碳原子数增加时，在水中的胶束聚集数就相应增加，特别是非离子型表面活性剂，增加的趋势更大。这是因为非离子型表面活性剂极性头的亲水性一般比离子型表面活性剂极性头要小得多，所以增、减一个碳原子所引起的变化就大得多。

对于聚氧乙烯醚非离子型表面活性剂，若聚氧乙烯醚的链长增加，而碳氢链长不变时，则表面活性剂的胶束聚集数 n 减小。

作为一个普遍的规律，在水中表面活性剂与溶剂之间的不相似性越大，则聚集数越大。所以在水溶液中，增加表面活性剂的碳氢链长度或减小聚氧乙烯醚链的长度，胶束聚集数就大为增加。

在离子型表面活性剂水溶液中添加中性电解质，会使聚集数增加。这是因为电解质的加入使表面活性离子的双电层被压缩，减少表面活性剂离子头之间的静电排斥，从而促使更多的表面活性剂进入胶束。中性电解质一般也会增加非离子型胶束在水溶液中的聚集数，但影响不大，其机理似乎还不很清楚。

升温导致离子型表面活性剂水溶液聚集数下降少，但对聚氧乙烯醚非离子型表面活性剂胶束的聚集数增加很多。一些常见的表面活性剂胶束的聚集数见表 4－1。

表 4－1　一些常见的表面活性剂胶束的聚集数

化合物	溶剂	温度/℃	聚集数
$C_8H_{17}SO_3^-Na^+$	H_2O	23	25
$(C_8H_{17}SO_3^-)_2Mg^{2+}$	H_2O	23	51
$C_{10}H_{21}SO_4^-Na^+$	H_2O	23	50
$C_{12}H_{25}SO_4^-Na^+$	H_2O	23	71
$C_{12}H_{25}SO_4^-Na^+$	0.1mol/L NaCl(aq.)	20	90
$C_{10}H_{21}OCOCH_2SO_3^-Na^+$	H_2O	25	69～71
$C_{12}H_{25}N^+(CH_3)_3Br^-$	H_2O	20	55
$C_{14}H_{29}N^+(CH_3)_3Br^-$	H_2O	20	70
$C_{14}H_{29}N^+(C_2H_5)_3Br^-$	H_2O	20	55
$C_{14}H_{29}N^+(C_4H_9)_3Br^-$	H_2O	20	35
$n-C_8H_{17}NH_3^+\cdot C_2H_5COO^-$	C_6H_6	30	5±1
$n-C_8H_{17}NH_3^+\cdot C_2H_5COO^-$	CCl_4	30	3±1
$n-C_8H_{17}NH_3^+\cdot C_5H_{11}COO^-$	CCl_4	30	5±1
$n-C_8H_{17}O(C_2H_4O)_6H$	H_2O	18	30
$n-C_8H_{17}O(C_2H_4O)_6H$	H_2O	30	41
$n-C_8H_{17}O(C_2H_4O)_6H$	H_2O	40	51
$n-C_8H_{17}O(C_2H_4O)_6H$	H_2O	60	210
$n-C_{12}H_{25}O(C_2H_4O)_6H$	H_2O	20	254～345
$n-C_{12}H_{25}O(C_2H_4O)_6H$	H_2O	25	400
$n-C_{12}H_{25}O(C_2H_4O)_6H$	H_2O	35	1400
$n-C_{12}H_{25}O(C_2H_4O)_6H$	H_2O	45	4000
$n-C_{12}H_{25}O(C_2H_4O)_8H$	H_2O	25	123

在非水的烃类介质中，胶束的结构恰好相反，即由亲水基构成内核，疏水基与烃构成外层，称为逆胶束。逆胶束的形成一般受到两方面的影响：一是胶束的核心离子对的相互吸引或极性基之间的相互作用，其促使表面活性剂分子聚集；二是疏水基之间空间立体阻碍，其限制了胶束的形成，这可能就是逆胶束的聚集数不大的一个原因。在极性有机溶剂中，例如乙醇、氯仿等，胶束化作用几乎不能发生，即使有也可能极小，而且，表面活性剂在这些溶剂的表面也没有吸附作用。

第二节　临界胶束浓度

临界胶束浓度(CMC)是表面活性剂最重要的性质，不同表面活性剂的 CMC 值反映其在水中的表面活性。离子型表面活性剂的 CMC 一般为 10^{-3}～10^{-2}mol/L，非离子型表面活性剂的 CMC 在 10^{-3}mol/L 以下。这是因为羟基、醚基等非离子亲水基的亲水性远小于离子极性基，所以，相同疏水基的表面活性剂的 CMC 数非离子型的要小得多。一些有代表性的表面活性剂的临界胶束浓度见表 4－2。

表 4－2　一些有代表性的表面活性剂的临界胶束浓度

表面活性剂	溶剂	温度/℃	CMC/(mol/L)
$C_{12}H_{25}SO_3^-Na^+$	H_2O	25	1.24×10^{-2}
$C_{12}H_{25}SO_4^-Na^+$	H_2O	25	8.2×10^{-3}
$C_{12}H_{25}SO_4^-Na^+$	H_2O	40	8.6×10^{-3}
$C_{12}H_{25}SO_4^-Na^+$	H_2O/环己烷	25	7.4×10^{-3}
$C_{12}H_{25}SO_4^-Na^+$	H_2O/苯	25	6.0×10^{-3}
$C_{12}H_{25}SO_4^-Na^+$	3mol/L 尿素(aq.)	25	9.0×10^{-3}
$C_{12}H_{25}SO_4^-Na^+$	0.1mol/L NaCl(aq.)	21	1.5×10^{-3}
$C_{14}H_{29}SO_4^-Na^+$	H_2O	25	2.1×10^{-3}
$C_{15}H_{31}SO_4^-Na^+$	H_2O	40	1.2×10^{-3}
$C_{16}H_{33}SO_4^-Na^+$	H_2O	40	5.8×10^{-4}
$C_9H_{19}CH(C_5H_{11})CH_2SO_4^-Na^+$	H_2O	40	2×10^{-3}
$C_7H_{15}CH(C_7H_{15})CH_2SO_4^-Na^+$	H_2O	40	3×10^{-3}
$C_{12}H_{25}CH(OC_2H_4)_2CH_2SO_4^-Na^+$	H_2O	25	2.9×10^{-3}
$C_{12}H_{25}CH(OC_2H_4)_2CH_2SO_4^-Na^+$	0.1mol/L NaCl(aq.)	25	2.9×10^{-4}
$p-n-C_8H_{17}C_6H_4SO_3^-Na^+$	H_2O	35	1.5×10^{-2}
$C_7F_{15}COO^-K^+$	H_2O	25	2.9×10^{-2}
$C_7F_{15}COO^-Na^+$	H_2O	25	3.0×10^{-2}
$n-C_8F_{17}SO_3^-Li^+$	H_2O	25	6.3×10^{-3}

续表

表面活性剂	溶剂	温度/℃	CMC/(mol/L)
$C_{12}H_{25}N^{+}(CH_3)_3Cl^{-}$	H_2O	25	2.0×10^{-2}
$C_{12}H_{25}(NC_5H_5)^{+}Br^{-}$	H_2O	25	1.14×10^{-2}
$C_{12}H_{25}N^{+}(C_4H_9)(CH_3)_2Br^{-}$	H_2O	25	7.5×10^{-3}
$C_{12}H_{25}SO_4^{-}N^{+}(CH_3)_3C_{12}H_{25}$	H_2O	25	4.6×10^{-5}
$C_{12}H_{25}N^{+}(CH_3)_2CH_2COO^{-}$	H_2O	23	1.8×10^{-3}
$C_{16}H_{33}N^{+}(CH_3)_2CH_2COO^{-}$	H_2O	23	2.0×10^{-5}
$C_{12}H_{25}CH(NC_5H_5)^{+}COO^{-}$	H_2O	25	6.0×10^{-4}
$C_{12}H_{25}N^{+}(CH_3)(CH_2C_6H_5)CH_2COO^{-}$	H_2O,pH=5.5~5.9	25	5.5×10^{-4}
$C_8H_{17}O(C_2H_4O)_6H$	H_2O	25	9.9×10^{-3}
$C_{10}H_{21}O(C_2H_4O)_8H$	H_2O	25	1.0×10^{-3}
$C_{12}H_{25}O(C_2H_4O)_8H$	H_2O	25	1.09×10^{-4}
$C_{14}H_{29}O(C_2H_4O)_8H$	H_2O	25	9.0×10^{-6}
$p-x-C_8H_{17}C_6H_4O(C_2H_4O)_8H$	H_2O	25	2.8×10^{-4}
$C_9H_{19}C_6H_4O(C_2H_4O)_{10}H$	H_2O	25	7.5×10^{-5}
$C_9H_{19}C_6H_4O(C_2H_4O)_{10}H$	3mol/L 尿素	25	1.0×10^{-4}
$C_9H_{19}C_6H_4O(C_2H_4O)_{10}H$	3mol/L 氯化胍	25	1.4×10^{-4}

一、临界胶束浓度的测定

CMC 是一个很难精确测定的量，特别对于短链、弱表面活性的表面活性剂来说就更难。以下是一些常用的 CMC 测定方法。

1. 表面张力法

这是测定 CMC 最常用的方法之一。如果将达到平衡后的各浓度下的表面张力值与浓度对数作图。曲线的转折点相当于 CMC。在 CMC 以后，表面张力值基本上不变。此法的优点是无论是高表面活性还是低表面活性的表面活性剂，其 CMC 的测定都具有相似的灵敏度，而其他一些方法(如电导法、折射率法等)的灵敏度则随 CMC 的增加而下降。该法不受无机盐存在的干扰，所以，离子型和非离子型表面活性剂都适合。测定体系中存在杂质，如含有少量高级醇、胺、酸等极性有机物时，在 CMC 附近的表面张力往往出现极小值，不易确定转折点与 CMC。不过根据表面张力曲线上是否出现极小值，也可以用来判断产品的纯度。值得注意的是一些溶液黏度较高的体系，往往所需平衡时间较长，会影响测量结果。

2. 电导法

本法只限于测定离子型表面活性剂的 CMC。即测出表面活性剂溶液各种浓度时的电导率或摩尔电导，并将其对浓度作图，所得曲线的转折点即为 CMC。可以认为，对电导率的贡献主要是表面活性离子和反离子，胶束对电导的贡献不多。若考虑离子的大小，可以预料表面活性剂离子不如反离子贡献大。在 CMC 以后，摩尔电导率急剧减少，这是因为表面活性离子开始聚集起来形成胶束，而反离子被固定在胶束表面，使得胶束的表面电荷被中和，结果使得溶液的电导率大大降低。该法对于 CMC 较大的表面活性剂灵敏度较差，而且过量的无机盐存在会降低测定灵敏度。

3. 染料法

在表面活性剂的 CMC 前后，表面活性离子与具有相反电荷的某种色素离子，有显著的颜色变化。例如，称作阳离子性的频哪氰醇(底片红)色素，在阴离子表面活性剂的 CMC 以下的溶液中是红色，而在 CMC 以上的溶液中是蓝色，所以利用这种颜色变化，可以确定离子型表面活性剂的 CMC。

4. 浊度法

烃类一般在浓度低于 CMC 的表面活性剂溶液中不溶，加烃于此种溶液中摇动后液体混浊，当浓度大于 CMC 时，烃可增溶于胶团中形成透明液体。故可利用此浊度的突变点测定 CMC。测定方法与染料法相似，所不同的是观察浊度的变化(或测定透光率)。用不溶于水的固体染料测定 CMC 的原理与此类似。缺点是因外物(烃，染料)加入可能影响 CMC 值。例如，用苯测定浊点则 CMC 有时可降低 30%。

二、影响表面活性剂临界胶束浓度值的因素

1. 表面活性剂结构的影响

(1)疏水基：在水介质中，随疏水基碳原子数增加至约 16 时，临界胶束浓度会迅速下降。而且，每增加一个亚甲基，对直链离子型表面活性剂而言，可使 CMC 下降一半。而对于非离子型表面活性剂而言更敏感，可使 CMC 下降至原值的 1/3 以上。

同系列直链表面活性剂在水中的 CMC 与疏水基的碳原子数 N 之间存在以下经验关系式：

$$\lg CMC = A - BN \tag{4-1}$$

式中：A 和 B 是与温度和亲水基有关的常数。在指定温度下，A 与亲水基的结构有关，例如常温下羧酸盐 A 为 1.9 左右，磺酸盐 A 为 1.4～1.6，硫酸酯盐 A 为 1.4～1.5，聚氧乙烯醚基 A 为 2 左右。而常数 B 对一般的阴、阳离子型表面活性剂来讲，约为 0.3(35℃)，对于非离子和两性离子型表面活性剂则为 0.5 左右。常见直链表面活性剂的 A、B 值见表 4－3。当直链疏水基的碳原子数超过 16 时，CMC 则不再随链的增长而迅速下降，当链长超过 18 个碳时，链长再增加 CMC 可能不再降低。其次，疏水基的支化度增加或者极性基的位置向链中间移动时，由于支链会阻碍分子的聚集而使 CMC 增大。

(2)亲水基：如前所述，由于亲水基的亲水性不同使得离子型表面活性剂比含相同疏水基的非离子型表面活性剂的 CMC 要高出 1～2 个数量级，而离子型亲水基的种类对 CMC 的影响不大，一般认为其极性越小，则 CMC 越小。比如随着具有相同 R 的羧酸盐、磺酸盐和硫酸酯盐的亲水基极性减小，其 CMC 也依次降低(表 4－4)。

对于在水介质中的聚氧乙烯醚非离子型表面活性剂来讲，其 CMC 和分子中乙氧基加成数 n 之间存在下列经验关系式：

表 4-3　常见直链表面活性剂的 *A*、*B* 值

表面活性剂	温度/℃	*A*	*B*
脂肪酸钠	20	1.85	0.30
脂肪酸钾	25	1.92	0.29
烷基硫(磺)酸钠(钾)	25	1.51	0.30
烷基硫酸钠	60	1.35	0.28
烷基磺酸钠	55	1.15	0.26
烷基苯磺酸钠	55	1.68	0.29
烷基苯磺酸钠	70	1.33	0.27
烷基三甲基溴化铵	25	2.01	0.32
烷基三甲基氯化铵(0.1mol/L NaCl)	25	1.23	0.33
烷基三甲基溴化铵	60	1.77	0.29
烷基溴化吡啶	30	1.72	0.31
$nC_nH_{2n+1}(OC_2H_4)_6OH$	25	1.82	0.49
$nC_nH_{2n+1}(OC_2H_4)_8OH$	15	2.18	0.51
$nC_nH_{2n+1}(OC_2H_4)_8OH$	25	1.89	0.50
$nC_nH_{2n+1}(OC_2H_4)_8OH$	40	1.66	0.48
$nC_nH_{2n+1}N^+(CH_3)_2CH_2COO^-$	23	3.17	0.49

表 4-4　离子型亲水基对表面活性剂 CMC 的影响

表面活性剂	温度/℃	CMC/(mol/L)
十二烷基硫酸钠	25	82
十二烷基磺酸钠	25	124
十二烷基氯化铵	25	130
十二烷基酸钠	25	260

$$\lg CMC = A' + B'n \tag{4-2}$$

当指定温度和疏水基时，A'与B'为常数。表 4-5 列举了一些常见的聚氧乙烯醚非离子型表面活性剂的经验常数。

在所有这些关系式中，当表面活性剂的乙氧基加成数 n 增加时，在水溶液中的 CMC 上升。

(3)离子型表面活性剂的反离子：对于离子型表面活性剂来说，反离子对其 CMC 的影响也是存在的，特别是高价反离子，如把一价反离子提高到二价，其 CMC 会降至四分之一。其次，有机反离子的影响也较大。这是因为在水溶液中的离子型胶束周围是被反离子所包围的，因此，反离子起了束缚胶束的作用。反离子的束缚能力越强，越易形成胶束，CMC 越小。而反离子的束缚能力随其极化能力及价数增加而增大，随其水化半径的增加而减小。以十二烷基硫酸

表 4-5 常见聚氧乙烯醚非离子型表面活性剂的经验常数值

表面活性剂系列	温度/℃	A'	B'
$n-C_{12}H_{25}(OC_2H_4)_nOH$	23	-4.4	+0.046
$n-C_{12}H_{23}(OC_2H_4)_nOH$	55	-4.8	+0.013
p-异-$C_8H_{17}C_6H_4(OC_2H_4)_nOH$	25	-3.8	+0.029
$p-C_9H_{19}C_6H_4(OC_2H_4)_nOH$	25	-4.3	+0.020
$n-C_{16}H_{33}(OC_2H_4)_nOH$	25	-5.9	+0.024

盐为例，其 CMC 随不同反离子按以下顺序减小：

$$Li^+ > Na^+ > K^+ > Cs^+ > N^+(CH_3)_4 > N^+(C_2H_5)_4 > Ca^{2+}, Mg^{2+}$$

对于十二烷基三甲基铵以及十二烷基吡啶的卤化物等阳离子型表面活性剂水溶液的 CMC，则随不同卤素反离子按以下顺序减小：

$$F^- > Cl^- > Br^- > I^-$$

2. 各种添加剂的影响

(1)电解质的影响：在表面活性剂水溶液中加入电解质会使 CMC 降低，这种效应往往是阴、阳离子型比两性离子型更显著，而两性离子型比非离子型更明显些。

对于阴、阳离子型表面活性剂来说，下列经验式可估算电解质浓度对 CMC 的影响：

$$\lg CMC = -a\lg C_i + b \quad (4-3)$$

式中：a，b 是与离子基及温度有关的常数，C_i 是包括表面活性剂和加入电解质在内总的反离子浓度(mol/L)。通常，表面活性剂与电解质都为 1-1 型时，常数 a 的取值为 0.4～0.6。而电解质的加入使离子型表面活性剂 CMC 降低的主要原因是电解质压缩了胶束表面双电层厚度的同时，也减小了胶束中极性基的离子氛半径及其相互间的静电排斥力，从而更有利于胶束的形成。而且，电解质中与表面活性离子带相同电荷的离子对降低其 CMC 也有作用，以十二烷基羧酸钠为例，这种降低 CMC 的作用随不同阴离子按以下顺序降低：

$$PO_4^{3-} > B_4O_7^{2-} > OH^- > CO_3^{2-} > HCO_3^- > SO_4^{2-} > NO_3^- > Cl^-$$

电解质对两性离子型和非离子型表面活性剂 CMC 值的影响主要是通过疏水基的“盐析”和“盐溶”作用，盐析则使 CMC 值减小，盐溶则使 CMC 增大。而加入电解质的正、负离子作用还是取决于它们的水化离子半径，半径越小，影响越大。但是，不管怎样，电解质对非离子型表面活性剂 CMC 及胶束聚集数 n 的影响很小。

(2)有机化合物的影响：有机化合物的加入对表面活性剂在水中的 CMC 的影响一般可以分为两类。

第一类有机添加剂的用量较少，主要是通过与胶束相结合而影响其 CMC 的，例如脂肪醇和酰胺等极性有机物少量加入即能使CMC值直线下降。图4－6是多种脂肪醇对十二烷基磺酸钾水溶液CMC的影响，不难发现，脂肪醇的碳数越多，降低CMC的作用越明显。

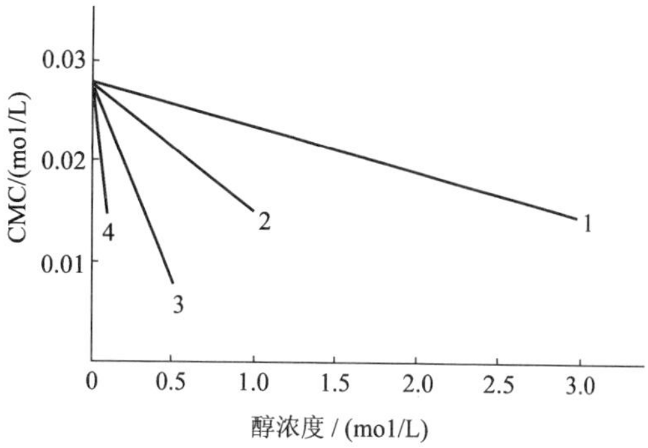

图4－6 脂肪醇对十二烷基磺酸钾水溶液CMC的影响

1—乙醇 2—丙醇 3—丁醇 4—戊醇

第二类有机添加剂的用量较大，通过与水的混合改变水结构来影响CMC。其中，尿素、*N*－甲基甲酰胺、胍盐等被认为是水结构破坏剂，使表面活性剂，特别是聚氧乙烯醚非离子型的CMC值增加（尿素对离子型表面活性剂CMC的影响较小）；木糖、果糖等则被认为是水结构促进剂，使CMC值下降；而加入二氧环、乙二醇、水溶性酯、短链醇等水溶性很强的有机化合物则会降低水的内聚能密度和溶解度参数，提高表面活性剂在水中的溶解度，从而使CMC值上升（例如乙醇对烷基硫酸盐CMC的影响，见表4－6）。乙醇浓度不高时，CMC下降，表现出第一类有机添加剂的特征，大量加入后溶解度提高，CMC明显增大，则表现为第二类有机添加剂。

表4－6 水—乙醇混合溶剂中烷基硫酸盐(SDS)的CMC

溶剂组成	CMC/(mol/L)	溶剂组成	CMC/(mol/L)
纯水	0.00722	20%乙醇	0.00722
10%乙醇	0.00518	30%乙醇	0.0104

3. 环境对CMC的影响

环境温度对表面活性剂在水中的CMC的影响是有限的，也是复杂的，以温度对十二烷基硫酸钠的CMC的影响为例如图4－7所示，随温度增加，CMC值先下降，达到了最低值后，又上升，变化在15%左右。过多升高温度会引起水化作用的下降，这有利于胶束化作用。但是，增加温度也会破坏结构水，这又不利于胶束化作用。因此，在特定的温度范围内，这两种相互抵消的影响的相对强弱决定了CMC的增加或下降。根据数据分析，离子型表面活性剂最低CMC时的温度在25℃附近，而聚氧乙烯醚非离子型表面活性剂则不同，其CMC值随温度升高而单调下降（图4－

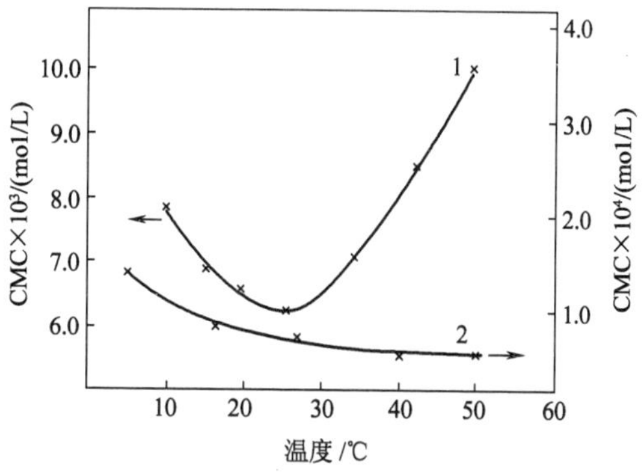

图4－7 温度对十二烷基硫酸钠及$C_{12}H_{21}(OC_2H_4)_3OH$的CMC影响

1—十二烷基硫酸钠 2—$C_{12}H_{21}(OC_2H_4)_3OH$

7)。而环境压力对 CMC 的影响就更加有限。

第三节　表面活性剂稀溶液的热力学

表面活性剂稀溶液的热力学研究主要是通过建立胶束化的热力学模型,推导其热力学关系式,测算相应的热力学函数,从而分析胶束化过程的趋势。研究胶束形成的热力学模型很多,比较成熟的有质量作用模型和拟相分离模型两种。这两种模型都是将 CMC 看作胶束化过程中的热力学平衡浓度,虽然它们的基本假设不同,所得出的热力学表达式的含意也有所区别,所幸的是表面活性剂溶液浓度一般很稀(CMC＜10^{-2} mol/L),计算所得到的 $\Delta G_m^\ominus$ 颇为一致。本教材简单介绍质量作用模型,根据该模型不难得出各种类型表面活性剂胶束化的各种标准热力学参数与临界胶束浓度之间的关系。

一、胶束化的各种标准热力学参数

1. 胶束化标准生成自由能 $\Delta G_m^\ominus$

(1)非离子型表面活性剂:设由 n mol 表面活性剂 N 相互缔合组成 1mol 胶束 M,则可有如下平衡关系:

$$nN \rightleftharpoons M$$

根据上式可知,1mol 非离子型表面活性剂形成胶束的标准自由能变化:

$$\Delta G_m^\ominus = -\frac{1}{n}RT\ln\frac{a_M}{a_N^n} = -RT\ln\frac{a_M^{\frac{1}{n}}}{a_N} = RT\ln a_{CMC} \qquad (4-4)$$

式中:a_M 为平衡时胶束的活度,由于聚集数 n 为大数,所以,$a_M^{\frac{1}{n}} \approx 1$;$a_N$ 为平衡时表面活性剂的活度,应等于 a_{CMC} 即临界胶束浓度时表面活性剂的活度,非离子表面活性剂 CMC＜10^{-3} mol/L,所以,活度可用摩尔分数 x_{CMC} 近似替代:

$$\Delta G_m^\ominus \approx RT\ln x_{CMC} = RT\ln\frac{CMC}{55.5} \qquad (4-5)$$

式中:55.5 为 1L 水的摩尔数。

(2)离子型表面活性剂:以 1－1 型阴离子表面活性剂为例,设 n mol 阴离子型表面活性剂 S 与 $(n-z)$mol 反离子 C 缔合组成 1mol 胶束 M^{z-},则存在以下平衡关系:

$$nS + (n-z)C \rightleftharpoons M^{z-}$$

由上式可知,1mol 离子型表面活性剂形成胶束的标准生成自由能变化:

$$\Delta G_m^\ominus = -\frac{1}{n}RT\ln\frac{a_M}{a_S^n a_C^{n-z}} = RT\left(\ln a_{CMC} + \frac{m}{n}\ln a_C\right) \qquad (4-6)$$

式中：a_S 为平衡时阴离子表面活性剂的活度，应等于 a_{CMC} 即临界胶束浓度时离子型表面活性剂的活度，a_C 为反离子的活度，$\frac{z}{n}$ 为未束缚的反离子占表面活性剂的摩尔分数用 p 来表示，并用 CMC 代替 x_{CMC}，反离子的体积摩尔浓度 c_C 代替 x_C，f_+ 和 f_- 分别为正、负离子的活度系数，则：

$$\Delta G_m^\ominus = RT\left[\ln\frac{CMC}{55.5} + (1-p)\ln\frac{c_C}{55.5} + \ln f_+ \cdot f_-\right] \tag{4-7}$$

根据式(4－7)，如果假设 $\Delta G_m^\ominus$ 不随反离子浓度变化以及 $f_+ \approx 1, f_- \approx 1$，则 p 是可以通过实验测定的：

$$\ln\frac{CMC}{55.5} = \frac{\Delta G_m^\ominus}{RT} - (1-p)\ln\frac{c_C}{55.5} \tag{4-8}$$

将不同反离子浓度 c_C 对表面活性剂的 CMC 作对数图可得一直线。其直线的斜率等于 $-(1-p)$，而截距即 $\frac{\Delta G_m^\ominus}{RT}$，$p$ 一般应为 0.2～0.5，不少离子型表面活性剂的 $p=0.2$。

如果溶液中不添加电解质，则 p 表示离子型表面活性剂中反离子的未缔合度，而 $c_C =$ CMC，所以式(4－7)即为：

$$\Delta G_m^\ominus = RT\left[\ln\frac{CMC}{55.5} + (1-p)\ln\frac{CMC}{55.5}\right] = (2-p)RT\ln\frac{CMC}{55.5} \tag{4-9}$$

①$p=1$：即 $z=n$，离子型表面活性剂的反离子全部不缔合，则：

$$\Delta G_m^\ominus - RT\ln\frac{CMC}{55.5} \tag{4-10}$$

②$p=0$：即 $z=0$，离子型表面活性剂的反离子全部被束缚，则：

$$\Delta G_m^\ominus = 2RT\ln\frac{CMC}{55.5} \tag{4-11}$$

2. 胶束化的其他标准热力学参数

(1)非离子型表面活性剂：根据 Gibbs－Helmholtz 公式(3－33)和公式(4－5)，可求得非离子型表面活性剂的胶束化标准生成焓为：

$$\Delta H_m^\ominus = -T^2\frac{\partial}{\partial T}\left(\frac{\Delta G_m^\ominus}{T}\right) = -RT^2\left(\frac{\partial \ln CMC}{\partial T}\right)_P \tag{4-12}$$

非离子型表面活性剂的胶束化标准生成熵为：

$$\Delta S_m^\ominus = \frac{\Delta H_m^\ominus - \Delta G_m^\ominus}{T} = -RT\left(\frac{\partial \ln CMC}{\partial T}\right)_P - R\ln\frac{CMC}{55.5} \tag{4-13}$$

(2)离子型表面活性剂：若 $p=0.2$，则根据式(4－9)可得：

$$\Delta H_m^{\ominus} = -1.8RT^2 \left(\frac{\partial \ln \mathrm{CMC}}{\partial T}\right)_P \tag{4-14}$$

$$\Delta S_m^{\ominus} = -1.8RT \left(\frac{\partial \ln \mathrm{CMC}}{\partial T}\right)_P - 1.8R\ln \frac{\mathrm{CMC}}{55.5} \tag{4-15}$$

一些表面活性剂在水中的胶束化标准热力学参数见表 4－7。

表 4－7　一些表面活性剂在水中的胶束化标准热力学参数

表面活性剂	温度/℃	$\Delta G_m^{\ominus}$/(kJ/mol)	$\Delta H_m^{\ominus}$/(kJ/mol)	$T\Delta S_m^{\ominus}$/(kJ/mol)
$C_7H_{15}COO^- K^+$	22	－12.1	13.8	25.9
$C_8H_{17}COO^- Na^+$	27	－15.1	6.3	21.3
$C_{10}H_{21}SO_4^- Na^+$	32	－18.1	4.2	23.0
$C_{12}H_{25}SO_4^- Na^+$	33	－21.8	－1.3	20.5
$C_{12}H_{25}(NC_5H_5)^+Br^-$	5	－19.6	5.6	25.1
$C_{12}H_{25}(NC_5H_5)^+Br^-$	15	－20.4	0.08	20.5
$C_{12}H_{25}(NC_5H_5)^+Br^-$	25	－21.0	－4.1	17.0
$C_{12}H_{25}(NC_5H_5)^+Br^-$	35	－21.6	－6.6	15.0
$C_{12}H_{25}N(CH_3)_2O$	30	－25.9	7.0	33.0
$C_{12}H_{25}N^+(CH_3)_2CHCOO^-$	30	－25.6	－5.9	19.7
$C_{12}H_{25}(OC_2H_4)_2OH$	25	－35.5	3	39
$C_{12}H_{25}(OC_2H_4)_4OH$	25	－33.8	8	42
$C_{12}H_{25}(OC_2H_4)_6OH$	25	－33.0	16	49
$C_{12}H_{25}(OC_2H_4)_8OH$	10	－30.1	—	—
$C_{12}H_{25}(OC_2H_4)_8OH$	25	－32.6	—	—
$C_{12}H_{25}(OC_2H_4)_8OH$	40	－34.6	—	—
$C_{11}H_{23}(OC_2H_4)_8OH$	25	－30.0	17	47
$C_{13}H_{27}(OC_2H_4)_8OH$	25	－35.9	14	50
$C_{14}H_{29}(OC_2H_4)_8OH$	25	－38.7	13	51
$C_{15}H_{31}(OC_2H_4)_8OH$	25	－41.0	11	52

从表 4－7 可知，$\Delta G_m^{\ominus}$ 一般都为负值，说明在标准状态下，胶束化是一个自发过程，形成的胶束溶液是热力学稳定态。比较影响 $\Delta G_m^{\ominus} = \Delta H_m^{\ominus} - T\Delta S_m^{\ominus}$ 中的两个热力学参数中，$\Delta H_m^{\ominus}$ 一般为正值或较小的负值，而 $T\Delta S_m^{\ominus}$ 则为较大的正值，所以，熵增大是影响降低 $\Delta G_m^{\ominus}$ 的主要因素。而这种熵驱动力直接造成表面活性剂的疏水基“逃逸水”，而转移进入胶束的内部。$\Delta S_m^{\ominus}$ 增大的原因可以从两方面解释：其一，疏水基的逃逸水相使得原来碳链周围的规整的水结构被破坏；其次，疏水基转入液态烃的胶束内部，使其自由度增加。因此，凡是能影响疏水基与水以及胶束

内疏水基之间相互作用的因素都会影响 $\Delta G_m^\ominus$ 以及 CMC。

二、影响热力学函数的各种因素

(1)表面活性剂的疏水基碳链增加，$\Delta S_m^\ominus$ 则增大，$\Delta H_m^\ominus$ 则减小，$\Delta G_m^\ominus$ 减小，通常每增加一个亚甲基，$\Delta G_m^\ominus$ 减小 3kJ/mol。

(2)聚氧乙烯醚非离子型表面活性剂 $T\Delta S_m^\ominus$ 和 $\Delta H_m^\ominus$ 一般都随乙氧基加成数的增加而增大，其中 $\Delta H_m^\ominus$ 的增大可能是由于在胶束化过程中乙氧基水化度降低的结果，净结果使得 $\Delta G_m^\ominus$ 值稍稍增大，不利于胶束化。

(3)提高温度将使得离子型表面活性剂的 $T\Delta S_m^\ominus$ 和 $\Delta H_m^\ominus$ 都降低，大凡两种相反作用的因素势均力敌的时候，$\Delta G_m^\ominus$ 值会出现极值。从表 4－6 数据可知：在低温区，$\Delta G_m^\ominus$ 值随温度升高而降低并逐渐趋缓；而对于聚氧乙烯醚非离子型表面活性剂来讲，其标准胶束化 $\Delta G_m^\ominus$ 随温度升高而降低，是有利于胶束化的，这一点与温度对 CMC 的影响是一致的。

第四节　表面活性剂的增溶作用

不溶解于水的物质，在不使用醇及其他溶剂的情况下，由于添加少量表面活性剂而透明地溶解于水的现象称为增溶(Solubilization)。例如，苯虽然通常不溶于水，但在 100mL0.3mol/L 十六烷基羧酸钾水溶液中，可溶解苯约 5g 而成为澄清溶液。这种溶解现象与存在有机溶剂而溶解于水的情况不同。以苯为例，大量乙醇(或醋酸)的加入会使苯在水中的溶解度大大增加，这一般称为水溶助长作用。其原因在于，大量乙醇(或醋酸)的加入大大改变了溶剂性质。而在增溶作用中，表面活性剂的用量相当少，溶剂性质也无明显变化。增溶作用与乳化作用也不一样，后者是不溶液体分散于水中或另一液体中，形成热力学上不稳定的多相分散体系，而前者所形成的体系则是热力学上稳定的均相体系。在这个体系中，起增溶作用的物质为增溶剂，即表面活性剂，被增溶的物质为增溶质。

增溶作用与溶液中胶束的形成有密切关系：在临界胶束浓度之前并没有增溶作用，只有在 CMC 以后增溶作用才明显表现出来。增溶质溶解量对表面活性剂溶液浓度作图如图 4－8 所示。该图表示一微溶物增溶于一表面活性剂水溶液中的情况。当其浓度小于 CMC 时，溶解度很小，而且不随表面活性剂浓度而改变。在 CMC 以上则溶解度大为增加。这说明增溶作用为胶束现象，与表面活性剂在溶液中形成胶束有密切关系。

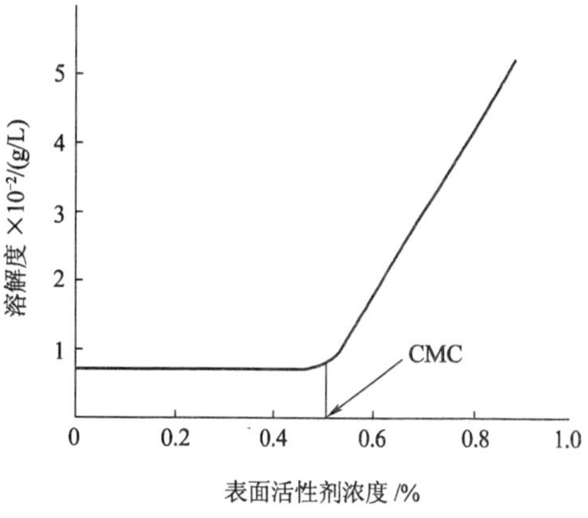

图 4－8　α－硝基二苯胺在 $C_{11}H_{23}COOK$ 水溶液中的溶解度曲线

一、增溶作用的机理及其增溶容量

根据近代仪器分析法的研究，对于增溶作用中增溶质被增溶在胶束中的位置大致有如下四种：

(1)胶束的内核；

(2)胶束中靠近极性基的亚甲基定向排列而成“栅栏”(Palisade)区；

(3)胶束的表面，即胶束与溶剂交界处；

(4)聚氧乙烯醚的亲水基链之间。如图 4－9 所示为胶束增溶的四种方式。

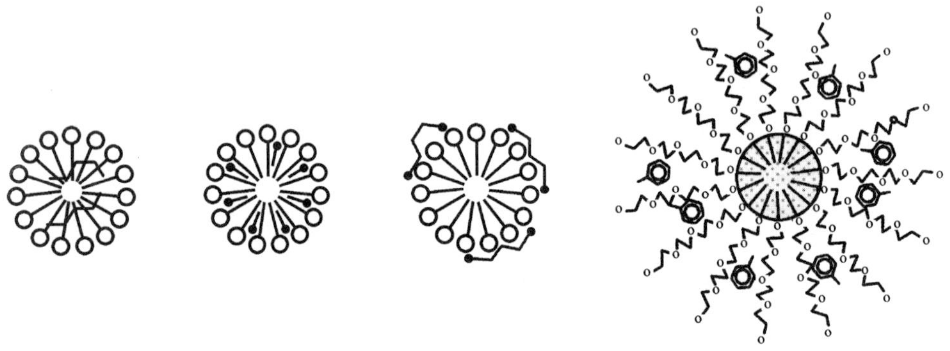

(a) 夹芯型增溶　(b) 栅栏型增溶　(c) 吸附型增溶　(d) 链间增溶

图 4－9　胶束增溶的四种方式

1. 增溶机理

(1)夹芯型增溶：增溶质的被增溶位置在胶束的内核，实验证明胶束内核为液态烃。所以，饱和脂肪烃、环烷烃以及其他不易极化的化合物，一般是被增溶于胶束内核中，就像溶于非极性碳氢化合物液体中一样[图 4－9(a)]。这些物质增溶后的紫外光谱或核磁共振谱表明，它们完全处于一个非极性环境中，证实了上述论点。

(2)栅栏型增溶：即增溶质被增溶的位置在胶束内核的外部，与极性基相连的 α－亚甲基之间形成“栅栏”结构区。较长的极性分子，如长链醇、胺等，则增溶于胶束“栅栏”之间[图 4－9(b)]，非极性碳氢链插入胶束内部，而极性头则混合于表面活性剂极性基之间，通过氢键或偶极子相互作用关系起来。当极性有机物的碳氢键较大(碳原子数较多)时，极性分子插入胶束的程度将增加，甚至极性头也将被带入胶束中。常见的增溶质为醇、胺等。

(3)吸附型增溶：即增溶质被吸附于胶束表面。此类增溶质往往是高分子或者多官能基的甘油、蔗糖以及一些染料。另外，一些油、水相都不溶的小分子，例如邻苯二甲酸二甲酯也属于此类[图 4－9(c)]。

(4)链间增溶：聚氧乙烯醚链间增溶是增溶质增溶于 PEO 链之间[图 4－9(d)]，此类增溶方式只存在于聚氧乙烯醚非离子型表面活性剂的胶束溶液，相应的增溶质有苯酚、苯胺等。

对于易极化的碳氢化合物，如短链芳香烃类(苯、乙苯等)在离子型表面活性剂胶束溶液中，开始增溶时可能被吸附增溶于胶束/水界面处，取代水分子并渗入胶束芯(内核)的外层；增溶量增多后则可能插入表面活性剂分子"栅栏"区，甚至可能更深地进入胶束内核。在季铵盐类表面活性剂胶束表面此种情况特别容易发生，因为芳香烃的 π 电子易与阳离子胶束表面发生相互作用。在聚氧乙烯醚非离子型表面活性剂胶束溶液中，此类物质则增溶于聚氧乙烯醚链间亲水层中。

2. 增溶容量

以上四类增溶方式都遵循"相似相溶"的原则。对于指定表面活性剂的胶束溶液各种增溶机理的增溶容量，除与增溶质在各区域的溶解度有关外，主要与其区域的溶剂有关，一般聚氧乙烯醚非离子型表面活性剂的胶束溶液存在以下顺序：聚氧乙烯醚链间增溶＞栅栏型增溶＞夹芯型增溶。而其他表面活性剂的胶束溶液则为栅栏型增溶＞夹芯型增溶＞吸附型增溶。

二、影响增溶作用的一些因素

因为增溶作用在用洗涤剂除去油污，在制药物、化妆品及杀虫剂和其他类型的配方中是很重要的，人们曾进行了大量工作来阐明，增溶作用的大小除了与增溶质有关外，主要与增溶剂(表面活性剂)的结构及其胶束聚集数和数目的多少有关(与表面活性剂的 CMC 有关)。可见，前面讨论过的影响临界胶束浓度的各种因素，必然也影响增溶作用。

1. 表面活性剂的结构

对于增溶在胶束内部或栅状层深处的烃类及长链极性化合物，随胶束聚集数 n 的增加增溶质的量通常也增加。因此，任何引起胶束直径或聚集数增加的因素，可以预期使这一类型增溶剂的增溶量增加。由于聚集数随溶剂与表面活性剂之间"不相似性"程度的增加而增加，表面活性剂憎水部分链长的增加，常使烃类在水介质中胶束内部的增溶量增加。

非离子表面活性剂的增溶能力较强。具有相同亲油基的表面活性剂一般对烃类及极性有机物的增溶作用大小顺序是：非离子表面活性剂＞阳离了表面活性剂＞阴离子表面活性剂。其原因是非离子表面活性剂有较小的 CMC，而阳离子表面活性剂则可能比阴离子表面活性剂有较疏松的胶束。

染料 OB 黄在 $C_{12}H_{25}(OC_2H_4)_xOH$($x=6\sim20$)水溶液中的增溶几乎不随聚氧乙烯链长而变化。其原因可能是：尽管聚氧乙烯链增长有利于 OB 黄的增溶，但与此同时 CMC 增加，胶束聚集数降低，两种作用相互抵消。其他一些油溶性偶氮染料在非离子表面活性剂水溶液中的增溶亦有相同情况。由于 OB 黄主要是增溶于胶束外壳中的聚氧乙烯醚链，因而无论是在 $C_{12}H_{25}(OC_2H_4)_xSO_4^-Na^+$ 溶液或是在 $C_{12}H_{25}(OC_2H_4)_xOH$ 溶液中，OB 黄的增溶量皆大大超过烷基硫酸钠($C_8\sim C_{14}$)溶液中的增溶量。

2. 增溶质的结构

增溶质脂肪烃与烷基芳烃被增溶的容量一般随其链长增加而减小。如烷烃的一个氢原子被极性基(如—OH 或—NH_2 等)所取代而变成极性有机物后，则被表面活性剂胶束溶液所增溶的容量大大增加。例如，正庚烷的一个氢原子被一个羟基取代而成正庚醇后，在十四酸钾水溶液中的增溶量就增加很多。在溶液浓度不很大时，胶束是球状的，碳氢链深入胶束内部并不容易，所以靠近胶束—水界面的极性化合物比添入胶束内部的非极性物的增溶程度要大一些。通常，增溶质的极性越小，碳氢链越长，则增溶容量越低。

3. 电解质的影响

离子型表面活性剂溶液中，加入少量中性电解质，可增加烃类的增溶量，但却降低增溶在栅状层外部的极性化合物的数量。中性电解质的加入使离子型表面活性剂的CMC大为降低，并且使胶束聚集数增加，胶束变大；其结果是增加了碳氢化合物的增溶量。另一方面，加入的中性电解质使胶束“栅栏”分子间的电斥力减弱，于是“栅栏”排列得更加紧密，从而减少了极性化合物增溶的可能位置，使极性有机物增溶量降低。

添加中性电解质至聚氧乙烯醚非离子型表面活性剂溶液中，在一定温度下，能增加烃类的增溶程度，其原因是添加电解质导致胶束聚集数增加。

4. 不同类型有机物的影响

(1)异种类型的增溶质相促：如在表面活性剂胶束中增溶非极性烃后，通常使极性化合物在这些胶束中的增溶容量增加。这是由于能增溶烃引起胶束溶胀，使胶束在栅栏层中结合更多极性物质成为可能。另一方面，极性物质，例如长链的醇、胺、硫醇及脂肪酸，增溶至表面活性剂胶束中，会使它们增加对烃类的增溶作用。极性化合物的链长越长及形成氢键能力越低，那么增溶烃能力的增加就越大，即 $RSH > RNH_2 > ROH$。

(2)同种类型的增溶质相抵：即在表面活性剂胶束中增溶某种烃后，会限制胶束增溶另一种烃的能力。同样，两种极性有机物亦然。

5. 温度的影响

温度对增溶作用的影响，因表面活性剂及增溶物的不同而各异。

对于离子型表面活性剂，增加温度一般会引起极性与非极性物的增溶量增加，其原因可能是热运动使胶束中能发生增溶的空间加大。

对于聚氧乙烯醚非离子型表面活性剂，温度增高时，聚氧乙烯醚链基的水化作用减小(与水结合的氢键发生破坏)，胶束较易形成。聚集数变大，特别是当温度升至接近表面活性剂的浊点时，胶束聚集数剧增，这样就使非极性碳氢化合物以及卤代烷烃类的增溶程度有很大提高。

三、表面活性剂增溶作用的应用

表面活性剂胶束的增溶作用已在乳液聚合、石油生产、洗涤过程、染料分散、制药等各部门得到广泛应用。

有一种表面张力最低值现象曾经无法解释(图1－1中曲线3的虚线部分)。即随着表面活性剂的加入，其水溶液的表面张力急剧地降低至某最低值，继续加入则表面张力稍稍反向回升，并趋于某值。因为存在 $\frac{d\gamma}{dC} > 0$ 的区域，所以此现象与Gibbs方程是相违背的。实验证明：最低值现象是杂质引起的。最典型的例子是十二烷基硫酸钠中往往存在极少量未反应的原料十二醇，由于它的存在使得混合膜的表面张力降得更低，但当表面活性剂溶液浓度大于其CMC时，本体相中开始形成胶束，此时十二醇会逐渐增溶于胶束之中而撤离表面，表面张力即随之回升至十二烷基硫酸钠的 γ 值。事实上，经纯化后的十二烷基硫酸钠水溶液的表面张力曲线呈L型。

第五节　表面活性剂在水中的溶解性能

其实，表面活性剂的溶液性质都是在其溶解于溶剂后的性质，所以，研究表面活性剂在溶剂中的溶解性能是研究其溶液性质的前提。表面活性剂在水中的溶解度一般随其亲水基的亲水性提高而增加，随其疏水基的疏水性提高而减小。而典型的温度对其在水中的溶解性能的影响一般可以分为两类：一类是随着温度升高溶解度增大的离子型表面活性剂；而另一类相反，是温度升高溶解度减小的聚氧乙烯醚非离子型表面活性剂。

一、离子型表面活性剂的溶解度曲线及其临界溶解温度

1. 离子型表面活性剂的溶解度曲线

图 4－10 为十二烷基硫酸钠水溶液在 Krafft 温度附近的相图。图 4－10 中有两条相曲线，交于一个三相点，划分出四个相区。

(1)相曲线：溶解度曲线和 CMC 曲线。

①溶解度曲线：离子型表面活性剂的饱和溶解度—温度曲线(图 4－10 中曲线$\overline{SKC}$)，曲线中转折点 K 将曲线一分为二，低温区的溶解度低并随温度的增幅小，而高温区少量提高温度，则溶解度急剧增加。在溶解度曲线上，离子型表面活性剂在本体相中的溶解达到饱和。

②CMC 曲线：离子型表面活性剂的临界胶束浓度—温度曲线(图 4－10 中曲线$\overline{KM}$)，从曲线可知，温度升高，CMC 稍稍增加，在低温区有一条 CMC 曲线的延长线(图 4－10 中的虚线)。在 CMC 曲线上，离子型表面活性剂在界面上吸附达到饱和。两曲线的交点即 Krafft 点，为三相点。

(2)一个三相点：临界溶解温度 T_k，在该点饱和溶液与胶束和结晶三相共存。

(3)四个相区：

①分子分散的稀溶液区；

②饱和溶液及其水合结晶区；

③胶束溶液及其水合结晶区；

④胶束溶液。

2. T_k 的意义及影响因素

(1)T_k 的意义：实际上，T_k 将离子型表面活性剂的相图分为两个区域：一个是高温区，即 $T \geq T_k$，在该区域沿 H 矢线逐渐增加离子型表面活性剂的浓度，界面吸附不断增加，当 H 矢线与 CMC 曲线相交时，表面活性剂的界面吸附作用达到饱和。而在低温区及 $T < T_k$，若沿 L 矢线逐渐增加离子型表面活性剂的浓度，界面吸附量有限(远离 CMC 虚线)。当 L 矢线与溶解度曲线相交时，离子型表面活性剂在本体相中

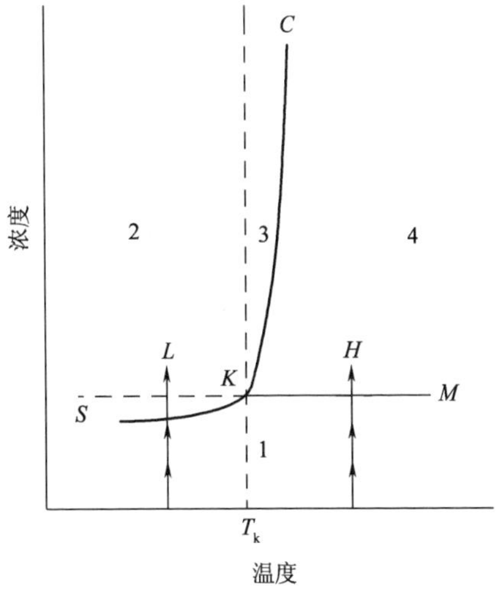

图 4－10　十二烷基硫酸钠水溶液在 Krafft 温度附近的相图

的溶解达到饱和，并开始在本体相中析出水合结晶，从而无法进一步达到界面的饱和吸附。因此，可以说 T_k 是离子型表面活性剂表面活性作用的一个临界温度，所以，T_k 称为临界溶解温度。只有当 $T \geqslant T_k$ 时，离子型表面活性剂在界面才有可能吸附达到饱和，界面张力达到最低，本体相中才能形成胶束，表面活性达到充分发挥。另一方面，从相图可知，T_k 又可以认为是形成胶束的最低温度——临界胶束化温度。

(2)影响的 T_k 因素：

①离子型表面活性剂结构的影响：对于离子型表面活性剂来讲，临界溶解温度的 T_k 高低与其亲水性密切相关，表面活性剂的亲水基的亲水性越强，或者其疏水基的疏水性越弱，则其分子的亲水性越强，反之亦然。离子型表面活性剂分子的亲水性越强，则其 T_k 越低，反之则越高。

②中性电解质的影响：对于离子型表面活性剂来讲，添加无共同离子的中性电解质，溶液中的离子强度 I 增加，极性头的离子氛半径被压缩，分子的亲水性降低，T_k 则升高。而且反离子的价数越高，T_k 升高幅度亦越大。

③水结构调节剂的影响：如前所述，水结构调节剂会直接影响水的有序结构，从而影响亲水基的亲水性，影响 T_k。所以加入水结构促进剂会使离子型表面活性剂的 T_k 升高，而加入水结构破坏剂则使 T_k 降低。

3. T_k 的测定方法

配置 1%浓度的离子型表面活性剂水溶液，通过缓慢升温和降温，观察溶液开始变清和混浊的温度来确定该离子型表面活性剂的 T_k。

一些常见的离子型表面活性剂的 T_k 测定值见表 4－8。应该说明的是，不少离子型表面活性剂的 T_k 附近可能存在比十二烷基硫酸钠水溶液更为复杂的相图，所以，把 T_k 看作为一种经验参数更妥当，它的实用性可能比其理论性更重要。一般认为非离子表面活性剂的 T_k 小于 0℃。

表 4－8　一些离子型表面活性剂的 T_k 测定值

化　合　物	T_k/℃	化　合　物	T_k/℃
$C_{12}H_{25}SO_3^-Na^+$	38	$C_{14}H_{29}OCO(CH_2)_2SO_3^-Na^+$	39.0
$C_{14}H_{29}SO_3^-Na^+$	48	$n-C_7F_{15}SO_3^-Na^+$	56.5
$C_{16}H_{33}SO_3^-Na^+$	57	$n-C_7F_{15}COO^- Li^+$	<0
$C_{18}H_{37}SO_3^-Na^+$	70	$n-C_7F_{15}COO^- Na^+$	8.0
$C_{10}H_{21}SO_4^-Na^+$	8	$n-C_7F_{15}COO^- K^+$	25.6
$C_{12}H_{25}SO_4^-Na^+$	16	$n-C_7F_{15}COOH$	20
$C_{14}H_{29}SO_4^-Na^+$	30	$n-C_7F_{15}COO^- NH_4^+$	2.5
$2-MeC_{13}H_{26}SO_4^-Na^+$	11	$C_{10}H_{21}CH(CH_3)C_6H_4SO_3^-Na^+$	31.5
$C_{16}H_{33}SO_4^-Na^+$	45	$C_{16}H_{33}(OC_2H_4)_2SO_4^-Na^+$	24
$2-MeC_{15}H_{30}SO_4^-Na^+$	25	$C_{16}H_{33}(OC_2H_4)_3SO_4^-Na^+$	19
$C_{18}H_{37}SO_4^-Na^+$	56	$C_{12}H_{25}CH(C_5H_5N^+)COO^-$	23
$C_{12}H_{25}OCO(CH_2)_2SO_3^-Na^+$	26.5	—	—

二、聚氧乙烯醚非离子型表面活性剂的浊点

1. 浊点 T_p

聚氧乙烯醚非离子型表面活性剂在水中溶解性能与离子型表面活性剂相反，升高温度，其在水中的溶解度降低，而且升到某温度时会发生混浊分相，通常称此温度为浊点，浊点也是一个可逆的相转变点。当温度高于溶液的浊点时，系统分离出两个相，即一个是浓度等于该温度的 CMC 无胶束的稀相，另一个则是包含表面活性剂的胶束相。

聚氧乙烯醚非离子型表面活性剂的这种相行为直接与其乙氧基的链结构有关，在水中的乙氧基链往往呈现醚基朝外的曲折型构象（图 4－11），朝外的醚基与水形成弱化学键——氢键，而且每个醚基能吸引 20～30 个水化水。升高温度，分子链的热运动加剧，则会脱去氢键，乙氧基链的亲水性降低，最终由水中析出而相分离。

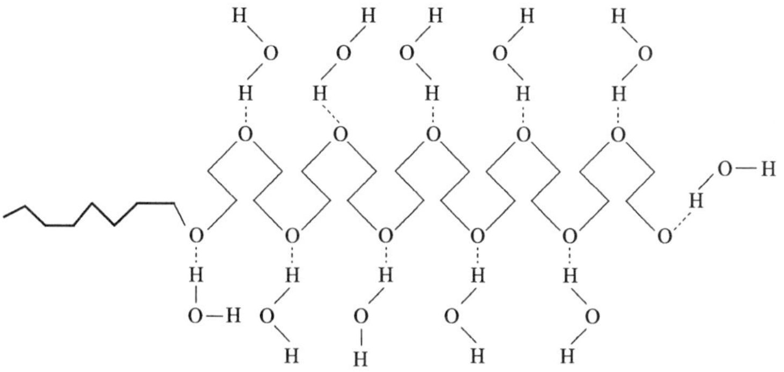

图 4－11　聚氧乙烯醚非离子型表面活性剂在水中的曲折型构象及醚基与水分子形成的氢键结构示意图

2. 影响浊点的因素

聚氧乙烯醚非离子型表面活性剂的结构对其浊点的影响。

（1）疏水基：对于具有相同链长的聚氧乙烯醚非离子型表面活性剂，其疏水基碳链越长，浊点越低。例如 $RO(C_2H_4O)_6H$ 在水中随着碳链从 6 个增至 16 个，其浊点由 83℃降至 32℃，见表 4－9。而其支化度增大，特别是支链长度接近时，可能会影响亲水基的水化能力，从而降低亲水性，T_p 下降。

表 4－9　碳链长对 $n-RO(C_2H_4O)_6H$ 在水中的浊点的影响

R 的碳数目	6	8	10	12	14	16
T_p/℃	83	68	60	52	45	32

（2）亲水基：随着乙氧基链的增长，相同疏水基的聚氧乙烯醚非离子型表面活性剂的浊点则升高。例如 OP 型非离子表面活性剂 $C_9H_{19}C_6H_4O(C_2H_4O)_nH$，$n$ 从 5 到 15，T_p 由 30℃到 100℃。而其聚氧乙烯醚链长不变，若将端羟基用甲氧基取代，则 T_p 也会降低。

另外，即使亲水基与疏水基的链长比不变，聚氧乙烯醚非离子型表面活性剂的相对分子质

量越小，乙氧基链长的分布越宽，T_p 则越低。甚至亲水基与疏水基的连接基用酯基取代醚基，相应的 T_p 降低。

(3)电解质：通常电解质的加入，溶液的离子强度 I 增大，虽不会像离子型表面活性剂那样敏感，但聚氧乙烯醚非离子型表面活性剂的亲水性也会相应降低，T_p 则随之降低。但是，如果加入 HCl 则相反，T_p 会升高，而 LiCl 则几乎无作用。

(4)极性有机物：加入极性有机物，例如脂肪醇，则聚氧乙烯醚非离子型表面活性剂的 T_p 明显降低，而且，脂肪醇的碳链越长，T_p 降幅越大。

(5)水结构调节剂：水结构调节剂的加入直接影响聚氧乙烯醚非离子型表面活性剂的亲水基，加入促进剂，亲水性降低，T_p 降低。反之加入破坏剂，则亲水性提高，T_p 上升。

3. T_p 的测定方法

因为聚氧乙烯醚非离子型表面活性剂水溶液的浓度在 1%附近的相分离温度与 T_p 比较接近，所以，取 1%的浓度作为测定其 T_p 的样品，常见的聚氧乙烯醚非离子型表面活性剂的 T_p 见表 4－10。

表 4－10　常见的聚氧乙烯醚非离子型表面活性剂的 T_p

化合物	溶剂	T_p/℃
$n-C_6H_{13}(OC_2H_4)_3OH^a$	H_2O	37
$n-C_6H_{13}(OC_2H_4)_5OH^a$	H_2O	75
$n-C_6H_{13}(OC_2H_4)_6OH^a$	H_2O	83
$(C_2H_5)_2CHCH_2(OCH_2H_4)_6OH^a$	H_2O	78
$n-C_8H_{17}(OC_2H_4)_4OH^a$	H_2O	35.5
$n-C_{10}H_{21}(OC_2H_4)_6OH^a$	H_2O	60
$(n-C_4H_9)_2CHCH_2(OC_2H_4)_6OH^a$	H_2O	27
$n-C_{12}H_{25}(OC_2H_4)_3OH^a$	H_2O	25
$n-C_{12}H_{25}(OC_2H_4)_4OH^a$	H_2O	6
$n-C_{12}H_{25}(OC_2H_4)_5OH^a$	H_2O	32
$n-C_{12}H_{25}(OC_2H_4)_6OH^a$	H_2O	52
$n-C_{12}H_{25}(OC_2H_4)_7OH^a$	H_2O	62
$n-C_{12}H_{25}(OC_2H_4)_7OH^b$	H_2O	58.5
$n-C_{12}H_{25}(OC_2H_4)_8OH^a$	H_2O	79
$C_{12}H_{23}(OC_2H_4)_{9.2}OH$	H_2O	75
$n-C_{12}H_{25}(OC_2H_4)_{10}OH^a$	H_2O	95
$(n-C_6H_{13})_2CH(OC_2H_4)_{9.2}OH^b$	H_2O	35
$C_8H_{17}C_6H_4(OC_2H_4)_{9\sim10}OH^b$	H_2O	64.3
$C_8H_{17}C_6H_4(OC_2H_4)_{9\sim10}OH^b$	0.2mol/L NH_4Cl (aq.)	60.0
$C_8H_{17}C_6H_4(OC_2H_4)_{9\sim10}OH^b$	0.2mol/L NH_4Br (aq.)	62.5
$C_8H_{17}C_6H_4(OC_2H_4)_{9\sim10}OH^b$	0.2mol/L NH_4NO_3 (aq.)	63.2

续表

化合物	溶剂	T_p/℃
$C_8H_{17}C_6H_4(OC_2H_4)_{9\sim10}OH^b$	0.2mol/L $(CH_3)_4NCl$ (aq.)	59.6
$C_8H_{17}C_6H_4(OC_2H_4)_{9\sim10}OH^b$	0.2mol/L $(CH_3)_4NI$ (aq.)	67.0
$C_8H_{17}C_6H_4(OC_2H_4)_{9\sim10}OH^b$	0.2mol/L $(C_2H_5)_4NCl$ (aq.)	61.0
$C_8H_{17}C_6H_4(OC_2H_4)_{9\sim10}OH^b$	0.2mol/L $(C_3H_7)_4NI$	78.5
$C_{12}H_{25}C_6H_4(OC_2H_4)_9OH^b$	H_2O	33

注 *a*—单分散 PEO 链，*b*—多分散 PEO 链。

思考题

1. 何谓临界胶束浓度？简述影响 CMC 值的各种因素。试根据以下表面活性剂的分子结构，判断其在水中的 CMC 值大小并排序。

(a)$CH_3(CH_2)_{11}SO_3^-Na^+$

(b)$CH_3(CH_2)_{11}O(C_2H_4O)_8H$

(c)$CH_3(CH_2)_9SO_3^-Na^+$

(d)$CH_3(CH_2)_8CH(C_2H_5)SO_3^-Na^+$

(e)$CH_3(CH_2)_9C_6H_4SO_3^-Na^+$

(f)$CH_3(CH_2)_{11}O(C_2H_4O)_4H$

2. 何谓胶束的聚集数？简述影响聚集数 N 的各种因素。现有非离子型表面活性剂 $CH_3(CH_2)_nO(C_2H_4O)_mH$，简述其在水中的聚集数 N 随 n、m、温度以及加入电解质的变化趋势。

3. 何谓增溶作用？简述表面活性剂增溶作用的机理。

4. 说出增溶作用的三种应用，请解释表面活性剂溶液的 γ—C 曲线上为什么常常会出现最低点。

5. 何谓离子型表面活性剂的 Krafft 温度？简述 T_K 的物理意义及其影响因素。

6. 何谓非离子型表面活性剂的浊点？解释其产生的原因及影响因素。

第五章 混合表面活性剂的表面活性

许多表面活性剂往往都是混合物，比如以天然油脂为原料生产的肥皂是脂肪酸盐的混合同系物；而人工合成的聚氧乙烯醚非离子型表面活性剂的乙氧基链则往往是多分散的；有时甚至为了调节表面活性剂溶液的性质，还会将不同表面活性剂混合等。本章将首先讨论表面活性剂理想混合系统的表面活性，即理想混合吸附和胶束化作用。

实际上，除了同系物或者带相同电荷的混合表面活性剂溶液可以近似看作理想混合系统外，大多数的混合表面活性剂，包括离子型与非离子型、阴离子型与阳离子型、阴离子型与两性离子型以及氟碳链与碳氢链型等二元混合表面活性剂水溶液的表面活性与理想混合系统存在较大的偏差。例如合成十二烷基硫酸盐时，往往不可避免地存在未反应的十二醇，有意思的是少量的杂质十二醇混入反而使十二烷基硫酸盐水溶液的表面张力更低，其泡沫性、乳化性以及洗涤性更佳，即混合表面活性比其单独使用时更强。所以，表面活性剂领域的研究除了探讨其结构与性能之间的关系，设计合成以及开发应用新的高性能的表面活性剂品种外，研究表面活性剂的混合对表面活性的影响也是一个重要内容。这种通过混合表面活性剂的协同效应来筛选最佳配方，往往会取得事半功倍的效果。而所谓“协同效应”就是指通过表面活性剂的复配所达到的增效作用。

近二十年来，研究者们通过引入分子相互作用参数 β 及其影响因素，从而使得定量研究混合表面活性剂协同效应成为可能。

第一节 表面活性剂的理想混合界面吸附和混合胶束

一、理想混合吸附量

理想混合吸附量用字母 Γ 表示。

1. 非离子表面活性剂混合物

从式(3－13)得：

$$-\frac{d\gamma}{RT}=\sum\Gamma_i d\ln C_i \tag{5-1}$$

以两组分为例，

$$-\frac{d\gamma}{RT}=\Gamma_1 d\ln C_1+\Gamma_2 d\ln C_2 \tag{5-2}$$

令组分 1 的浓度不变，即 $\mathrm{d}\ln C_1=0$，则：

$$-\frac{\mathrm{d}\gamma}{RT}=\Gamma_2(\mathrm{d}\ln C_2)_{T.P.C_1=C_1^*} \quad (5-3)$$

$$\Gamma_2=-\frac{1}{RT}\left(\frac{\partial\gamma}{\partial\ln C_2}\right)_{T.P.C_1=C_1^*} \quad (5-4)$$

式(5－4)中的 $\left(\frac{\partial\gamma}{\partial\ln C_2}\right)_{T.P.C_1}$ 是 $T.P$ 及其组成恒定时，溶液的表面张力随 $\ln C_2$ 的变化率（图 5－1），为可测值，所以 Γ_i 也是可测定的，其物理意义为：在指定 $T.P$ 以及组成下，i 组分的吸附量。

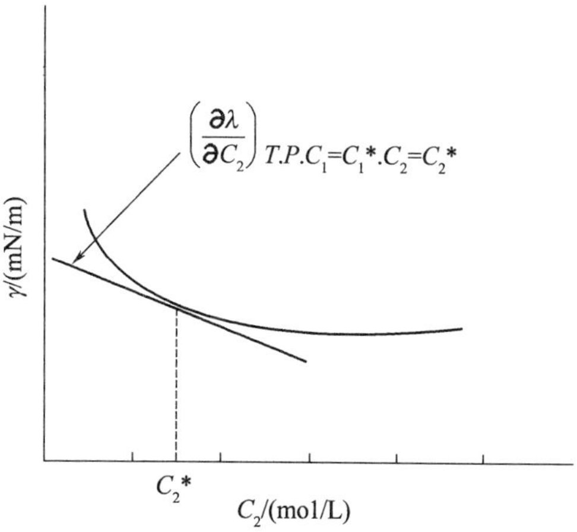

图 5－1　二组分混合表面活性剂溶液的表面张力随组分 2 浓度的变化率的测定

2. 离子型表面活性剂混合物

对于离子型表面活性剂混合物的吸附量 Γ_i 表达式只要加上一系数 x 即可：

$$\Gamma_i=-\frac{1}{xRT}\left(\frac{\partial\gamma}{\partial\ln C_i}\right)_{T.P.C_j} \quad (5-5)$$

x 为 1mol 离子型表面活性剂电离后产生正、负离子的总摩尔数。1－1 型的离子型表面活性剂 $x=2$。

二、混合表面活性剂的 Langmuir 方程

仍以二组分为例，设组分 1 和组分 2 在本体相浓度分别为 C_1 和 C_2 时的吸附量为 Γ_1 和 Γ_2，则从吸附动力学出发，组分 1 的吸附速率和脱附速率分别为：

$$\frac{\mathrm{d}n_{a1}}{\mathrm{d}t}=k_{a1}(\Gamma_\infty-\Gamma_1-\Gamma_2)C_1 \quad (5-6)$$

$$-\frac{\mathrm{d}n_{d1}}{\mathrm{d}t}=k_{d1}\Gamma_1 \quad (5-7)$$

式中：k_{a1} 和 k_{d1} 分别为组分 1 的吸附和脱附速率常数。吸附达到平衡时，吸附速率等于脱附速率，得：

$$k_{a1}(\Gamma_\infty-\Gamma_1-\Gamma_2)=k_{d1}\Gamma_1 \quad (5-8)$$

令 $K_1=\frac{k_{a1}}{k_{d1}}$，即组分 1 的吸附平衡常数，代入式(5－8)，并整理后即得：

$$\Gamma_1=\frac{K_1C_1(\Gamma_\infty-\Gamma_2)}{1+KC_1} \quad (5-9)$$

同理：

$$\Gamma_2=\frac{K_2C_2\ (\Gamma_\infty-\Gamma_1)}{1+KC_2} \tag{5-10}$$

式中：K_2 即组分 2 的吸附平衡常数。

将式(5－9)＋式(5－10)整理后得，组分 1 和组分 2 浓度分别为 C_1 和 C_2 时的总吸附：

$$\Gamma=\Gamma_1+\Gamma_2=\frac{\Gamma_\infty(K_1C_1+K_2C_2)}{1+K_1C_1+K_2C_2} \tag{5-11}$$

而 Γ_∞ 则表示指定组成的混合表面活性剂的饱和吸附量。

将系统推广到有 n 种组分的混合表面活性剂，则：

$$\Gamma=\frac{\Gamma_\infty\sum_{i=1}^{n}K_iC_i}{1+\sum_{i=1}^{n}K_iC_i} \tag{5-12}$$

其中：

$$\Gamma_i=\frac{\Gamma_\infty K_iC_i}{1+\sum_{i=1}^{n}K_iC_i} \tag{5-13}$$

令混合表面活性剂的总浓度为 C，而 i 组分占总的表面活性剂的摩尔分数为 x_i，则 $C_i=x_i\cdot C$。

$$\Gamma_i=\frac{\Gamma_\infty CK_ix_i}{1+C\sum_{i=1}^{n}K_ix_i} \tag{5-14}$$

$$\Gamma=\sum\Gamma_i=\frac{\Gamma_\infty C\sum_{i=1}^{n}K_ix_i}{1+C\sum_{i=1}^{n}K_ix_i}=\frac{\Gamma_\infty KC}{1+KC} \tag{5-15}$$

其中 $K=\sum K_ix_i$，即指定组成的混合表面活性剂的吸附平衡常数。

理想混合表面活性剂中 i 组分在界面上的吸附摩尔分数 x_i^σ 为：

$$x_i^\sigma=\frac{\Gamma_i}{\Gamma} \tag{5-16}$$

三、表面活性剂的理想混合胶束

混合胶束溶液的热力学性质同样可以采用质量作用模型和拟相分离模型研究。例如设混合胶束与溶液达拟相平衡，则混合胶束及其溶液中的 i 组分的化学位相等，即：

$$\mu_{mi}=\mu_i \tag{5-17}$$

其中，

$$\mu_{mi}=\mu_{mi}^\ominus+RT\ln x_{mi} \tag{5-18}$$

$$\mu_i=\mu_i^{\ominus}+RT\ln x_{si}=\mu_i^{\ominus}+RT\ln x_{T}\cdot x_i \qquad (5-19)$$

式中：$\mu_{mi}^{\ominus}$和$\mu_i^{\ominus}$ 分别为i 组分在混合胶束及其溶液中的标准化学位；x_{mi}和x_{si}分别为i 组分在混合胶束及其溶液中的摩尔分数；x_T 为混合表面活性剂在溶液中的总的摩尔分数；x_i 为溶液中i组分占混合表面活性剂的摩尔分数，即 $x_i=x_{si}/x_T$ 从以上三式可得：

$$\ln x_T x_i=\frac{\Delta\mu_i^{\ominus}}{RT}+\ln x_{mi}=A'-K_0\ln(x_i{}'+x_s)+\ln x_{mi} \qquad (5-20)$$

式中：$\frac{\Delta\mu_i^{\ominus}}{RT}=\frac{\mu_{mi}^{\ominus}-\mu_i^{\ominus}}{RT}$分解为两部分，一部分仅与温度有关的参数$A'$，另一部分则正比于混合表面活性剂反离子的摩尔分数 $x_i{}'$和外加盐（1－1 型）的摩尔分数 x_s 之和的对数，比例常数为K_0，一个仅与反离子结合度有关的参数。对于纯i组分的胶束溶液，则式（5－20）可以表示为：

$$\ln x_i^0=A'-K_0\ln(x_i^0+x_s) \qquad (5-21)$$

式中：x_i^0，$x_i^0{}'$分别表示为纯i 组分的活性离子及其反离子在溶液中的摩尔分数。

将式（5－21）－式（5－20）则得：

$$\ln\frac{x_i^0 x_{mi}}{x_T x_i}=\ln\left(\frac{x_T{}'+x_s}{x_i^0{}'+x_s}\right)^{K_0}$$

即：

$$\frac{x_{mi}}{x_i}=\frac{x_T(x_T{}'+x_s)^{K_0}}{x_i^0(x_i^{0'}+x_s)^{K_0}} \qquad (5-22)$$

根据稀溶液中摩尔分数与摩尔体积浓度之间呈正比关系，所以

$$\frac{x_{mi}}{x_i}=\frac{C_T(C_T{}'+C_s)^{K_0}}{C_i^0(C_i^{0'}+C_s)^{K_0}} \qquad (5-23)$$

式中：C_T，$C_T{}'$分别表示混合表面活性剂离子及其反离子在溶液中的摩尔体积浓度；C_i^0，$C_i^0{}'$分别表示纯i 组分的活性离子及其反离子在溶液中的摩尔体积浓度，C_s 则表示中性盐在溶液中的摩尔体积浓度。

因为胶束中存在 $\sum x_{mi}=1$，所以由式（5－23）得：

$$\sum_{i=1}^{n}\frac{C_T(C_T{}'+C_s)^{K_0}}{C_i^0(C_i^0+C_s)^{K_0}}x_i=1$$

即：

$$\sum_{i=1}^{n}\frac{x_i}{C_i^0(C_i^{0'}+C_s)^{K_0}}=\frac{1}{C_T(C_T{}'+C_s)^{K_0}} \qquad (5-24)$$

同理，因为$\sum x_i=1$，所以由式（5－23）也可得：

$$\sum_{i=1}^{n}x_{mi}C_i^0(C_i^0+C_s)^{K_0}=C_T(C_T{}'+C_s)^{K_0} \qquad (5-25)$$

同前，可以认为 $C_i^0 \approx C_i^{0'}$ 并等于纯 i 组分临界胶束浓度 CMC_i^0，而 $C_T \approx C_T{}'$ 并等于混合临界胶束浓度 CMC。则从式(5－24)和式(5－25)又可得：

$$\frac{1}{CMC(CMC+C_s)^{K_0}}=\sum_{i=1}^{n}\frac{x_i}{CMC_i^0(CMC_i^0+C_s)^{K_0}} \quad (5-26)$$

$$CMC(CMC+C_s)^{K_0}=\sum_{i=1}^{n}x_{mi}CMC_i^0(CMC_i^0+C_s)^{K_0} \quad (5-27)$$

讨论如下：

(1)非离子混合表面活性剂，$K_0=0$，所以，从式(5－26)可得：

$$\frac{1}{CMC}=\sum_{i=1}^{n}\frac{x_i}{CMC_i^0} \quad (5-28)$$

对二组分系统：

$$\frac{1}{CMC}=\frac{x_1}{CMC_1^0}+\frac{x_2}{CMC_2^0} \quad (5-29)$$

而从式(5－27)可得：

$$CMC=\sum_{i=1}^{n}x_{mi}CMC_i^0 \quad (5-30)$$

对二组分系统：

$$CMC=x_{m1}CMC_1^0+x_{m2}CMC_2^0 \quad (5-31)$$

从而，我们可以根据各单组分表面活性剂水溶液的临界胶束浓度 CMC_i^0 及其占总的表面活性剂摩尔分数 x_i，由式(5－29)估算混合表面活性剂水溶液的 CMC。同时，根据 CMC_i^0 和 CMC 由式(5－31)估算混合胶束的组成。

(2)1－1 型混合离子表面活性剂，$K_0 \neq 0$，存在两种极端情况。

①当 $C_s=0$，不加电介质时，则：

$$\frac{1}{CMC^{(1+K_0)}}=\sum_{i=1}^{n}\frac{x_i}{CMC_i^{0(1+K_0)}} \quad (5-32)$$

$$CMC^{(1+K_0)}=\sum_{i=1}^{n}x_{mi}CMC_i^{0(1+K_0)} \quad (5-33)$$

二组分系统则：

$$\frac{1}{CMC^{(1+K_0)}}=\frac{x_1}{CMC_1^{0(1+K_0)}}+\frac{x_2}{CMC_2^{0(1+K_0)}} \quad (5-34)$$

$$CMC^{(1+K_0)}=x_{m1}CMC_1^{0(1+K_0)}+x_{m2}CMC_2^{0(1+K_0)} \quad (5-35)$$

②当 $C_s=\infty$，即 $C_s \gg CMC$ 和 $C_s \gg CMC_i^0$ 时：

$$\frac{1}{\mathrm{CMC}}=\sum_{i=1}^{n}\frac{x_1}{\mathrm{CMC}_i^0} \qquad (5-36)$$

$$\mathrm{CMC}=\sum_{i=1}^{n}x_{\mathrm{m}i}\mathrm{CMC}_i^0 \qquad (5-37)$$

与非离子表面活性剂具有一致的形式。

第二节　混合表面活性剂的协同作用

关于混合表面活性剂的协同效应的研究及其应用已有较长的历史，已取得了大量的数据及经验。而协同效应的探索以及最佳配方的开发主要是在此定性的实践经验基础上，通过大量的实验筛选完成。从理论上定量评价混合表面活性剂的协同效应的工作始于20世纪末，发现：根据相关表面活性剂的性质及其分子相互作用参数，可以预测该系统存在协同效应的可能性，并可以通过少量的实验确定最大协同作用的最佳配比。

本节主要讨论二组分混合表面活性剂的分子相互作用参数以及主要的影响因素。而多组分系统的协同作用则一般是受其中相互作用最强的一对表面活性剂左右，所以二组分的分子相互作用参数也能预测多组分表面活性剂的协同作用。对表面活性剂的复配研究提供理论参考和实验思路。

一、分子相互作用参数

1. 二组分混合界面吸附分子相互作用参数

二组分混合界面吸附分子相互作用参数β^σ，可以通过实验测定，并由式(5－38)和式(5－39)求算：

$$\frac{(x_1^\sigma)^2\ln(x_1C_{12}/x_1^\sigma C_1^0)}{(x_2^\sigma)^2\ln[x_2C_{12}/x_2^\sigma C_2^0]}=1 \qquad (5-38)$$

$$\beta^\sigma=\frac{\ln(x_1C_{12}/x_1^\sigma C_1^0)}{(x_2^\sigma)^2} \qquad (5-39)$$

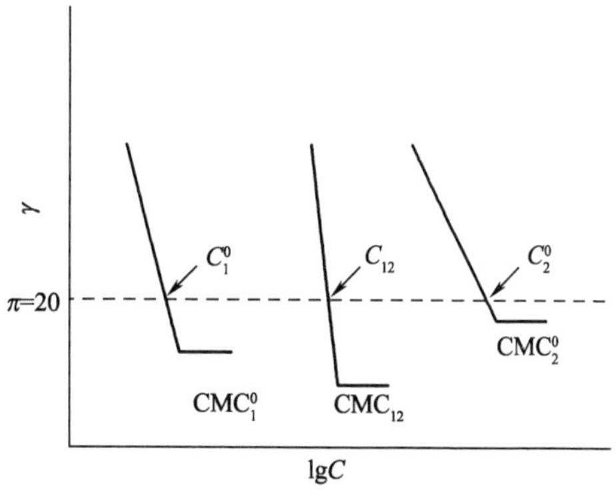

图5－2　二组分混合表面活性剂溶液的C_1^0和C_2^0以及C_{12}的测定

式中：x_1和x_2为组分1和组分2分别占溶液中表面活性剂总数的摩尔分数；x_1^σ和x_2^σ为组分1和组分2分别占吸附层表面活性剂总数的摩尔分数，而且，$x_1^\sigma+x_2^\sigma=1$；C_1^0、C_2^0和C_{12}由实验测定，一般为表面压为20时的浓度C_{20}(图5－2)。由式(5－38)求出$x_1^\sigma(x_2^\sigma)$，然后代入式(5－39)求出β^σ。一些二组分混合表面活性剂的分子相互作用参数β^σ见下页表。

2. 二组分混合胶束的分子相互作用参数

二组分混合胶束的分子相互作用参数 β^M,同样可以如上法测算,见式(5-40)和式(5-41):

$$\frac{(x_1^M)^2\ln(x_1\text{CMC}_{12}/x_1^M\text{CMC}_1^0)}{(x_2^M)^2\ln(x_2\text{CMC}_{12}/x_2^M\text{CMC}_2^0)}=1 \tag{5-40}$$

$$\beta^M=\frac{\ln(x_1\text{CMC}_{12}/x_1^M\text{CMC}_1^0)}{(x_2^M)^2} \tag{5-41}$$

式中:x_1^M 和 x_2^M 为组分 1 和组分 2 分别占胶束中表面活性剂总数的摩尔分数,而且,$x_1^M+x_2^M=1$;CMC_1^0 和 CMC_2^0 为纯组分 1 和组分 2 的临界胶束浓度,而 CMC_{12} 为混合表面活性剂的临界胶束浓度(图 5-2)。实测后代入式(5-40)求得 x_1^M(或 x_2^M)代入式(5-41),即可求得 β^M。一些二组分表面活性剂混合物的 β^M 见下表。

分子相互作用参数 β^σ 和 β^M

混合表面活性剂	温度/℃	β^σ	β^M
$C_8H_{17}SO_4^-Na^+$—$C_8H_{17}N^+Me_3Br^-$	25	-14.2	-10.2
$C_{10}H_{21}SO_4^-Na^+$—$C_{10}H_{21}N^+Me_3Br^-$	25	—	-18.5
$C_{10}H_{21}SO_4^-Na^+$—$C_{10}H_{21}N^+Me_3Br^-$ (0.05mol/L NaBr)	23	—	-13.2
$C_{12}H_{25}SO_4^-Na^+$—$C_{12}H_{25}N^+Me_3Br^-$	25	-27.8	-25.5
$C_{12}H_{25}SO_4^-Na^+$—$C_{12}H_{25}N^+H_2(CH_2)_2COO^-$	30	-15.7	-14.1
$C_{12}H_{25}SO_3^-Na^+$—$C_{12}H_{25}N^+(Bz)(Me)CH_2COO^-$ (pH=5.0)	25	-6.9	-5.4
$C_{12}H_{25}SO_3^-Na^+$—$C_{12}H_{25}N^+(Bz)(Me)CH_2COO^-$ (pH=5.8)	25	-5.7	-5.0
$C_{12}H_{25}SO_3^-Na^+$—$C_{12}H_{25}N^+(Bz)(Me)CH_2COO^-$ (pH=6.7)	25	-4.9	-4.4
$C_{12}H_{25}SO_3^-Na^+$—$C_{12}H_{25}O(EO)_7H$	25	-1.5	-2.4
$C_{12}H_{25}SO_3^-Na^+$—$C_{12}H_{25}O(EO)_8H$	25	-1.5	-3.4
$C_{12}H_{25}SO_3^-Na^+$—$C_{12}H_{25}O(EO)_8H$ (0.1mol/L NaCl)	25	-2.6	—
$C_{12}H_{25}SO_4^-Na^+$—$C_{12}H_{25}O(EO)_8H$	25	-2.7	-4.1
$C_{12}H_{25}SO_4^-Na^+$—$C_{12}H_{25}O(EO)_8H$ (0.1mol/L NaCl)	25	-3.5	—
$C_{12}H_{25}N^+Me_3Cl^-$—$C_{12}H_{25}O(EO)_5H$	25	—	-1.0
$C_{16}H_{33}N^+Me_3Cl^-$—$C_{12}H_{25}O(EO)_5H$	25	—	-3.0
$C_{12}H_{25}Pyr^+Cl^-$—$C_{12}H_{25}O(EO)_8H$	25	-2.8	—
$C_{12}H_{25}Pyr^+Cl^-$—$C_{12}H_{25}O(EO)_8H$ (0.1mol/L NaCl)	25	-2.2	—
$C_{16}H_{33}N^+Me_3Cl^-$—$C_{12}H_{25}O(EO)_8H$ (0.1mol/L NaCl)	25	—	-3.1
$C_{12}H_{25}N^+Me_3Br^-$—$C_{12}H_{25}N^+(Bz)(Me)CH_2COO^-$	25	-1.3	-1.3
$C_{12}H_{25}N^+(Bz)(Me)CH_2COO^-$—$C_{12}H_{25}O(EO)_8H$	25	-0.6	-0.9
$C_{13}H_{27}COO^-Na^+$—LAS(0.1mol/L NaCl; pH=10.6)	60	+0.2	-0.6
$C_{15}H_{31}COO^-Na^+$—LAS(0.1mol/L NaCl; pH=10.6)	60	+1.4	+0.7
$C_{15}H_{31}COO^-Na^+$—$C_{12}H_{25}SO_3^-Na^+$ (0.1mol/L NaCl; pH=10.6)	60	-0.01	+0.2
$C_{15}H_{31}COO^-Na^+$—$C_{16}H_{33}SO_3^-Na^+$ (0.1mol/L NaCl; pH=10.6)	60	+0.7	+0.7

注 分子式中(Me)表示甲基,(Bz)表示苄基,Pyr 表示吡啶基。

二、二组分表(界)面张力降低效率的协同效应

(1)表(界)面张力降低效率协同效应的条件:

①正协同效应或者增效作用的条件:$\beta^{\sigma}<0$,且$|\beta^{\sigma}|>|\ln(C_1^0/C_2^0)|$。

②负协同效应或者减效作用的条件:$\beta^{\sigma}>0$,且$|\beta^{\sigma}|>|\ln(C_1^0/C_2^0)|$。

否则,无协同作用。从上面两个条件看,C_1^0 与 C_2^0 越接近,则存在协同效应的可能越大。当 $C_1^0=C_2^0$ 时,一定存在协同作用。如果存在正协同效应,则可以估算 C_{12}^* 和 x_1^*。

(2)表(界)面张力降低最大增效作用时混合表面活性剂的组成 x_1^*:

$$x_1^*=\frac{\ln(C_1^0/C_2^0)+\beta^{\sigma}}{2\beta^{\sigma}} \tag{5-42}$$

(3)组成为 x_1^* 的混合表面活性剂溶液达到指定表(界)面张力(例如 $\pi=20\text{mN/m}$)时,最低的总浓度 C_{12}^*:

$$C_{12}^*=C_1^0\exp\left\{\beta^{\sigma}\left[\frac{\beta^{\sigma}-\ln(C_1^0/C_2^0)}{2\beta^{\sigma}}\right]^2\right\} \tag{5-43}$$

三、二组分胶束化的协同效应

(1)胶束化协同作用的条件:

①正协同效应或者增效作用的条件:

$$\beta^{M}<0,且|\beta^{M}|>|\ln(\text{CMC}_1^0/\text{CMC}_2^0)|$$

②负协同效应或者减效作用的条件:

$$\beta^{M}>0,且|\beta^{M}|>|\ln(\text{CMC}_1^0/\text{CMC}_2^0)|$$

如果存在正协同作用,则可以估算 CMC^* 和 x_1^{M*}。

(2)胶束化最大增效作用时混合表面活性剂的组成 x_1^*:

$$x_1^*=\frac{\ln(\text{CMC}_1^0/\text{CMC}_2^0)+\beta^{M}}{2\beta^{M}} \tag{5-44}$$

(3)组成为 x_1^* 的混合表面活性剂最小混合临界胶束浓度 CMC_{12}^*:

$$\text{CMC}_{12}^*=\text{CMC}_1^0\exp\left\{\beta^{M}\left[\frac{\beta^{M}-\ln(\text{CMC}_1^0/\text{CMC}_2^0)}{2\beta^{M}}\right]^2\right\} \tag{5-45}$$

四、二组分表(界)面张力降低效能的协同效应

(1)表(界)面张力降低效能,即表(界)面张力降低达最大值的协同效应的条件。

①正协同效应或者增效作用条件:

$$\beta^{\sigma}-\beta^{M}<0,且|\beta^{\sigma}-\beta^{M}|>\left|\ln\frac{\text{CMC}_1^0{}'\text{CMC}_2^0}{\text{CMC}_2^0{}'\text{CMC}_1^0}\right| \tag{5-46}$$

②负协同效应或者减效作用条件:

$$\beta^{\sigma}-\beta^{M}>0, 且 |\beta^{\sigma}-\beta^{M}|>\left|\ln\frac{CMC_1^0{}'CMC_2^0}{CMC_2^0{}'CMC_1^0}\right| \tag{5-47}$$

式中：$CMC_1^0{}'$和$CMC_2^0{}'$分别为单组分1或单组分2溶液的表面张力达到混合临界胶束浓度的表面张力时的浓度(图5－3)。

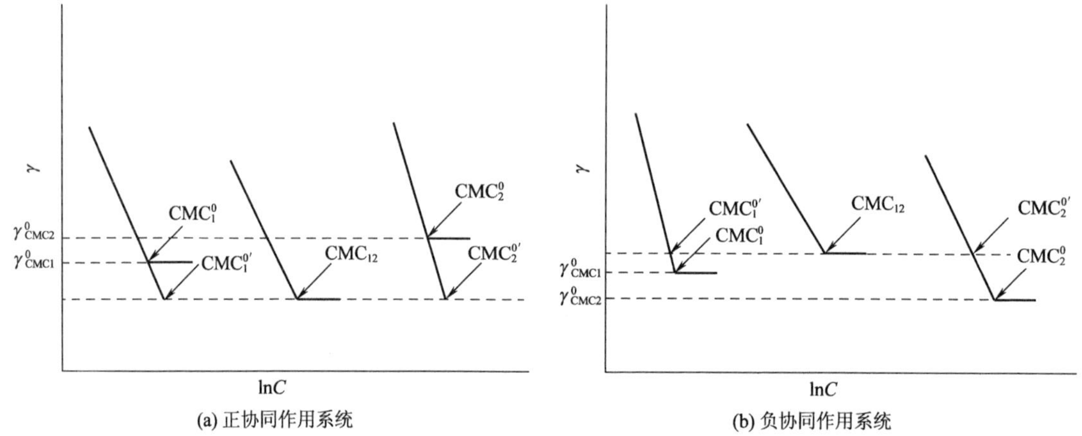

图5－3　二组分混合表面活性剂的γ^0_{CMC1}与γ^0_{CMC2}以及CMC_1^0与CMC_2^0的测定

(2)表(界)面张力降低效能最大增效作用时的组成x_1^*：如果存在表(界)面张力降低效能的正协同效应，则：

$$x_1^*=\frac{\frac{CMC_1^0}{CMC_2^0}\cdot\frac{y_1^*}{y_2^*}\exp[\beta^M(1-2y_1^*)]}{1+\frac{CMC_1^0}{CMC_2^0}\cdot\frac{y_1^*}{y_2^*}\exp[\beta^M(1-2y_1^*)]} \tag{5-48}$$

其中y_1^*由下式数据求解得到：

$$\frac{\gamma^0_{CMC1}-K_1(\beta^{\sigma}-\beta^M)(1-y_1^*)^2}{\gamma^0_{CMC2}-K_2(\beta^{\sigma}-\beta^M)y_1^{*2}}=1 \tag{5-49}$$

式中：γ^0_{CMC1}和γ^0_{CMC2}分别是组分1和组分2在各自临界胶束浓度时的表(界)面张力；K_1和K_2则分别是组分1和组分2各自γ—lnC曲线的斜率(图5－3)。

五、分子相互作用参数的影响因素

一般影响β值的因素如下。

1. 分子间的相互吸引力

从前面表中可知，几乎所有的分子相互作用参数的$|\beta|$排序具有以下趋势：阴离子型—阳离子型＞阴离子型—两性离子型＞阴、阳离子型—聚氧乙烯醚非离子型＞甜菜碱两性离子型—

阳离子型＞甜菜碱两性离子型—聚氧乙烯醚非离子型＞聚氧乙烯醚非离子型—聚氧乙烯醚非离子型。这说明引起二组分表面活性剂混合物的增效作用的正协同效应来自分子间的相互吸引力，而库仑引力是其中最主要的相互作用力。β^{σ}或$\beta^{M}\approx 0$时，已属理想混合系统。

2. 疏水基链长

通常随着R链长的增长，分子间相互作用增大，β值变得更负。但是，β^{σ}往往当两表面活性剂的疏水基链长趋于一致时，其负值才趋于极小。而β^{M}则不同，只随着两疏水基的总碳数的增加而更趋负值。

3. 介质pH值

介质pH值的变化往往会影响表面活性剂极性基的电荷，例如两性离子型，长链胺以及烷基氧化胺等，从而影响分子间相互吸引力，使β值发生变化。

4. 电解质

电解质的加入，离子强度增加，离子氛半径减小，库仑引力削弱，$|\beta|$会变小，协同效应减弱。

5. 温度

一般为10～40℃，温度升高，热运动加剧，吸引力减小，$|\beta|$也会降低，协同效应减弱。

思考题

1. 请问以下哪些混合表面活性剂可以近似看作理想混合系统？

(a)$C_{10}H_{21}SO_4^- Na^+$—$C_{12}H_{25}SO_4^- Na^+$

(b)$C_7H_{15}COO^- Na^+$—$C_7F_{15}COO^- Na^+$

(c)$C_{12}H_{25}(OC_2H_4)_4OH$—$C_{12}H_{25}(OC_2H_4)_8OH$

(d)$C_{12}H_{25}(OC_2H_4)_8OH$—$C_{12}H_{25}SO_4^- Na^+$

2. 何谓分子相互作用参数β^{σ}和β^{M}，分别有何物理意义？

3. 试根据表面活性剂的分子结构判断以下四组混合表面活性剂在气/水表面上的$|\beta^{\sigma}|$大小并排序。

(a)$C_{12}H_{25}(OC_2H_4)_6OH$—$C_{12}H_{25}SO_3^- Na^+$

(b) $C_{12}H_{25}(OC_2H_4)_6OH$—$C_{12}H_{25}(OC_2H_4)_{15}OH$

(c) $C_{12}H_{25}SO_3^- Na^+$—$C_{12}H_{25}N^+(CH_3)_2CH_2COO^-$

(d)$C_{12}H_{25}N^+(CH_3)_3Cl^-$—$C_{12}H_{25}N^+(CH_3)_2CH_2COO^-$

第二篇　表面活性剂的各种作用及应用

第六章　表面活性剂的润湿作用

润湿是界面上的一种流体被另一种流体所取代的过程。因此，润湿过程总涉及三个相，而其中至少两个相是流体：一种气体和两种不能混溶的液体，一种固体和两种不能混溶的液体，一种气体、一种液体和一种固体或甚至三种都是互不相溶的液体。通常润湿是指固体表面上的气体被液体所取代（有时是一种液体被另一种液体所取代）。水或水溶液是特别常见的取代气体的液体，而润湿剂是指能促进水或水溶液将空气从液体或固体表面上取而代之的物质。润湿过程与各相关相的表面和界面性质有密切关系，故表面活性剂必然在此过程中显示出它的作用。

润湿不仅与人类的生命活动密切有关，而且是许多生产过程的基础，例如对纺织工业而言，染色、纤维上油剂、洗涤等工艺都与润湿有密切关系。当然，有的生产过程或产品要求不润湿，例如，防雨、拒水及抗粘涂层等都是要求形成不润湿的表面条件。

那么，液体在什么情况下可以润湿固体？怎样改变液体和固体的润湿性质以适应人们的需求？应该说表面活性剂在此扮演了重要角色，它一般用量不大，但却常常起到画龙点睛的作用。

第一节　接触角与润湿过程

一、接触角与杨氏方程

把少量液体滴落在固体表面上，根据固体的种类、表面的粗糙状态以及液体的表面张力、黏度等性质，液滴会呈现不同状态（图 6 - 1）。如图 6 - 1 所示，液体在固体表面越展开，则对固体越润湿；如果液体在固体表面越收缩呈珠状，则越不润湿。当液滴在固体表面展开或收缩达到平衡时，从气、液、固三相剖面的交界处 O 点作气/液表面切线，其与固/液界面所形成的夹角（包含液体部分）称为该液体在该固体表面的平衡接触角（Contact angle），如图 6 - 2 所示。平

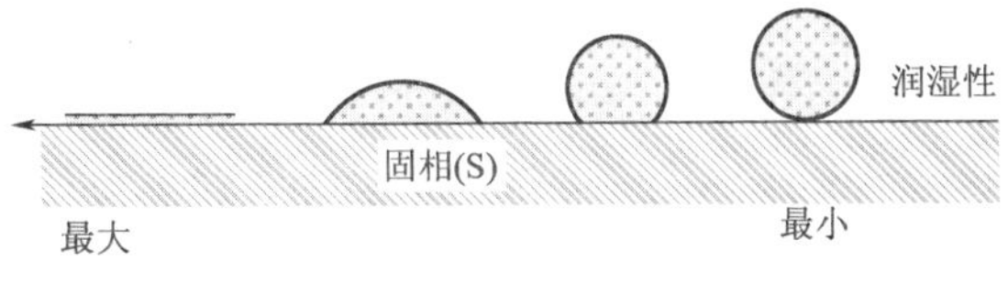

图 6 - 1　液滴在固体表面展开的状态

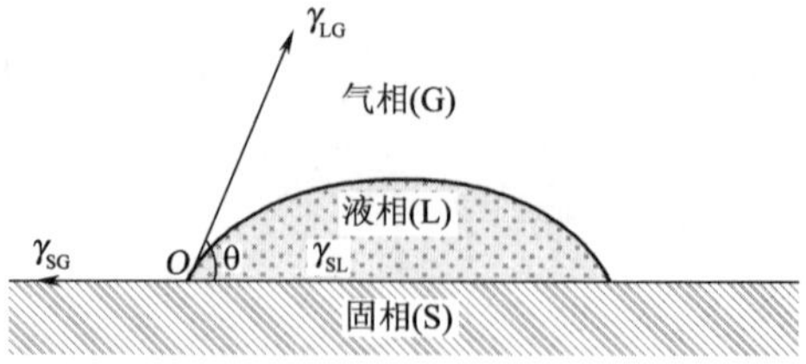

图 6－2　接触角 θ 与各界面张力的关系示意图

衡接触角与固/气、固/液、液/气界面张力之间有如下关系：

$$\gamma_{SG}=\gamma_{LG}\cdot\cos\theta+\gamma_{SL}$$

$$\cos\theta=\frac{\gamma_{SG}-\gamma_{SL}}{\gamma_{LG}} \quad (6-1)$$

上述公式最早是 T. Young 在 1805 年提出的，习惯上称为杨氏方程式。它是润湿的基本公式，亦称为润湿方程，可以看作是三相交界处三个界面张力平衡的结果。

二、各种润湿过程及其与接触角的关系

1. 黏附润湿(或称为沾湿)

黏附润湿是指液体与基质固体接触、变液/气界面和固/气界面为固/液界面的过程。例如，黏合以及涂层整理等。这些问题均涉及黏附润湿能否自发进行，即 ΔG 是否小于零。

黏附过程可用图 6－3 表示，黏附润湿的比表面自由能的降低是：

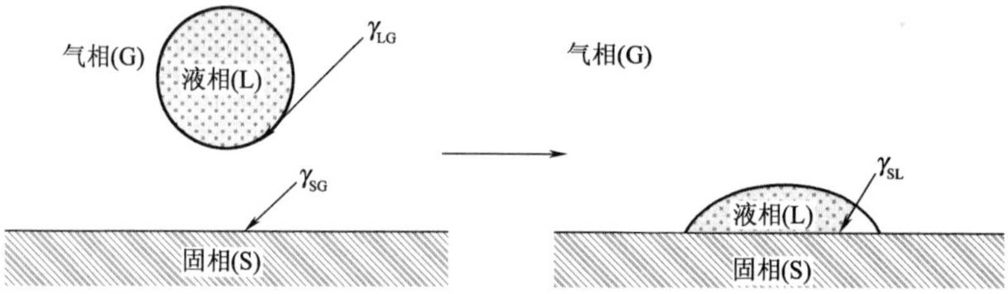

图 6－3　黏附润湿过程的示意图

$$-\Delta G=\gamma_{SG}+\gamma_{LG}-\gamma_{SL}=W_a \quad (6-2)$$

黏附润湿过程的“驱动力”是 $\gamma_{SG}+\gamma_{LG}-\gamma_{SL}$，这个量就是黏附功 W_a，也是将单位表面的液体从基质上分离开来所需的最小(可逆)功。在这一过程中，W_a 越大，则液/固界面的黏附越牢固。而且任何使基质和润湿液体之间界面张力 γ_{SL} 降低的作用都将会增大发生黏附的趋势并增加黏附的牢度，但任何使液体或基质的表面张力 γ_{LG} 和 γ_{SG} 降低的因素，都将减弱发生黏附的趋势及降低黏附的牢度。

根据杨氏方程式，若黏附作用发生后液体、基质和空气之间的接触角是有限值，则：

$$\gamma_{LG}\cos\theta=\gamma_{SG}-\gamma_{SL} \quad (6-3)$$

把式(6－3)代入式(6－2)，于是：

$$W_a=\gamma_{LG}(\cos\theta+1) \tag{6-4}$$

由上式可见，在恒温恒压下，当 $\theta<180°$ 时，$W_a>0$ ，$\Delta G<0$ ，则可以发生黏附润湿；当 $\theta=180°$ 时，$W_a=0$，$\Delta G=0$，即黏附润湿已达到极限。W_a 是固/液界面结合能力及两相分子间相互作用力大小的表征。

2. 浸湿润湿

浸湿润湿是指固体浸入液体中的过程。洗衣时把衣服泡在水中即为此种过程。该过程的实质是固/气界面为固/液界面所代替，而液体表面在过程中无变化，如图 6－4 所示。

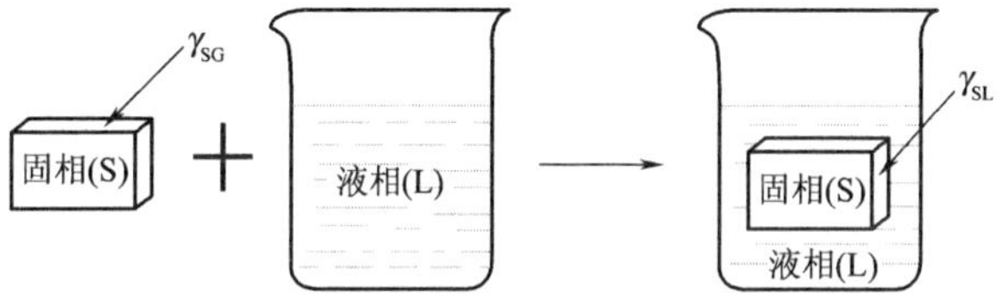

图 6－4　浸湿润湿过程的示意图

浸湿润湿时，比表面自由能的降低是：

$$-\Delta G=\gamma_{SG}-\gamma_{SL}=W_i \tag{6-5}$$

W_i 称为浸湿功，它反映液体在固体表面上取代气体的能力。

如果固体浸入润湿液中，其平衡接触角为有限值时，把杨氏方程式(6－3)代入式(6－5)，则：

$$W_i=\gamma_{LG}\cos\theta \tag{6-6}$$

同样，在恒温恒压下，当 $\theta<90°$ 时，$W_i>0$ ，$\Delta G<0$ ，液体可自动取代固体表面上的气体，浸湿润湿可自动进行；当 $\theta=90°$时，$W_i=0$，$\Delta G=0$，浸湿润湿达极限；当 $\theta>90°$ 时，$W_i<0$ ，$\Delta G>0$ ，为不能浸湿。这时密度小于液体的固体将浮在液面上，而密度大于液体的固体虽可沉入液体中，但取出时发现没有被润湿。

3. 铺展润湿

在化学纤维生产中和毛纺梳理工程之前，将油剂附着在纤维表面上时，不仅要求油剂不脱落，而且希望能自行铺展，成为均匀的油膜。铺展过程的实质是在以固/液界面代替固/气界面的同时，液体表面也同时扩展(图 6－5)。铺展润湿时比表面自由能降低表示为：

$$-\Delta G=\gamma_{SG}-\gamma_{SL}-\gamma_{LG}=S \tag{6-7}$$

S 称为铺展系数。它是铺展过程的驱动力量度。在恒温恒压下，若 $S>0$，则 $\Delta G<0$，铺展可自动进行；$S=0$，$\Delta G=0$，则铺展达极限，液体就只能在基质上面平衡铺展；若 $S<0$ ，$\Delta G>0$ ，则铺展不能自动进行，液滴呈透镜状。

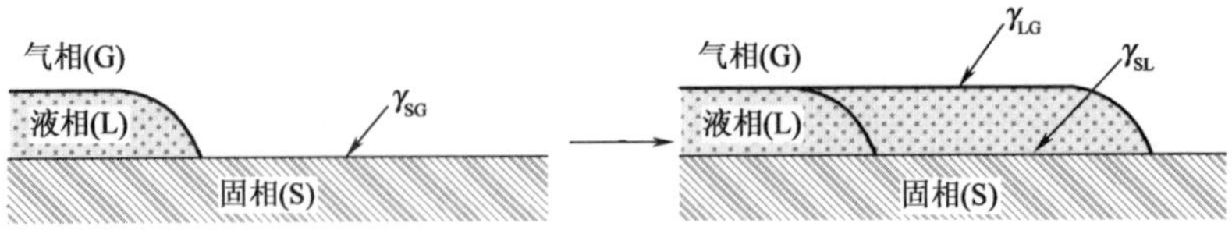

图 6－5　铺展润湿过程的示意图

S 又表示单位面积所需做的铺展功，将式(6－3)代入式(6－7)，得：

$$S = W_S = \gamma_{LG}(\cos\theta - 1) \quad (6-8)$$

当 $\theta=0$ 时，$W_S=0$，体系能进行铺展润湿。

综上所述，不论何种润湿过程，其实质都是界面性质及界面能共同影响的结果。三种润湿过程发生的条件是：

	自由能判据	接触角判据
黏附	$-\Delta G = W_a = \gamma_{SG} + \gamma_{LG} - \gamma_{SL} = \gamma_{LG}(\cos\theta + 1) \geqslant 0$	$\theta \leqslant 180°$
浸湿	$-\Delta G = W_i = \gamma_{SG} - \gamma_{SL} = \gamma_{LG}\cos\theta \geqslant 0$	$\theta \leqslant 90°$
铺展	$-\Delta G = W_S = \gamma_{SG} - \gamma_{LG} - \gamma_{SL} = \gamma_{LG}(\cos\theta - 1) \geqslant 0$	$\theta=0$ 或不存在

在以接触角表示润湿性时，习惯上以 $\theta=90°$ 为界，$\theta>90°$ 为不润湿；$\theta<90°$ 则为润湿，θ 越小润湿性能越好。对于同一系统，三种润湿功可依次表示为 $W_a>W_i>W_S$。换言之，若 $W_S\geqslant 0$，必然存在 $W_a>W_i>0$，即凡能铺展的必定能黏附和浸湿润湿，反之则未必。因此，铺展是润湿程度最高的一种润湿，平衡接触角 $\theta=0$ 或不存在，则为完全润湿。

三、接触角的测定

1. 角度测量法

这是一种常用的方法，如图 6－6 所示，在固体表面上滴以微小液滴或在其下面注入气泡，通过投影或摄影放大，用量角器测量接触角。这种方法的缺点是作切线的误差较大。如果样品是板、条甚至纤维状固体，则可用斜板法测定，其原理是样品板浸入液体后，若板面与液面的交角 α 恰好等于接触角 θ 时，从侧面观察液面可一直水平延伸至三相交界点(图 6－7)而不出现弯曲，否则在交界处的液面是弯曲的。斜板法精度较高，但所用液体的量较多。对于纤维状样品也存在角度难以确定的问题。

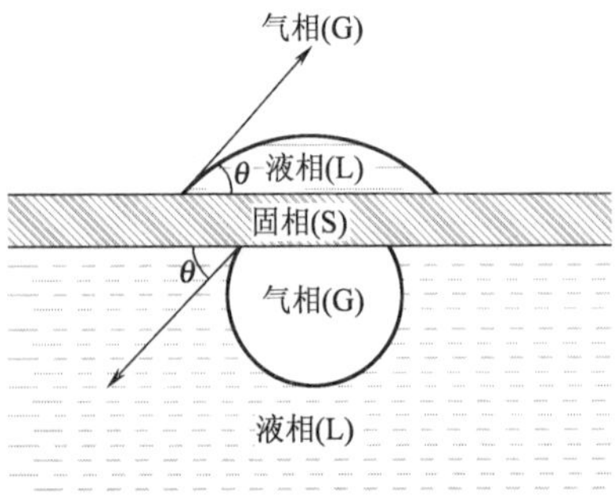

图 6－6　角度测量法测定接触角的示意图

2. 长度测量法

(1)滴高法和最高滴高法。在光滑、均匀、水平的固体表面上放一小液滴，其高度为 H，底宽为 $2R$，当液滴相当小(约 10^{-4} mL)时，重力作用可忽略不计，因此，可将其视为球形的一部分(图6－8)，根据下式：

$$\sin\theta = \frac{2HR}{(H^2+R^2)} \quad (6-9)$$

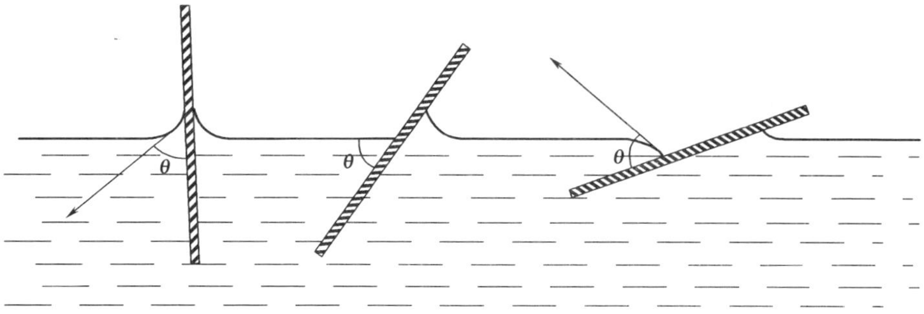

图 6－7 斜板法测定接触角示意图

若继续增加液量可使液滴高度增加，但增至一最高值 H_m 后，再加入液体也不再增高，仅增大液滴半径 R。当 $R \gg H_m$时，可由下式计算接触角：

$$\cos\theta = 1 - \frac{\rho g H_m^2}{2\gamma_{LG}} \qquad (6-10)$$

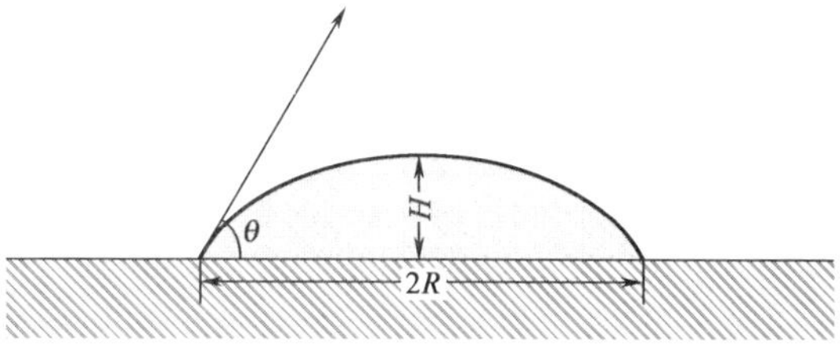

图 6－8 滴高法测定接触角示意图

式中：γ_{LG}和 ρ 分别为液体的表面张力和密度；g 为重力加速度。

(2)吊片法。将表面光滑、均匀的固体薄片垂直插入液体中，如果液体能润湿此固体，则将沿薄片平面上升(图 6－9)，由 Laplace 公式可以得到升高值 H 与接触角 θ 之间的关系为：

$$\sin\theta = 1 - \frac{\rho g H^2}{2\gamma_{LG}} \qquad (6-11)$$

3. 粉末测定法

测定固体粉末的接触角在许多实际应用中颇为重要，通常有两种方法。

(1)Bartell 静态法：将粉末样品均匀填入下端用微孔筛板封闭的玻璃管内，粉末在管内形成的多孔阻塞可看作一束平均半径为 R 的毛细管(图 6－10)。由 Laplace 公式可知，液体在样

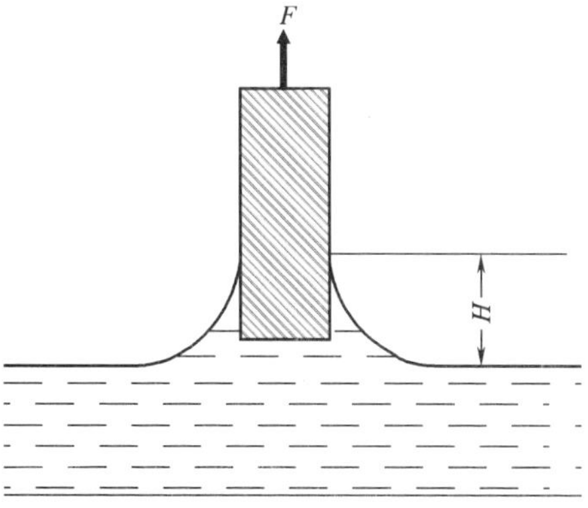

图 6－9 吊片法测定接触角示意图

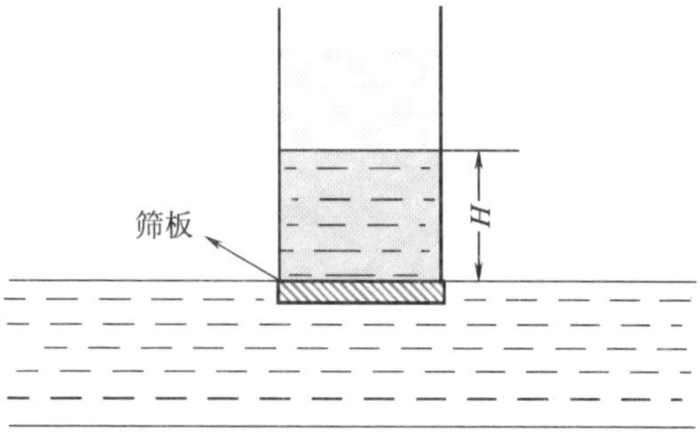

图 6－10 固体粉末样品的接触角测定法示意图

品管内上升的平衡高度 H 与接触角的关系如下：

$$H=\frac{2\gamma_{LG}\cos\theta}{Rg\rho} \tag{6-12}$$

式中：仪器常数 R 可用已知表面张力的、完全润湿粉末($\theta=0$)的液体来标定。

(2)Washburn 动态法：有时渗透达平衡所需时间较长，也可以根据液体上升的即时高度 h 和时间 t 的测定值按以下 Washburn 公式来求算：

$$h^2=C\cdot R\cdot t\cdot\gamma_{LG}\cdot\cos\theta/\eta \tag{6-13}$$

式中：η 为液体的黏度；C 为粉末间隙毛细管无规取向的校正因子，R 为仪器常数，对指定系统 CR 为定值，可选用一种渗入速率最快的液体作标准样品来标定。

以上方法简单，所用仪器也可达到相当精度，但意外的是实验时较难得到精确一致的结果。这是因为接触角在测定时还会受到一些不易控制因素的影响。其中除了温度变化、平衡时间等影响外，接触角滞后现象是主要因素。

四、接触角滞后现象

水滴在非常干净的玻璃板上，水将自由铺展，接触角为零；若将玻璃板倾斜，水会顺流而下。如果玻璃表面附有灰尘及其他污物，变得既不平滑又不均匀，水滴在倾斜玻璃上将变得如图 6－11所示。测量时在固/液界面扩展后测量的接触角叫前进角，以 θ_A 表示；而在固/液界面缩小后测量的接触角叫后退角，以 θ_R 表示。前进角与后退角的数值往往不等($\theta_A>\theta_R$)，两者的差值($\theta_A-\theta_R$)叫做接触角滞后。

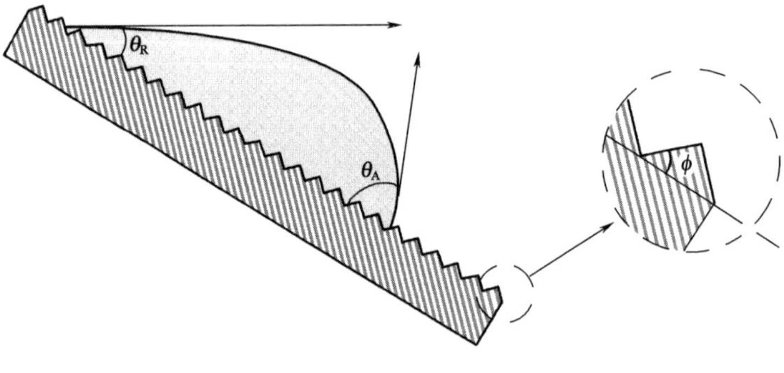

(a) 粗糙表面的前进接触角 θ_A 和后退接触角 θ_R　　(b) 固体表面起伏角 ϕ

图 6－11　液体在粗糙表面的接触角滞后现象

在恒温恒压下，液体在平滑的、干净的、均匀的、不变形的理想固体表面上所形成的平衡接触角为一定值。而在表面粗糙和不均匀(包括表面污染)的固体表面上就会出现前进角和后退角不等的现象。这是造成接触角滞后的主要因素。这种现象在雨滴射在玻璃窗上或塑料雨衣上时很容易看到。

表 6－1 的实验结果说明，表面越不平（起伏角度越大），则接触角滞后越严重。

表 6－1 几种液体在石蜡面上的接触角滞后

液 体	接触角滞后，$\theta_A-\theta_R$/（°）			
	平滑表面	ϕ①＝30°	ϕ＝45°	ϕ＝60°
水	11	30	48	64
盐水②	10	24	34	49
甘油	7	23	44	77
乙二醇	7	28	54	103

①ϕ 表示固体表面粗糙程度的起伏角（图 6－11），ϕ 越大表面越粗糙。

②浓度为 3mol/L 的 $CaCl_2$ 水溶液。

表面粗糙不仅影响接触角滞后，也影响接触角的值。设真实面积与表观面积之比用 r 表示（r 称为粗糙因子）。显然，r 为大于 1 的值，其值越大表面越粗糙。在把杨氏方程式应用于该体系时，应加粗糙度校正，即：

$$r\,(\gamma_{SG}-\gamma_{SL})=\gamma_{LG}\cos\theta' \qquad (6-14)$$

θ' 为在粗糙表面上的表观接触角。与平滑表面的情况相比，可以得到：

$$r=\frac{\cos\theta'}{\cos\theta} \qquad (6-15)$$

此式叫作 Wentzel 方程，是比较公认的接触角与表面粗糙度的关系。公式表明：粗糙表面的 $\cos\theta'$ 的绝对值总是比平滑表面的大。这就是说，当 $\theta>90°$时，表面粗化将使接触角变得更大，而 $\theta<90°$时，表面粗化将使接触角变小。因此，采用吊片法测定液体表面张力时，为使吊片与试液润湿良好，常把吊片表面打毛，使其表面粗糙化。

水对纤维及纱线的表观接触角见表 6－2。

表 6－2 水对纤维及其纱线的表观接触角

材 质	纤 维		纱 线	
	前进角/（°）	后退角/（°）	前进角/（°）	后退角/（°）
涤 纶	85	49	25	16
锦 纶	83	60	55	33
腈 纶	79	74	49	20
羊 毛	85	34	108	21

第二节　固体表面的润湿性质

通常，液体的表面张力都在 100mN/m 以下，以此为界，有机固体与无机固体也大致分属两个区域。后者如常见的金属及其氧化物、硫化物、无机盐等，其表面被称为高能表面。一般而言，硬度大、熔点高的固体表面能也较高。它们与一般液体接触后，体系表面能将在很大程度上降低，应为一般液体所润湿。而通常固体有机物及高聚物的表面能则与一般液体不相上下，被称为低能表面。其润湿性质随固、液两相成分与性质的不同会有很大变化。

一、低能表面及其润湿临界表面张力

Zisman 等人发现：同系物液体在同一低能表面固体上的接触角随液体表面张力降低而变小。以 $\cos\theta$ 对液体表面张力作图，可得一直线。如果用非同系物的液体，通常也呈一直线或一窄带（图 6－12）。将此窄带延至 $\cos\theta=1$ 处，相应液体的下限 γ_{LG}值叫做该低能表面固体的润湿临界表面张力，以 γ_C表示（图 6－12），γ_C为低能固体表面润湿性质的经验参数。

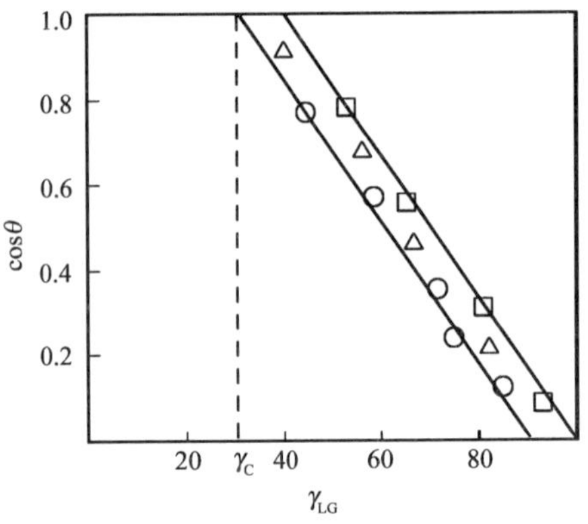

图 6－12　利用各种不同表面张力的测试液测定的聚乙烯表面的 Zisman 图
（图中不同数据图标表示非同系物）

γ_C的物理意义：在经验范围内，凡液体的表面张力 $\gamma_{LG}>\gamma_C$者，皆不能在该固体表面上自行铺展，而只有当 $\gamma_{LG}<\gamma_C$才能铺展。而且 γ_C值越低，能在此固体表面上铺展的液体越少，其润湿性能越差。列于表 6－3 中的数据是一些常见高聚物、有机物固体和一些表面活性物质在金属（如铂）或玻璃表面形成的单分子膜上的临界表面张力值。从这些结果可以看出以下一些规律：

（1）高分子固体的润湿性能与其分子的元素组成有关。在碳氢链中加入其他杂原子，高聚物的润湿性能明显改变。氟原子的加入使润湿性能降低，γ_C变小；而其他原子的加入则使之升高，它们增进润湿性的能力有如下次序：

$$F < H < Cl < Br < I < O < N$$

表 6-3　一些高分子固体、有机固体及单分子层的 γ_C

固　体	润湿临界表面张力 γ_C/(mN/m)		固　体	固体表面 γ_C/(mN/m)	
高分子固体	聚四氟乙烯	18	高分子固体	聚氯乙烯	39
	聚三氟乙烯	22		聚酯	43
	聚二(偏)氟乙烯	25		锦纶 66	46
	聚氟乙烯	28		锦纶 6	42
	聚丙烯	32	有机固体	石蜡	26
	聚三氟氯乙烯	31		正三十六烷	22
	聚乙烯	31		季戊四醇四硝酸酯	40
	聚苯乙烯	33	铂表面单分子层	全氟月桂酸	6
	聚乙烯醇	37		全氟丁酸	9.2
	聚醋酸乙烯酯	33		十八胺	22
	聚甲基丙烯酸甲酯	39		α-戊基十四酸	26
	聚甲基丙烯酸十二烷基酯	21.3		苯甲酸	53
	聚丙烯酸甲酯	35		α-萘甲酸	58
	聚丙烯酸丁酯	31		硬脂酸	24

同一元素的原子取代越多，则效果也越明显。

(2)决定固体润湿性能的关键是表面层原子或原子团的性质及其排列状况，而与内部结构无关。表 6-3 列举了几种吸附了不同单分子层的铂表面的 γ_C数据。从这些数据可以看出，一定的表面基团结构对应于一定的 γ_C值。表 6-4 给出了不同表面层化学组成与其润湿临界表面张力的关系。

表 6-4　不同表面层化学组成与其润湿临界表面张力 γ_C的关系

表面	表面结构 γ_C/(mN/m)		表面	表面结构 γ_C/(mN/m)	
碳氟表面	$-CF_3$	6	碳氢表面	$-CH_3$(晶体)	22
	$-CF_2H$	15		$-CH_3$(单层)	24
	$-CF_3$ 和 $-CF_2-$	17		$-CH_2-$	31
	$-CF_2-$	18		$-CH_2-$和$-CH-$	33
	$-CH_2-CF_3$	20		$-CH-$(苯环边)	35
	$-CF_2-CHF-$	22	硝化碳氢表面	$-CH_2ONO_2$(110 面)	40
	$-CF_2-CH_2-$	25		$-C(NO_2)_3$(单层)	42
	$-CFH-CH_2-$	28		$-CH_2NHNO_2$(晶)	44
碳氯表面	$-CClH-CH_2-$	39		$-CH_2ONO_2$(101 面)	45
	$=CCl_2$	43		—	—

二、高能表面及其自憎现象

高能表面一般应为液体所铺展，例如将水、煤油等液体滴在干净的玻璃、金属表面上时情况即如此。但也有一些有机液体，其表面张力并不高，在金属以及玻璃等高能表面上却不能展开，表 6－5 中给出一些这样的例子。

出现这种情况的原因是这些有机液体分子在高能表面上发生了定向吸附，形成碳氢基朝向空气的定向排列吸附膜。从而使原来的高能表面成为实际上的低能表面，导致其临界表面张力比液体的表面张力还低，致使这种液体不能在其自身的吸附膜上铺展，故称这种现象为自憎。

表 6－5　20℃时一些自憎液体在高能表面上的接触角

液　体	γ_{LG}/(mN/m)	接触角/(°)			
		钢	白金	石英	α－氧化铝
1－辛醇	27.8	35	42	42	43
2－辛醇	26.7	14	29	30	26
2－乙基－1－己醇	26.7	<5	20	26	19
2－丁基－1－戊醇	26.1	—	7	20	7
正辛酸	29.2	34	42	32	43
2－乙基己酸	27.8	<5	11	7	12
磷酸三邻甲酚酯	40.9	—	7	14	18
磷酸三邻氯苯酯	45.8	—	7	19	21

综上所述，我们得出一个总的结论，即固体的润湿性能取决于构成表面最外层的原子团的性质和排列情况。各种固体表面的组成可以分为几大类，它们的可润湿性按以下次序增强：碳氟化合物<碳氢化合物<含其他杂原子的有机物<金属等无机物。

第三节　表面活性剂的润湿作用

应用表面活性剂改变液体在固体表面的润湿性能是实际生产中经常采用的重要手段。根据杨氏方程 $\cos\theta=\frac{\gamma_{SG}-\gamma_{SL}}{\gamma_{LG}}$，表面活性剂可以吸附在各种界面上通过改变界面张力来影响固体的润湿性。通常表面活性剂在溶液表面疏水基定向吸附，γ_{LG}降低，$|\cos\theta|$ 增大，从而加剧润湿性能的变化。而影响润湿与否的关键是（$\gamma_{SG}-\gamma_{SL}$）的值，（$\gamma_{SG}-\gamma_{SL}$）的值越大于零则越易润湿，越小于零则越不易润湿，所以，表面活性剂在固体表(界)面的吸附取向是影响液体在固体表面润湿的关键因素。表面活性剂的这种定向吸附作用除了与其本身性能有关外，同时也受到固体表面性质及其他环境因素的影响。

一、硬表面固体的润湿

所谓硬表面固体是无孔、非颗粒状的固体，如玻璃金属以及聚酯、聚丙烯、聚乙烯等有机材料，大致可分为非极性固体表面和极性固体表面两类。

1. 非极性固体表面

非极性固体表面常见于聚乙烯、聚丙烯等有机材料，属低能表面。通常表面活性剂在低能表面上的吸附作用较弱，即在其固/气表面的吸附量 $\Gamma_{SG}\approx 0$，所以，γ_{SG}几乎不变，表面活性剂在其固/液界面的吸附取向是影响液体在非极性固体表面润湿的关键。在固/水界面上表面活性剂往往疏水基定向吸附，亲水基朝向水相，γ_{SL}降低，接触角减小，有利于水在非极性固体表面的润湿[图 6－13(a)]。

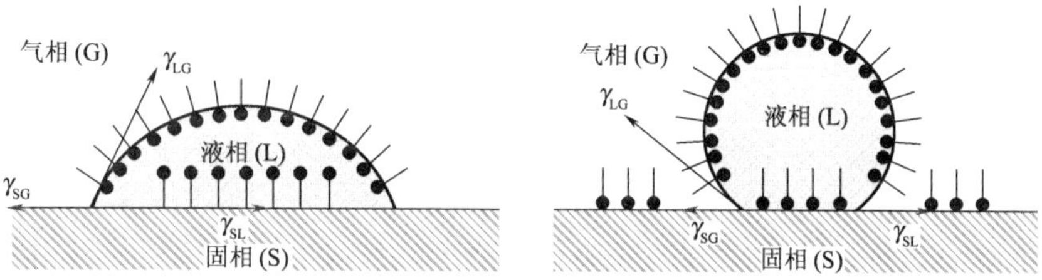

(a) 疏水基定向吸附对润湿性的影响　　(b) 亲水基定向吸附对润湿性的影响

图 6－13　表面活性剂在固/液界面的吸附取向对润湿性的影响

当水溶液的 γ_{LG}小于非极性固体表面的 γ_C，则水溶液可使其表面完全润湿——铺展。例如，聚乙烯(PE)和聚四氟乙烯(PTFE)的 γ_C分别为 31mN/m 和 18mN/m，水的表面张力为 72mN/m，所以不能在它的表面铺展。若在水中加入某表面活性剂使其表面张力降至 26mN/m，则水溶液可以在 PE 表面铺展，但仍不能在 PTFE 表面铺展。然而，一些表面张力更低的全氟表面活性剂水溶液($\gamma_{LG}<22$mN/m)反而不能在 PE 和 PTFE 表面铺展，研究表明：全氟表面活性剂可能会定向吸附在气/固表面，进一步降低了 PE 表面的 γ_C。所以，致使水溶液的 γ_{LG}大于 PE 表面的 γ_C而不能铺展。

2. 极性固体表面

极性固体表面一般还可以分为聚酯、聚酰胺等有机高分子低能表面和包括离子交换树脂、玻璃、金属及其氧化物等的高能表面两种。极性固体通常具有较高的表面能，所以能为各类液体所润湿。但是，水的极性大，表面张力高，在许多情况下只有表面分子能与水生成较多的氢键足以克服水的内聚作用，才有可能被水完全润湿。而用表面活性剂溶液润湿极性固体，情况则更复杂。这是因为表面活性剂的吸附取向以及它的可逆性受到固体表面的极性、电荷及其离子和溶液 pH 值、离子类型及其强度等因素的强烈影响(见第三章)，特别是带电荷表面存在两种典型情况。

(1)固体表面与表面活性离子具有相同电荷，由于同性电荷相斥，因此，它在固体表面的吸附相对较少，γ_{SL}与 γ_{SG}的变化也影响不大。θ 值的减小主要来自气/液表面的吸附和 γ_{LG}的下降。

(2)固体表面与表面活性离子具有相反电荷，例如在 pH>3.7 范围内的十二烷基三甲基氯化铵与石英，pH<9 范围内的十二烷基硫酸钠与 $\alpha-Al_2O_3$，都具有相反的电荷。由于异性电荷相吸，在低浓度时，表面活性离子通过离子对位或交换方式吸附在固体表面，这种吸附削弱了水与固体的相互作用，因而 γ_{SL}增大，θ 值增大以及三相线后缩，而被吸附的表面活性剂仍留在新生的气/固表面上，固体的表面张力 γ_{SG}变小，润湿性降低[图 6－13(b)]。当表面活性剂水溶液浓度大于 CMC 时，表面活性离子的疏水链可通过疏水相互作用与吸附于固/液界面的第一层单分子层的表面活性离子的疏水链相互吸引(图 3－7)，即通过疏水吸附形成双分子吸附膜，表面活性剂离子头指向溶液，因而增加了与水的相互作用并使 γ_{SL}减小，θ 值再次变小。应该指出，只有长链的表面活性剂才能发生这种情况。在某些系统中，例如十二烷基三甲基氯化铵吸附在铂上，接触角 θ 可再次降为零并发生铺展。但是通常表面活性离子在第二层的吸附较弱，容易被水淋洗下来。

二、纺织品的润湿

纺织品是由纤维交织的结构物，具有较大的比表面积。液体在纺织品外部纤维表面润湿时，即会在纤维与纤维之间形成的大量毛细管两端产生附加压力 $\Delta p=2(\gamma_{SG}-\gamma_{SL})/R$，使液体向纺织品内部渗透，所以，纺织品被液体润湿的过程也是液体向其内部的渗透过程。

1. 纺织品润湿(渗透)性能的评价

纺织品由于比表面积很大，因而在实际润湿中很少能达到平衡状态。所以，一般采用渗透润湿速率评价表面活性剂的润湿作用，有以下三种表征方法。

(1)润湿效率：即在指定温度、时间内润湿一定表面积所需要表面活性剂的最低浓度。

(2)润湿效能：即不考虑所用表面活性剂浓度的条件下，完成润湿所需要的最少时间。

(3)润湿时间：即在指定温度和表面活性剂浓度下，完成润湿所需要的时间。

其中，最常见的是用第三种方法评价润湿性能，通常温度为 25℃，溶液浓度为 0.1%。测定表面活性剂溶液对纺织品润湿能力的最常用的试验方法是 Draves 法，它是用一束质量为 5g 的天然带有蜡质的棉纱[每卷 54 英寸(1.37 m)，每绞 120 根]，系在一个质量为 3g 的钩子上，再用一根很细的线将钩子与重物相连接，然后将上述整个装置放入盛有表面活性剂溶液的柱形圆桶中，使其全部被溶液浸没。由于铺展润湿的进行，纱线中的空气逐渐被表面活性剂溶液所取代，当有足够量的空气被取代时，纱线在桶中就突然下沉，润湿性能越优良的表面活性剂，开始下沉所需要的时间越短，表 6－6 列出了一些常用表面活性剂水溶液的润湿时间。由于该法接近于纺织工业上使用润湿剂的情况，所以现在已被普遍地应用着。

表 6－6　表面活性剂水溶液的润湿时间(25℃)

表面活性剂	润湿时间/s	表面活性剂	润湿时间/s
$n-C_{12}H_{25}SO_4^-Na^+$	7.5	$n-C_{18}H_{37}SO_4^-Na^+$	280
$n-C_{14}H_{29}SO_4^-Na^+$	12	$C_{12}H_{25}OC_2H_4SO_4^-Na^+$	6
$n-C_{16}H_{25}SO_4^-Na^+$	59	$C_{12}H_{25}(OC_2H_4)_2SO_4Na^+$	11

续表

表面活性剂	润湿时间/s	表面活性剂	润湿时间/s
$C_8H_{17}CH{=}CHC_8H_{17}SO_4^-Na^+$	19	$C_9H_{19}C_6H_4(OC_2H_4)_{10\sim11}OH$	15
$n-C_{10}H_{21}CH(CH_3)C_6H_4SO_3^-Na^+$	10.3	$C_8H_{17}(OC_2H_4)_2OH$	5
$n-C_{12}H_{25}CH(CH_3)C_6H_4SO_3^-Na^+$	30	$C_8H_{17}(OC_2H_4)_3OH$	22
$n-C_{14}H_{29}CH(CH_3)C_6H_4SO_3^-Na^+$	155	$C_{10}H_{21}(OC_2H_4)_2OH$	10
$C_7H_{15}CH(SO_3^-Na^+)COOC_5H_{11}$	12.1	$C_{10}H_{21}(OC_2H_4)_3OH$	4
$C_7H_{15}CH(SO_3^-Na^+)COOC_6H_{13}$	2.2	$C_{10}H_{21}(OC_2H_4)_4OH$	5
$C_7H_{15}CH(SO_3^-Na^+)COOC_7H_{15}$	0.0	$C_{12}H_{25}(OC_2H_4)_4OH$	19
$C_7H_{15}CH(SO_3^-Na^+)COOC_8H_{17}$	1.5	$C_{12}H_{25}(OC_2H_4)_{8\sim9}OH$	11
$C_7H_{15}CH(SO_3^-Na^+)COOC_9H_{19}$	3.8	$C_8H_{17}CO(OC_2H_4)_2OH$	72
$C_7H_{15}CH(SO_3^-Na^+)COOCH_2CH(C_2H_5)C_4H_9$	0.0	$C_8H_{17}CO(OC_2H_4)_3OH$	6
$C_9H_{19}C_6H_4(OC_2H_4)_5OH$	12	$C_8H_{17}CO(OC_2H_4)_4OH$	42

2. 影响表面活性剂润湿(渗透)作用的因素

表面活性剂对纺织品的润湿作用除了与硬表面固体一样受到其在纤维表面的吸附性能的影响外，还与表面活性剂在毛细管内的渗透速率密切相关。通常渗透速率随附加压力 Δp 和表面活性剂浓度的增大而增大，还与其扩散系数有关，表面活性剂扩散时的分子尺寸越大和介质的黏度越大，则润湿性能越差。大致可以归纳如下。

(1)亲水基位置及支化度：如果亲水基在分子链的中心位置，特别是有支链疏水基的表面活性剂，由于其在水中的尺寸相对比直链异构体要小，能迅速渗透到内部纤维表面定向排列，所以常常是用于纺织品的优良的润湿(渗透)剂。如早期广泛使用的润湿剂硫酸化蓖麻油，其良好的渗透能力是由于蓖麻油分子中间位置的硫酸基造成的。也许是由于类似尺寸的原因，烷基邻苯磺酸盐的渗透能力优于烷基对苯磺酸盐。目前，一些高效润湿(渗透)剂的结构如图 6 - 14 所示。其中 AOT 0.025%的润湿时间为 20.1s，0.10%的润湿时间仅为 1.9s。

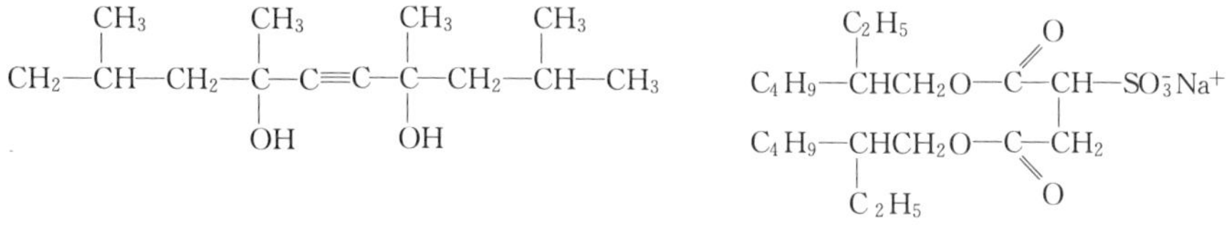

二羟基四甲基癸炔(Surfynol 104)　　琥珀酸二异辛酯磺酸钠(AOT)

图 6 - 14　润湿(渗透)剂的结构图

(2)直链型表面活性剂的长度：无论直链型表面活性剂的疏水基还是亲水基，短链比长链的分子尺寸小，扩散系数大，润湿时间更短，例如十二烷基硫酸钠的润湿时间远比十八烷基硫酸钠短。这也可以说明聚氧乙烯醚非离子型表面活性剂的润湿时间比相同疏水基的阴离子型表面活性剂更长的原因。在计量疏水链的有效长度时，通常支链上的一个碳原子约相当于主链的 2/3 个碳原子；亲水的离子基团与极性基团间的一个碳原子约相当于主链的 1/2 个碳原子；一个苯环则相当于 3.5 个直链亚甲基；酯键的存在对疏水链有效长度无影响。

(3)表面活性剂的浓度：通常表面活性剂的浓度过低会影响分子的扩散速率，润湿时间会延长。此时，疏水链较长的表面活性剂比较短的同系物表现出更好的润湿性能。但是，随着浓度升高，表面活性剂分子的扩散速率增大，当浓度达足够高时，表面活性剂的润湿时间降至最短，其中短链的表面活性剂润湿时间降低幅度最大，具有比长链更低的最低润湿时间。例如，烷基硫酸盐水溶液的浓度为 0.1%时，其各种同系物润湿时间的排序为：$C_{14}<C_{12}<C_{16}<C_{18}$，而当浓度为 0.15%时，其排序变为 $C_{12}<C_{14}<C_{18}$，这个次序也是这些表面活性剂所能达到的最低润湿时间的次序。不过当温度升高时，短链的离子型表面活性剂的润湿能力会变得不如长链同系物，这可能是长链离子型表面活性剂的溶解度增加，表面活性得以充分发挥所致。

(4)聚氧乙烯醚非离子型表面活性剂：当分子中的乙氧基数目增加时，表面活性剂的润湿时间会经一最小值后增加。一般当表面活性剂的浊点正好高于润湿试验的温度时，则该表面活性剂在此温度时的润湿时间最短。在 25℃时脂肪醇聚氧乙烯醚 $C_{10\sim11}H_{21\sim23}(OC_2H_4)_{6\sim8}OH$ 的润湿性能最好。通常脂肪醇或硫醇的聚氧乙烯醚非离子型表面活性剂的润湿性能要优于相应的脂肪酸酯。

(5)聚醚[即聚氧乙烯(PEO)和聚氧丙烯(PPO)的嵌段共聚物]的润湿时间随 PPO 的链增加，PEO 链的减少而降低，其前提是在该温度下聚醚在水中完全溶解。

(6)添加剂的影响：

①中性电解质：通常离子型表面活性剂的润湿时间会因水中存在电解质而显著地降低。如 Na_2SO_4、NaCl、KCl 等的加入会减少表面活性剂溶液的表面张力，增加其润湿能力，而且相对短链的增幅更大，所以，在高电解质浓度下，往往 $C_{7\sim8}$烃链的离子型表面活性剂的润湿时间最短。

②水结构调节剂：在水溶液中加入水结构破坏剂(例如尿素、*N*-甲基甲酰胺等)，则表面活性剂水溶液的 γ_{LG}上升，不利于润湿；加入水结构促进剂(例如果糖、木糖等)，则 γ_{LG}下降，润湿性提高。

③长链极性有机化合物：在阴离子和非离子型表面活性剂溶液中加入长链醇会增加它们的润湿能力；将聚氧乙烯醚非离子型表面活性剂加入阴离子型表面活性剂溶液中也会提高其润湿能力，但会降低阳离子型表面活性剂的润湿能力。这是因为聚氧乙烯醚非离子型表面活性剂会使阴离子型表面活性剂的扩散速率增大，但会使阳离子型表面活性剂的扩散速率减小。

三、动态润湿过程

动态润湿过程大致可分为两大类：一类是在无外力作用(重力除外)下，液体在固体表面上自行铺展的过程，称为自铺展；另一类是利用外力使液体在固体表面上以一定速度移动而铺展，称为强制铺展，织物、胶片和磁带涂布就是这类过程。

动态润湿过程的主要特点是固、液、气三相界面线（即润湿线）是移动的，在三相线移动过程中的接触角称为动态接触角（有时把随时间变化的接触角也称为动态接触角），为非平衡态接触角，动态接触角的大小通常取决于三相线位移的速率与方向。例如在一水平放置的玻璃管内有一段液体，静置时液体与管壁间形成的平衡接触角为 θ[图 6 - 15(a)]。若在图左方施加压力，

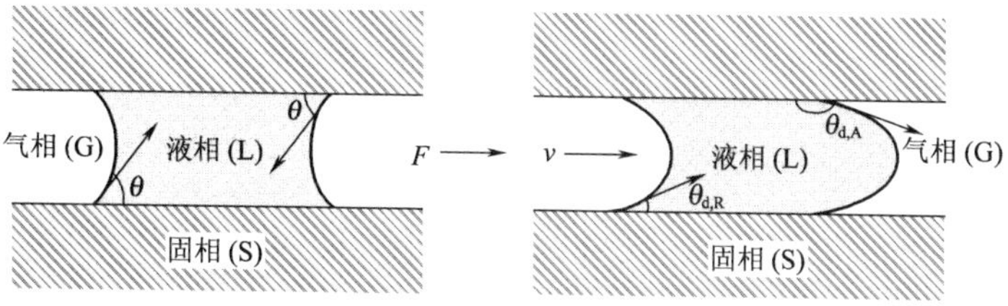

(a) 静态（平衡）接触角 θ　　(b) 液体被迫流动时的动态接触角

图 6 - 15　静、动态接触角示意图

迫使液体向右流动，则液面前沿将向前凸出，形成的动态前进接触角 $\theta_{d,A}>\theta$，同时，液面后沿（左边）则内向凹进，形成动态后退接触角 $\theta_{d,R}<\theta$ [图 6 - 15(b)]。向前流动的速度 v 越大，$\theta_{d,A}-\theta_{d,R}$的值越大，$\theta_{d,A}$也越大。当 $\theta_{d,A}$接近 180°，液体在涂布过程中排出的空气将会导致涂布层的不均匀缺陷，所以达到 $\theta_{d,A}=180°$时的速度为润湿可以进行的最高速度。实验表明：动态前进接触角 $\theta_{d,A}$与涂布速度 v、液体的黏度 η 及其表面张力 γ_{LG}有如下关系：

$$\tan\theta_{d,A}=\alpha\left(\frac{v\eta}{\gamma_{LG}}\right)^{\beta} \tag{6-16}$$

式中：α，β 为经验常数。由式(6 - 16)可见，若利用表面活性剂降低涂布液的 γ_{LG}，则可以降低动态前进接触角，从而提高涂布速度，改善液体在固体表面的动态润湿性能。

第四节　表面活性剂润湿作用在纺织加工中的应用

通常在纺织染整加工中应用表面活性剂改善纺织物的润湿性能有两种方式：

(1)将表面活性剂加入各种加工溶液，降低其 γ_{LG}和 γ_{SL}，使之迅速渗透润湿纺织物，以提高加工性能，例如上浆、煮练、印染等工艺，一般称这类表面活性剂为渗透剂；

(2)以表面活性剂为整理剂对织物进行加工整理，改变织物表面的 γ_{SG}，从而赋予其所需的润湿性能。根据所赋予的性能又分为两类：其一为提高 γ_{SG}，使织物易于润湿，即亲水整理剂；其次为降低 γ_{SG}，使织物不润湿，拒水甚至拒油，即拒水、拒油整理剂。

一、渗透剂

由于固/液界面常常带负电荷，所以，渗透剂一般为阴离子型、非离子型表面活性剂。常用

的渗透剂 JFC 为脂肪醇聚氧乙烯醚，而拉开粉 BX 即丁基萘磺酸钠属阴离子型表面活性剂，高效渗透剂 AOT 和 Surfynol 104 则分别是阴离子型和非离子型表面活性剂。如上节所述，渗透剂不一定要求高表面活性，由于许多纺织染整加工往往是在高离子强度、强酸、强碱溶液中进行，所以，渗透剂在各种溶液中的溶解度和稳定性直接影响润湿效果（表 6－7）。

表 6－7　溶液的酸、碱性对渗透剂的影响

溶液的酸碱性	阴离子型表面活性剂	非离子型表面活性剂	用　　途
强碱性	短链、可溶解的能用，带易水解酯基的不能用	不容易溶解，不能用	棉织物丝光、碱减量、退煮漂三合一等工艺
弱碱性	能使用	多数能使用	退浆、煮练、漂白工艺
接近中性	能使用	能使用	后整理加工工艺
弱酸性	除硫酸酯盐易水解外，一般能使用	能使用	次氯酸钠漂白
强酸性	除磺酸盐类能使用外，一般不能使用	多数能使用	羊毛炭化，涤/棉织物酸减量

目前，渗透剂的合成及复配主要向高效和耐强碱方向发展。例如用异辛醇＋3mol EO＋1mol PO 合成的非离子快速渗透剂的润湿时间是传统 JFC 的 1/3 左右，脂肪醇聚氧乙烯磷酸酯盐，例如 $C_{8\sim18}H_{17\sim37}O(C_2H_4O)_nPO(OH)_2$，$[C_{8\sim18}H_{17\sim37}O(C_2H_4O)_n]_2PO(OH)$ 等，可耐 NaOH 达 250g/L，渗透时间仅为 18s。复配也是提高渗透剂性能的有效方法，例如将α－乙基己烯磺酸钠与乙二醇单丁醚复配可大大降低碱液的表面张力，提高渗透效果。

二、亲水整理剂

亲水整理主要是针对如涤纶、丙纶等疏水性织物而言的，目的是提高疏水性织物的透气透湿性，改善其服用性能。由于此类织物还存在表面电阻高，静电效应显著，而水是导体，可以泄漏电荷，消除静电作用。所以，亲水整理剂同时也是抗静电整理剂，将在后面一并讨论。

三、拒水、拒油整理剂

拒水、拒油整理正好与亲水整理相反，由于拒水、拒油整理不同于涂层整理，仅是表面疏水性改性，所以仍能保留织物透气、透湿性等服用性能。其目的是使水甚至油在织物表面的接触角大于 90°，不润湿，甚至接近 180°，达到拒水、拒油的目的。如前所述，要使液体不能润湿织物表面，织物的润湿临界表面张力必须小于液体的表面张力（表 6－3），而若要真正达到拒水、拒油整理，拒水整理剂在织物表面的单分子层润湿临界表面张力 γ_C 须小于 30mN/m，而拒水、拒油整理剂的 γ_C 则须小于 10mN/m。

1. 拒水整理剂

拒水整理剂通常选用的疏水基是烷烃和硅氧烷等，常用的拒水整理剂有石蜡的水乳胶，它简单价廉，但效果不佳而且不耐水洗；三聚氰胺、脲醛等的树脂衍生物，不仅拒水效果尚可，而且整理

后织物较柔软，透气、透湿性好，还具有很好的耐水洗性，但树脂会释放甲醛，例如拒水整理剂HPC；利用脂肪酸与铬或铝的络合物也能在织物表面形成耐久性拒水膜，例如拒水剂CR和AC，但往往会使织物着色并重金属超标；阳离子表面活性剂一般能使织物疏水，但由于其与织物仅为静电吸引，耐久性差，有一类吡啶季铵盐，例如拒水剂PF($C_{17}H_{35}ONHCH_2$—$\overset{+}{N}$  Cl^-)，在高温整理时能与纤维素发生反应，不仅具有较耐久的拒水性，且具有柔软效果。缺点是加工焙烘时会释放吡啶，污染生产环境；与之相比，*N*－羟甲基十八酰胺($C_{17}H_{35}CONHCH_2OH$)和*N*－十八烷基－*N′*，*N′*－亚乙基脲($C_{18}H_{37}NHCON\begin{matrix}CH_2\\|\\CH_2\end{matrix}$)不仅不会污染环境，而且，柔软性、拒水性和耐水洗性都佳。

目前较为理想的拒水整理剂是硅氧烷，例如羟基硅油、甲基含氢硅油及其混合物在$Zn(Ac)_2$的催化下，经150～160℃氧化、交联于织物表面形成三维网状的拒水薄膜。整理后的织物拒水性好，不仅耐皂洗，而且耐干洗，还能提高织物的耐磨性和可缝纫性，整理工艺简单，织物强力损失较小，无色变，适合于天丝、合成纤维及其混纺织物的拒水整理。

2. 拒水、拒油整理剂

由于氟代烃降低固体表面张力的能力非常大，所以，有机氟化物是最理想的拒水、拒油整理剂，常用的是各种全氟烷基及其衍生物的丙烯酸酯，或者它的聚合物。整理到织物上之后，由于汗液、油污的表面张力都比整理剂单分子层的润湿临界表面张力γ_C要大，所以拒水、拒油整理后的织物具有防水、防污的功能。

3. 防污和易去污整理剂

对于防水、防污织物来讲，通常是不易沾水、沾污，而一旦沾污之后，由于其表面不润湿，就很难通过水洗去除所沾的污垢，所以，最理想的拒油整理剂应该是防污而易去污。

防污和易去污整理剂实际上由两亲性高分子作为主体的一类拒油整理剂，一般由亲水性和拒油性单体共聚而成。由于这类整理剂在织物表面具有两亲作用，所以，在干燥状态时其亲水基指向织物内部，拒油基指向空气，织物的γ_{SG}大大降低，表现出拒水、拒油以及防污的特性；而一旦将织物浸入水中则相反，其拒油基指向织物内部，而亲水基指向水相，织物与水相的界面张力γ_{SL}降低，从而改善了织物的水润湿性，有利于污垢的去除。而且洗涤干燥后又可以恢复原状，周而复始。例如全氟烷基醇的(甲基)丙烯酸酯与(甲基)丙烯酸盐为主体的共聚物，当然这种反复定向的结果容易导致表面膜松动，影响耐久性。

思考题

1. 简述润湿过程的沾湿、浸湿和铺展及其相应的润湿功。
2. 何谓前进接触角、后退接触角以及接触角滞后？
3. 影响接触角滞后的因素是什么？是如何影响的？
4. 临界表面张力γ_C的物理意义是什么？γ_C与γ_{SG}存在什么关系？

5. 何谓高能表面及其自憎现象？

6. 简述表面活性剂在润湿过程中所起的作用以及润湿剂分子的结构特征。

7. 试解释为什么棉纤维在阴离子型表面活性剂水溶液中的润湿时间往往比在聚氧乙烯醚非离子型表面活性剂水溶液的短，而涤纶则相反？

第七章　表面活性剂的乳化作用及其破乳

乳化作用是将一种液体以液滴的形式分散于另一种不相溶液体中形成乳液的过程。其中，被分散的液体称为分散相(又称不连续相或内相)，而另一种液体则称为分散介质(又称连续相或外相)。许多纺织油剂、涂料、农药、金属切削油剂、化妆品以及蛋黄酱都是乳液。乳液是一种多相的液/液分散系统。

乳滴的粒径大小直接影响乳液的外观色泽(表 7－1)，这是由于分散相与分散介质的折射率不同，入射光在乳滴界面会发生反射、折射和散射现象的缘故。由于可见光的波长为 0.4～0.8μm，粒径在 1μm 以上的乳液主要发生光的全反射而呈乳白色；粒径在 0.1～1.0μm 之间的乳液则会因短波长的散射光增强，而呈现带有蓝光的乳白色；粒径进一步减小，则乳液中主要发生散射和透射现象，系统变为半透明和透明状。

表 7－1　粒径对乳液外观色泽的影响

粒径/μm	小于 0.05	0.05～0.1	0.1～1.0	1.0～50
外观色泽	全透明	半透明灰色	蓝乳白色	乳白色
	微乳液		一般意义上的乳液	

由于乳化的直接结果是增加两液相接界面的比表面积，而互不相溶的两种液体之间的界面张力都为正值。例如仅将 1mol 正辛烷以 0.2μm 粒径分散于水中，则系统界面积增量 $\Delta A=800\text{m}^2$，正辛烷/水的界面张力为 $\gamma=50.8\text{mN/m}$，则在恒温恒压下相应系统的表面自由能增量 $\Delta G=\gamma\Delta A=40\text{J}>0$，而且这还仅为上述乳化所需的最小能量，实际所消耗的表面功可能是它的上百倍。从热力学的角度分析，恒温恒压下 $\Delta G>0$，所以，两种互不相溶的纯液体形成的乳液是热力学不稳定的多相分散系统。一旦停止做功，分相即可发生。制备相对稳定的乳液的必要条件是加入第三组分乳化剂。表面活性剂能自动吸附于液/液表面，并降低界面张力，是一类重要的乳化剂。

实际上，即使有表面活性剂存在的乳液仍然可能是热力学不稳定的。例如在上述系统中加入少量的油酸钾，系统趋于分散稳定，尽管界面张力降到 7mN/m 以下，但 $\Delta G>0$。所以，一般意义上的乳液仅仅是一种具有在动力学上相对稳定的多相分散系统，这类乳液的粒径一般在 0.1μm 以上，呈现特有的纯的或带蓝光的乳白色。它的所谓“稳定性”只是在一个有限的时间内，比如数分钟，也可以是数年。

如果在上述系统中加入更多的油酸钾，并配有一定量脂肪醇，则系统会发生质的变化，一方面随着粒径小于 0.1μm 外观从乳白色变为半透明和透明，更主要的是此时界面张力已下降到没有实际意义的程度，成为具有热力学稳定的微乳液。

第一节　乳液的类型及稳定性机理

一、乳液的类型及鉴定方法

1. 乳液类型

根据分散相与分散介质的性质，乳液一般可分为两种类型：水包油（o/w）型，即油相或者有机相分散在水相或水溶液中的乳液；油包水（w/o）型，即水相或水溶液分散在油相中的乳液。此外，还有一类多重乳液，包括水包油包水（w/o/w）型和油包水包油（o/w/o）型（图 7－1）。

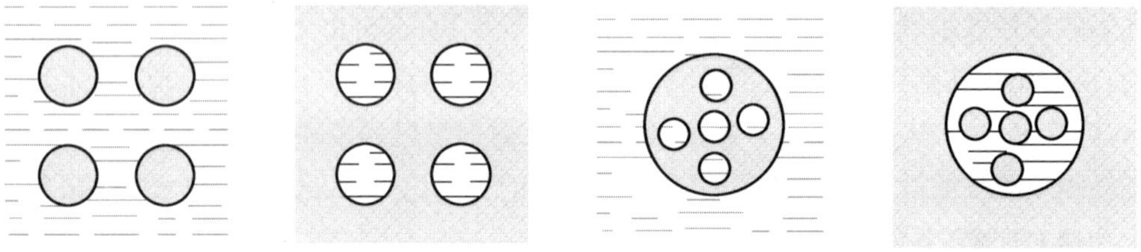

o/w 型　　w/o 型　　w/o/w 型　　o/w/o 型

图 7－1　乳液的各种类型

2. o/w 和 w/o 型乳液的鉴定方法

（1）稀释法：即用水稀释乳液，易于被水稀释的为 o/w 型，反之则为 w/o 型。

（2）电导率法：一般 o/w 型乳液的电导率与水相近，如果乳液的电导率远小于水，可认定为 w/o 型。

（3）染色法：通常油溶性染料易于使 w/o 型乳液着色，而对 o/w 型则不明显，甚至完全不着色，水溶性染料则相反。

（4）折射率法：粒径在 0.25μm 以上的乳液，可以用光学显微镜直接观察乳滴。向上聚焦后乳滴会比周围介质更亮，则说明分散相的折射率大于分散介质；而乳滴比周围介质暗，则相反。所以，只需预知两相的折射率，即可鉴别乳液类型。

（5）滤纸法：一般滤纸都是亲水的，将少量乳液滴于滤纸表面，若能展开的为 o/w 型，反之则为 w/o 型。由于每种方法都存在一定局限性，所以，最好采用几种方法并用，避免出错。

二、乳液的稳定性及其机理

乳液的稳定性一般包含两方面的含义：一是乳液类型的稳定性，乳液类型是会转型的，即 o/w 型变为 w/o 型或 w/o 型变为 o/w 型，但这种转型尚未破乳，并不一定构成严重后果；二是乳液颗粒抵御聚结的分散稳定性，一旦乳滴颗粒发生聚结，则乳液即失稳定而破乳。

1. 乳液类型的稳定性

（1）影响乳液类型的因素：在乳液的制备过程中，其乳液类型首先与所用乳化剂的性能及其影响因素有关，其次，也受到两相相对体积及制备乳液过程的影响。

①乳化剂的性质：如前所述，要制得较稳定的乳液，必须加入乳化剂，所用乳化剂的性质对乳液类型有重要影响。根据 Bancroft 规则，油溶性乳化剂倾向于生成 w/o 型乳液，而水溶性乳化剂则有利于生成 o/w 型乳液。

②相的加入次序：把水加到含乳化剂的油中，可能得到 w/o 型乳液，把油加入含乳化剂的水中可生成 o/w 型乳液。

③电解质和其他添加剂：在采用离子型表面活性剂为乳化剂的 o/w 型乳液中加入电解质，特别是高价反离子，通过中和和交联表面活性离子，会压缩其离子氛半径，降低亲水性，促使其变型为 w/o 乳液。对于阴离子型乳化剂，阳性反离子的变型效能的大小可排序如下：

$$Al^{3+} > Cr^{3+} > Ni^{2+} > Pb^{2+} > Sr^{2+} \approx Ca^{2+} \approx Fe^{2+} \approx Mg^{2+}$$

④系统的温度：对于聚氧乙烯醚非离子型表面活性剂的 o/w 型乳液，升高温度有利于w/o 型乳液的生成。而离子型表面活性剂的一些乳液，在冷却时可能变型为 w/o 型。

⑤相体积比：根据 Ostwald 从纯几何学角度提出的观点：假设分散相液滴是大小均匀的刚性圆球，则密堆积时，分散相最大的体积百分数只能为 74.02%[图 7—2(a)]。即如果乳液中水相的体积百分数超过 74.02%，则只能是 o/w 型乳液；如果水相的体积百分数低于 25.98%，则只能形成 w/o 型乳液；如果水相的体积百分数介于25.98%～74.02%时，则既可能形成 o/w 型，也可能形成 w/o 型乳液。Ostwald 的这个理论符合某些乳液的实际情况，但是，由于实际上分散相液滴往往大小不匀[图 7－2(b)]，而且非刚性而易于变形[图 7－2(c)]，所以，还是有许多乳液不符合 Ostwald 理论。

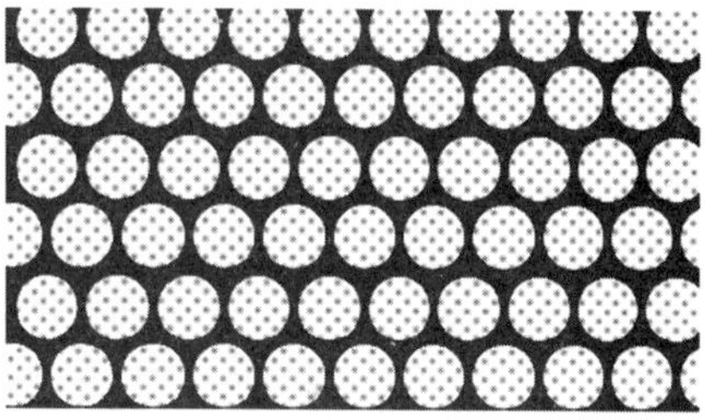

(a) 均匀液珠之
密堆乳液示意图

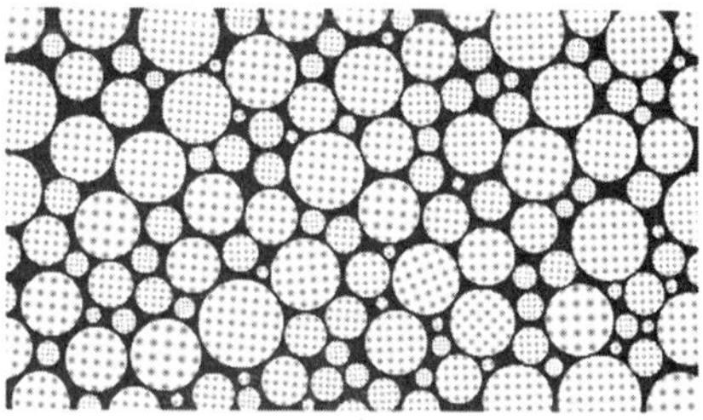

(b) 不均匀液珠之
密堆乳液示意图

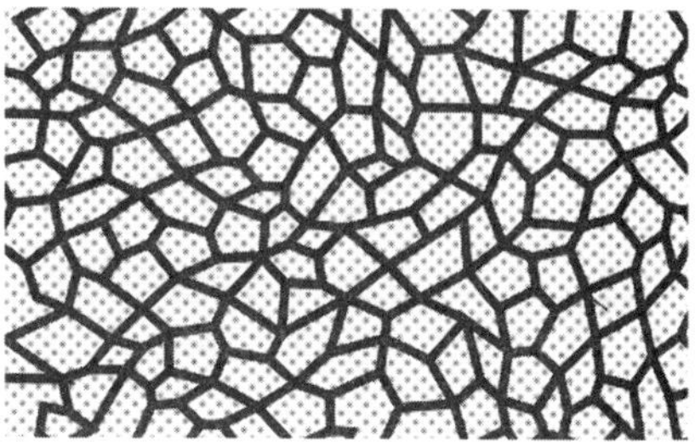

(c) 非球形液珠所成之
密堆乳液示意图（很不稳定）

图 7－2　乳状液液珠的堆积方式

⑥乳化器壁性质：在制备乳液的过程中，器壁或搅拌桨材料对液体的润湿情况也会影响乳液的类型，一般亲水性器壁有利于形成 o/w 型乳液，疏水性器壁则易形成 w/o 型乳液。例如以浓度为 0.1%的环烷酸作水相，变压器油作油相，乳化器材质为玻璃时，形成 o/w 型乳液；乳化器材质为塑料时，则形成 w/o 型乳液，符合上述规律，但若把环烷酸的浓度由 0.1%增至 0.2%时，在玻璃和塑料材质上均形成o/w型乳液，这说明乳化剂的浓度对形成乳液类型起了重要作用。

(2)乳液类型定性理论：

①定向楔理论：该理论认为在乳液中，乳化剂分

子定向吸附于油/水界面,阻止了乳滴的聚结。由于界面是弯曲的,所以,亲水端的截面积大于疏水端的乳化剂分子将有利于 o/w 型乳液。此时,乳化剂分子就像木楔一样插入分散相油滴的界面层,使定向吸附分子排列更为紧密,如图 7-3(a)中的一价碱金属即为此类乳化剂。反之,疏水端较大的乳化剂分子则有利于形成 w/o 型乳液,如图 7-3(b)中的二价金属皂。此理论也不完全合乎事实,例如银皂是一价金属皂,但却是 w/o 型乳化剂。而且,实际上碱金属皂的亲水端截面积未必比碳氢链的大。

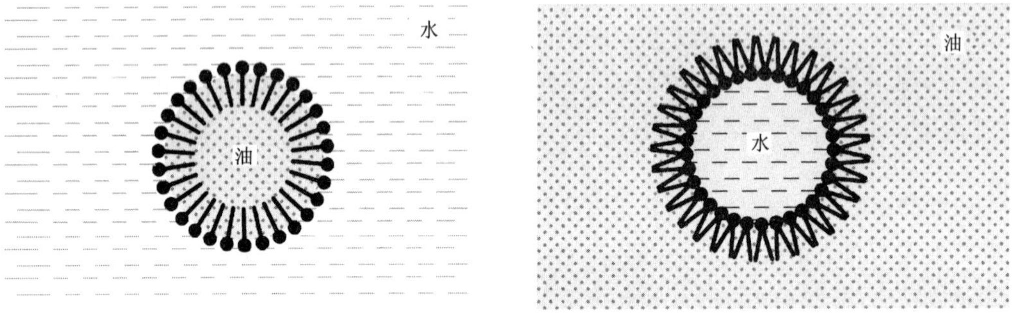

(a) (b)

图 7-3 皂类稳定乳液的示意图

②聚结速度理论:从动力学观点来看,油水混合后如果油滴的聚结速度远小于水滴,则水滴将聚结成连续相而形成 o/w 型乳液。反之,若油滴聚结更快,则形成 w/o 型乳液。由于油/水界面上乳化剂分子的亲水基一方面阻碍油滴的靠近,另一方面则促进水滴的聚结。所以,亲水性乳化剂有利于产生 o/w 型乳液,反之,亲油性乳化剂则有利于产生 w/o 型乳液。

③优先润湿理论:许多固体粉末也可以用作乳化剂,它们通过在油/水界面形成固态膜乳化。若固体粉末易被水润湿,则大头朝向水相,小头留在油相,可起定向楔那样的作用[图 7-4(a)],形成 o/w 型乳液。反之,易被油相所润湿的固体则有利于生成 w/o 型。根据油、水和固

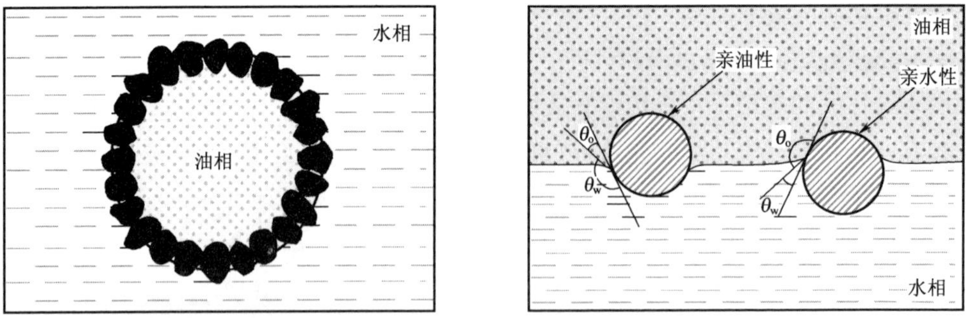

(a) 固体粉末乳化剂乳滴示意图 (b) 亲水,亲油性固体粉末乳化剂示意图

图 7-4 固体粉末的乳化作用

体乳化剂界面的 Young 方程:

$$\gamma_{SO} - \gamma_{SW} = \gamma_{OW} \cos \theta_W \tag{7-1}$$

式中：下标 S、O、W 分别表示固体乳化剂、油相和水相；θ_W是经过水相测量的接触角[图 7－4(b)]。由此可见，除了 $\gamma_{SO} \geqslant \gamma_{OW} + \gamma_{SW}$ 即 $\theta_W = 0°$ 或不存在，固体粉末完全被水润湿而处于水相或 $\gamma_{SW} \geqslant \gamma_{OW} + \gamma_{SO}$ 即 $\theta_W = 180°$ 或不存在，固体完全被油润湿而处于油相两种情况外，固体粉末一定处于界面上。当 $\gamma_{SO} > \gamma_{SW}$ 时，$\theta_W < 90°$，所以，固体粉末更偏向于水相，结果易产生 o/w 型乳液。例如，黏土、二氧化硅等亲水性固体粉末往往是 o/w 型乳化剂。同理，当 $\gamma_{SO} < \gamma_{SW}$ 时，$\theta_W > 90°$，固体粉末更偏向于油相，结果易产生 w/o 型乳液。不易被水润湿的固体粉末如松香、炭黑等往往是 w/o 型乳化剂。将此理论推广至表面活性剂，则可以得出水溶性占优势的表面活性剂易形成 o/w 型乳液，而油溶性占优势的表面活性剂易形成 w/o 型乳液的结论。

2. 乳液颗粒抵御聚结的分散稳定性

如前所述，表面活性剂作为乳化剂是乳液稳定不可缺少的成分。它吸附于液/液界面，降低界面张力，从而降低系统的 ΔG 值，即降低了系统的热力学不稳定性。但是，界面张力的降低，并不能改变乳液的热力学不稳定性。事实上，一些能大大降低液/液界面张力的表面活性剂不一定能形成稳定的乳液，而影响乳液稳定的首要因素则是在界面上定向吸附的表面活性剂分子膜的性能。

(1)界面吸附膜的机械强度：由于乳滴在热运动时会频繁碰撞而造成界面破裂，表面活性剂的定向吸附膜则起了保护作用，其本身的机械强度就成为决定乳液稳定的首要因素。一般认为，定向吸附膜内分子间的相互吸引力越大，排斥力越小，则分子排列越整齐，膜越致密，越具凝聚性，其膜的机械强度越强。

实验表明：应用脂肪酸、醇或胺等构成的混合表面活性剂，有利于提高膜内分子间横向的吸引力，从而大大增加所形成界面吸附膜的机械强度，例如，十六烷基硫酸钠和胆甾醇，十二烷基硫酸钠和十二醇等混合乳化剂都能得到十分稳定的乳液，而单独使用其中一种物质只能形成不稳定的乳液，甚至，根本没有乳化作用。常用的复合乳化剂(表 7－2)是既含有水溶性表面活性剂，又含有油溶性的脂肪酸、醇或胺的极性有机物。它们在界面上可通过氢键等形成“配合物”，而使界面张力大大降低。而且，根据 Gibbs 方程，其界面吸附量也随之增加，膜的致密性及其机械强度增大。例如常用的 Span 系列与 Tween 系列所构成的混合乳化剂，由于 Tween 的聚氧乙烯醚链亲水性强，在界面上往往更偏向水相，结果两者的亲水基相互错开，碳氢链则靠得很近，相互吸引力显然比两种物质单独存在时更强烈(图 7－5)。

表 7－2　常见复合乳化剂的配方

水溶性表面活性剂	油溶性表面活性剂	总的用量/%wt
硬脂酸三乙醇胺	单硬脂酸甘油酯	3～5
十六烷基硫酸钠	十六醇	3～6
十六醇聚氧乙烯醚(30EO)	羟基化羊毛脂	3～6
聚氧乙烯醚脂肪酸缩水山梨醇(Tween)	脂肪酸缩水山梨醇(Span)	4～6
羊毛醇聚氧乙烯醚(16～24EO)	羊毛醇聚氧乙烯醚(5EO)	3～5
聚氧乙烯醚(20EO)甲基葡萄糖苷倍半硬脂酸酯	甲基葡萄糖苷倍半硬脂酸酯	2～3

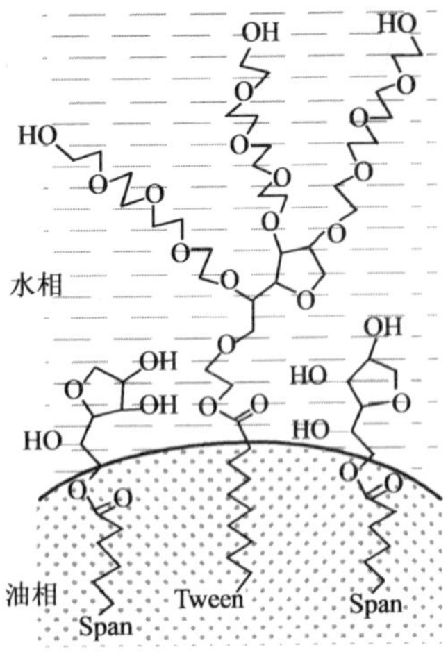

图 7-5　Span 与 Tween 在油/水界面上形成的配合物示意图

在混合吸附膜中分子排列的致密性还与两种分子的结构有关，例如用十六烷基硫酸钠与胆甾醇混合可得到排列紧密的混合膜[图 7-6(a)]，因而能产生稳定的乳液。而用十六烷基硫酸钠与油醇或者油酸钠混合，混合吸附膜排列就不那么紧密，甚至是松散的。特别是与油醇的混合物，由于油醇分子表面活性极强，更易吸附于界面，且其碳氢链中的双键会产生空间构型阻碍，定向分子排列难以致密，如图 7-6(b)所示，形成的乳液也很不稳定。其实，凡能影响膜内分子间相互作用的因素，都会影响膜的机械强度，从而影响乳液的稳定性，例如添加中性电解质，压缩极性头的离子氛半径，降低离子基之间的静电斥力，使膜内表面活性剂分子更紧密地相互靠拢，从而提高乳液稳定性。

(2)膜外存在的电能垒和立体能垒：由于界面上定向吸附膜的存在，自然会产生膜外的电能垒和立体能垒，即对抗乳液分散相聚集作用的电性和空间保护层。

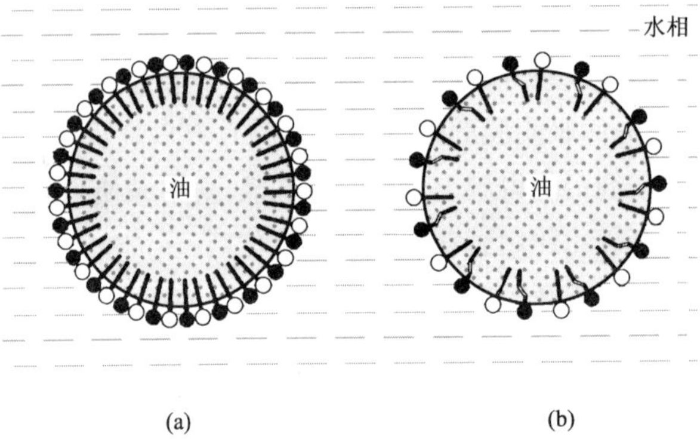

图 7-6　油/水界面上的混合膜对乳液稳定的影响示意图

油醇　十六烷基硫酸钠　胆甾醇

一般认为电能垒是影响 o/w 型乳液稳定的一个重要因素。在 o/w 型乳液中，分散相界面上的电荷来自表面活性剂的定向吸附层及其亲水基指向的水相。对于离子型表面活性剂乳液，分散相表面电荷的符号常常与表面活性离子相同。而非离子表面活性剂稳定的乳液，其表面电位可能是由于从水相中吸附离子或两相接界面摩擦引起的(参见固/液界面的带电)。一旦乳滴带电，反离子则分布其周围，构成阻碍乳滴相互靠近的电能垒—扩散双电层，并且，表面电位越大，扩散双电层越厚，这种阻碍作用则越显著[图 7-7(a)]。在电解质存在时，由于其正、负离子在油/水两相的分配不同，负离子的油溶性往往比正离子大，致使表面电位会随电解质浓度增大而增大，而扩散双电层则因电解质浓度增大而被压缩，因此，电解质对膜外电能垒的影响往往存在一最佳浓度，例如有人研究了戊醇—水组成的乳液稳定性发现：当 1－1 型电解质浓度为2×10^{-3}mol/L时稳定性最好。对于 w/o 型乳液，分散相水滴因其介电常数大而往往带正电荷，而在油相中电离度极小，离子浓度极低，故其双电层厚度可达数微米级［参见式(3－2)］，再者，在非极性介质中双电层电容量小，少量电荷存在就能产生较大的表面电位，所以，电能垒对 w/o 型乳液也能起到一定的稳定作用。

此外，分散相吸附不带电的表面活性剂还会形成具有空间基团结构的界面膜，产生立体能垒。当分散相相互靠近时，深入外相中的表面活性剂分子的亲水链(例如聚氧乙烯醚)或者疏水链(例如碳氢链)会发生相互混合重叠，产生局部的浓差而反向扩散，阻碍分散相乳滴相互靠拢，这种立体能垒在 o/w 型和 w/o 型乳液中都会出现［图 7－7(b)、(c)］。此外，在 o/w 型乳液中，由于亲水基伸向外相，往往发生水化，以致在膜外形成一层水化层。当两乳滴水化层相遇并发生变形时，同样也会形成立体能垒，提高乳液的稳定性。

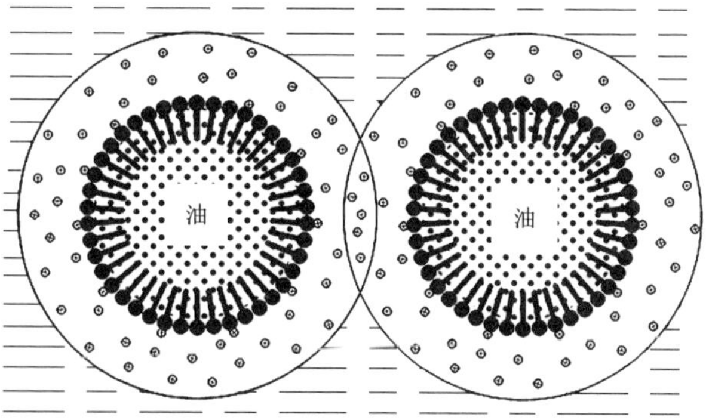

(a) 离子型表面活性剂的电能垒

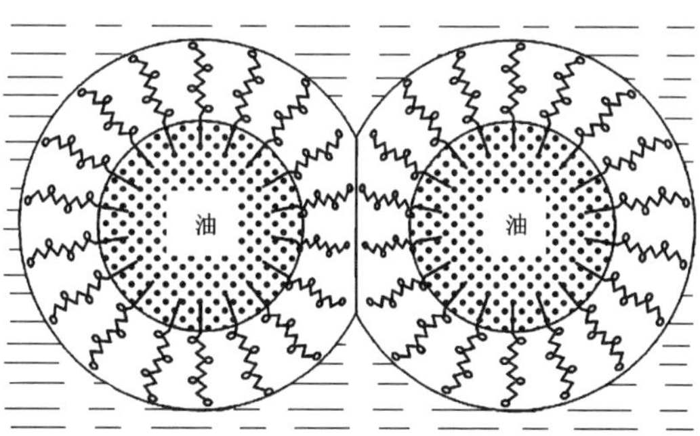

(b) 非离子型表面活性剂的立体能垒

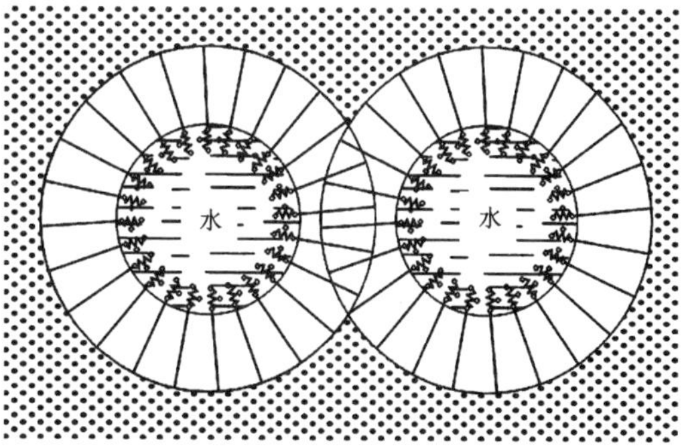

(c) 油包水型乳状液的立体能垒

图 7－7 表面活性剂在油/水界面吸附层的电能垒和立体能垒示意图

(3)连续相黏度：如果乳液的连续相黏度变大，则将对分散相乳滴的热运动起阻滞作用，使其速度变慢，乳滴难以凝聚，从而提高乳液的稳定性。这也就是为什么许多乳化剂浓度高的乳液稳定性更高的理由。为了这一目的，常在连续相中加入增稠剂，以提高乳液稳定性。此外，当表面活性剂加入油/水系统中，其浓度达到一定值时会出现液晶相，黏度会骤增 2～3 个数量级，而且，液晶相会吸附在油/水界面上（图 7－8），既减小分散相之间的吸引力，又形成阻碍其靠近的保护层，从而提高乳液的稳定性。

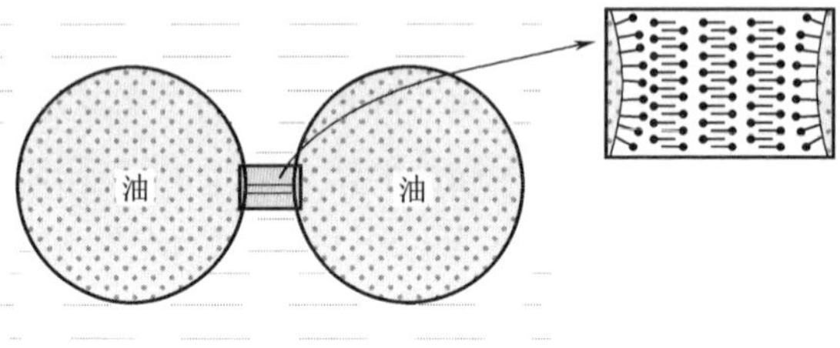

图 7－8　表面活性剂在油/水界面上的层状液晶对乳液的稳定作用

(4)乳滴尺寸分布：乳滴尺寸分布是影响其聚集速度的一个因素。因为较大尺寸的乳滴具有比较小尺寸的乳滴更小的比表面积，所以较小尺寸乳滴的热力学不稳定性更大，亦即系统中存在减少小乳滴，增加大乳滴的趋势。如果这一过程继续进行下去，乳液最终会破乳。因此，在平均粒径相等的乳液中，尺寸分布越窄的乳液越稳定。

(5)温度：温度的影响是复杂的。温度可引起两相间界面张力的改变，界面膜的机械强度和黏度的改变，表面活性剂在两相中相对溶解度的改变，液相的蒸气压及黏度的改变以及分散相的热运动的改变等。因此，温度改变常使得表面活性剂的稳定性发生很大变化，从而使界面受到扰动，乳液稳定性降低，甚至发生变型或破乳。所以，周期性改变温度是评价乳液稳定性的一个重要方法。附带说明：当表面活性剂在其溶解的溶剂中接近最低溶解度时的温度，往往是其表面活性最强、乳化效果最好的时候。

第二节　乳化剂的筛选及常用乳化剂

如上所述，并非所有表面活性剂都可以用作乳化剂，选择乳化剂时应考虑以下条件：

(1)具有较高的表面活性，能够迅速吸附于油/水界面上；

(2)具有分子间的侧向吸引力，能够形成紧密的界面吸附膜；

(3)具有膜外电能垒和立体能垒，能够阻碍分散相聚集。

根据 Bancroft 规则，油溶性的表面活性剂适用 w/o 型乳化剂，水溶性的表面活性剂则适用 o/w 型乳化剂。而且，当使用两者的混合物时往往能得到更稳定的乳液。

表面活性剂的分子结构与其乳化能力有着比较复杂的关系。通常影响乳化能力的因素除了与乳化剂中疏水基和亲水基的结构和相对强弱有关外，乳化剂的浓度、水相和油相的组成也都是不可忽略的。

一、乳化剂的筛选方法

筛选乳化剂的常用方法主要有 HLB 法和 PIT 法。

1. HLB 法

(1)HLB 值：是 1949 年 Griffin 为筛选乳化剂而提出的定量参数。从分子结构与表面活性的关系来分析(图 1 - 4)：只有当乳化剂的亲水基和疏水基强弱相当时，表面活性才最大，才能迅速地吸附于油—水界面乳化，即乳化剂分子的亲水和疏水部分应该有一定的比例。1949 年，Griffin 在大量实验基础上用数值表示了这种比例，HLB(Hydrophile-Lipophile-Balance)意为亲水亲油平衡。每个乳化剂都有一个 HLB 值，HLB 值越高，表示该乳化剂的亲水性越强，例如十二烷基硫酸钠的 HLB 值为 40；HLB 值越低则亲油性越强，例如石蜡的 HLB 值为 0；一般以 10 为界，HLB>10 为亲水性乳化剂，HLB<10 则为亲油性乳化剂。

①非离子型表面活性剂 HLB 值的计算：对于非离子型表面活性剂的 HLB 值，Griffin 归纳出以下计算公式。

对于多元醇脂肪酸酯：

$$\mathrm{HLB}=20\left(1-\frac{S}{A}\right) \tag{7-2}$$

式中：S 为酯的皂化值，即皂化 1g 脂肪酸酯所消耗 KOH 的毫克数；A 为酸值，即中和 1g 相应的脂肪酸所消耗 KOH 的毫克数。

例如，硬脂酸单甘油酯的皂化值为 161，其相应硬脂酸的酸值为 198，故得 HLB=3.7。

对于皂化值不易测定的物质(如羊毛脂、蜂蜡等)或其他非离子型表面活性剂：

$$\mathrm{HLB}=20(E+P) \tag{7-3}$$

式中：E 为分子乙氧基的质量分数；P 为多元醇的质量分数。

例如，十六醇聚氧乙烯醚(10)，十个乙氧基为唯一的亲水基，故 $E=0.67$，$P=0$，得 HLB=13.4。又例如 Tween 40[聚氧乙烯醚(20)缩水山梨醇单十六烷基酸酯]。$E=0.11$，$P=0.69$，得 HLB=16.0。

②离子型表面活性剂 HLB 值的估算：但以上这些公式对结构复杂的含其他元素(N、S、P 等)的非离子和离子型表面活性剂都不适用。Davies 在 1957 年引入了基团贡献法估算 HLB 值，每一个基团对 HLB 值都有确定的贡献，如表 7 - 3 所示。表面活性剂的 HLB 值可由基团 HLB 值按下式计算：

$$\mathrm{HLB}=7+\sum \mathrm{HLB}_{G_i} \tag{7-4}$$

表 7-3 各种基团的 HLB 值

基团	HLB_{G_i}	基团	HLB_{G_i}
$—SO_4^-Na^+$	38.7	—OH(缩水山梨醇环)	0.5
$—COO^-K^+$	21.1	$—(C_2H_4O)—$	0.33
$—COO^-Na^+$	19.1	$—CH_3$	-0.475
$—SO_3^-Na^+$	11.0	$—CH_2—$	-0.475
—N(叔胺)	9.4	—CH—	-0.475
酯(缩水山梨醇环)	6.8	═CH—	-0.475
酯(自由)	2.4	$—CF_3$	-0.870
—COOH	2.1	$—CF_2—$	-0.870
—OH(自由)	1.9	$—(C_3H_6O)—$	-0.15
—O—	1.3	苯环	1.662

但用式(7-4)算出的聚氧乙烯醚类表面活性剂的 HLB 值往往偏低,此式一般适用于估算离子型表面活性剂的 HLB 值。

③混合表面活性剂 HLB 值的计算:一般认为 HLB 值具有加和性,所以混合表面活性剂的 HLB 值可用加权平均法求算:

$$HLB = \sum(\omega_i \times HLB_i) \qquad (7-5)$$

式中:HLB_i 为 i 表面活性剂的 HLB 值;ω_i 为 i 组分质量分数。

例如将 Span 80(HLB=4.3)与 Tween 80(HLB=15)以质量比 3∶7 混合,其混合表面活性剂的 HLB 值为:

$$HLB=0.30\times4.3+0.70\times15.0=11.8$$

这样的混合表面活性剂不仅其 HLB 值可调,而且乳化效率往往远高于单组分。

(2)HLB 值在乳化剂筛选中的应用:

①乳化系统最适宜 HLB 值的确定:乳化剂的乳化效率与油相的性质密切相关,不同油相乳化的最适宜 HLB 值是不同的(表 7-4),而且同一种油相在制备 o/w 型乳液时所需的 HLB 值比 w/o 型的要高,这显然符合 Bancroft 规则。我们在乳化时可以根据该油相所需的 HLB 值选用相应的单组分或混合表面活性剂。对于混合油相的最适宜 HLB 值则与求算混合表面活性剂的 HLB 值一样[见式(7-5)]也具有加和性。例如需将含质量分数 20%羊毛脂和 80%烷烃矿物油,制成 o/w 型乳液,查表 7-4 后即可算得混合油的最适宜 $HLB=12\times0.2+10\times0.8=10.4$。但是,并非所有油相的最适宜 HLB 值都能查到,而且由于是一个经验参数,即使有文献值,还受到经验范围的限制。因此,有必要对给定油相的最适宜 HLB 值进行测定和验证。

通常方法是选用一对 HLB 值相差较大的表面活性剂,例如 Span 80(HLB=4.3)和 Tween

80(HLB=15),利用其 HLB 值的加和性配制一系列不同 HLB 值的混合乳化剂,并根据要求(o/w 型还是 w/o 型)将指定油—水系统制备成一系列相应的 o/w 型乳液,分别测定其乳化效率,例如上述混合油相的情况,即可得到如图 7-9 所示的钟形曲线,乳化效率可以用乳液的稳定时间或者其他稳定性质来表征。由图 7-9 可知,乳化效率在 HLB 值为 10.5 处有极值,10.5 即上述混合油相的制备 o/w 型乳液的最适宜 HLB 值的测定值。当然即使 HLB 值是最适宜值,不同的混合乳化剂效率仍然不同,所以有必要找效率更佳的乳化剂。

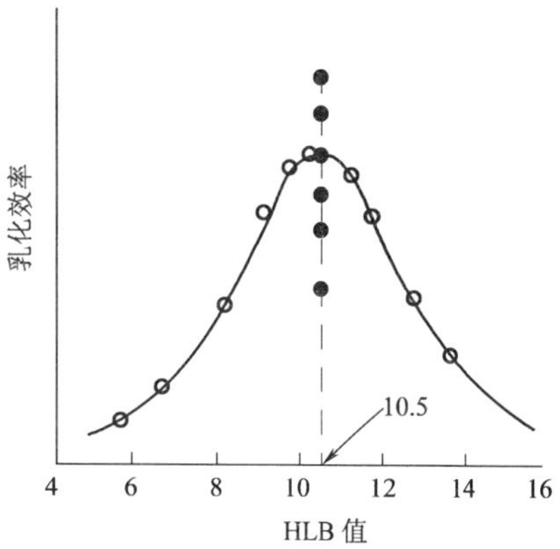

图 7-9　最佳乳化剂的筛选

表 7-4　不同油相乳化的最适宜 HLB 值

油　相	o/w 型(w/o 型)	油　相	o/w 型(w/o 型)
苯甲酮、苯乙酮	14	苯、甲苯、苯乙烯	15
苯二甲酸乙二酯	15	二甲苯	14
十二(月桂)酸	16	芳烃矿物油	12(4)
亚油酸	16	烷烃矿物油	10(4)
油酸	17	煤油	12~14(6)
蓖麻油酸	16	汽油	(7)
硬脂酸	17	石蜡	10(4)
异硬脂酸	15~16	凡士林	7~8(4)
鲸蜡醇	13~16	氯化石蜡	8
十六醇	11~12	四氯化碳	16
十~十三醇	14	环己烷	15
油醇	14	乙酸癸酯	11
蜂蜡	9(5)	邻二氯苯、硝基苯	13
羊毛脂(无水)	12(8)	苯基氰	14
棉籽油	7.5	氯苯、溴苯	13
椰子油	6	邻苯二甲酸二异辛酯	13
松油	16	苯甲酸乙酯	13
棕榈油	7	二甲基硅烷	9
蓖麻油	14	硅油	10.5

②效率最佳乳化剂的确定:显然,效率最佳的乳化剂应该是混合表面活性剂。在选择混合乳化剂系统时,除了要考虑最适宜 HLB 值以及前面提及的:能迅速吸附于油/水界面;能形成

致密、牢固的界面吸附膜；能产生强烈的电能垒和立体能垒等基本原则外，从 HLB 值的角度分析，尽量选择 HLB 值小的与 HLB 值大的表面活性剂混合使用，特别是尽量使表面活性剂亲油基的化学结构与油相结构相似，从而形成不仅与油相的亲和力强，而且与水相的亲和力也强的混合膜。通过测定乳化效率确定相对效率最佳的乳化剂。

HLB 作为评价表面活性剂表面活性的一个参数已被证明：在实际应用中对表面活性剂的筛选具有指导意义。表 7－5 显示了表面活性剂的水分散液状态和典型应用与 HLB 值的密切关系。一些常用表面活性剂商品的 HLB 值见表 7－6。

表 7－5　表面活性剂水分散液状态与其 HLB 值、应用的对应关系

HLB 值范围	水溶液外观	HLB 值范围	应　用
1～4	不分散	1～3	消泡剂
3～6	不良分散	3～6	w/o 型乳化剂
6～8	搅拌后乳状分散	7～9	润湿剂
8～10	稳定的乳液	8～18	o/w 型乳化剂
10～13	半透明到透明分散	13～15	洗涤剂
>13	透明溶液	15～18	增溶剂

表 7－6　一些常用表面活性剂商品的 HLB 值

表面活性剂	商 品 名 称	类　型	HLB 值
聚醚 L31	Pluronic L31	N	3.5
聚醚 L61	Pluronic L61	N	3
聚醚 L81	Pluronic L81	N	2
聚醚 L42	Pluronic L42	N	8
聚醚 L62	Pluronic L62	N	7
聚醚 L72	Pluronic L72	N	6.2
聚醚 L63	Pluronic L63	N	11
聚醚 L64	Pluronic L64	N	15
聚醚 L68	Pluronic L68	N	29
聚醚 L88	Pluronic L88	N	24
聚醚 L108	Pluronic L108	N	27
聚醚 L135	Pluronic L135	N	18.5
缩水山梨醇三油酸酯	Span 85	N	1.8
缩水山梨醇三硬脂酸酯	Span 65	N	2.1
乙二醇酯脂酸酯	Emcol EO－50	N	2.7
丙二醇单硬脂酸酯	Emcol PO－50	N	3.4
丙二醇单硬脂酸酯	（纯化合物）	N	3.4

续表

表面活性剂	商品名称	类型	HLB值
缩水山梨醇倍半油酸酯	Arlacel 83	N	3.7
甘油单硬脂酸酯	(纯化合物)	N	3.8
缩水山梨醇单油酸酯	Span 80	N	4.3
缩水山梨醇单硬脂酸酯	Span 60	N	4.7
二乙二醇脂肪酸酯	Emcol DP－50	N	5.1
二乙二醇单月桂酸酯	Atlas G－2124	N	6.1
缩水山梨醇单棕榈酸酯	Span 40	N	6.7
四乙二醇单硬脂酸酯	Atlas G－2147	N	7.7
聚氧丙烯硬脂酸酯	Attas G－3608	N	8
缩水山梨醇单月桂酸酯	Span 20	N	8.6
聚氧乙烯脂肪酸酯	Emulphor VN－430	N	9
聚氧乙烯月桂醇醚	Brij 30	N	9.5
聚氧乙烯醚(4)缩水山梨醇单硬脂酸酯	Tween 61	N	9.6
聚氧乙烯醚(5)缩水山梨醇单油酸酯	Tween 81	N	10
聚氧乙烯醚(20)缩水山梨醇三硬脂酸酯	Tween 65	N	10.5
聚氧乙烯醚(20)缩水山梨醇三油酸酯	Tween 85	N	11
聚氧乙烯醚单油酸酯	PEG 400 单油酸酯	N	11.4
烷基芳基磺酸盐	Atlas G－3300	A	11.7
三乙醇胺油酸盐	—	A	12
烷基酚聚氧乙烯醚	Igepal CA－630	N	12.8
聚氧乙烯醚单月桂酸酯	PEG 400 单月桂酸酯	N	13.1
聚氧乙烯醚蓖麻油	Atlas G－1794	N	13.3
聚氧乙烯醚(4)缩水山梨醇单月桂酸酯	Tween 21	N	13.3
聚氧乙烯醚(20)缩水山梨醇单硬脂酸酯	Tween 60	N	14.9
聚氧乙烯醚(20)缩水山梨醇单油酸酯	Tween 80	N	15
聚氧乙烯醚(20)缩水山梨醇单棕榈酸酯	Tween 40	N	15.6
聚氧乙烯醚(20)缩水山梨醇单月桂酸酯	Tween 20	N	16.7
油酸钠	—	A	18
油酸钾	—	A	20
N－十六烷基－*N*－乙基吗啉基乙基硫酸盐	Atlas G－263(纯化合物)	A	25～30
月桂基硫酸钠(十二烷基硫酸钠)	—	A	40

注　N—非离子表面活性剂，A—阴离子表面活性剂。

虽然 HLB 值在筛选乳化剂方面简单、有用，但它没有合理地考虑分散相、分散介质的组成、性质以及温度对表面活性剂的亲水亲油平衡的影响，从而限制了其应用范围。

2. PIT 法

温度变化对表面活性剂的亲水亲油平衡会有影响，特别是非离子型表面活性剂，随着温度升高，其亲水基的水化程度减少，亲水性降低，亲油性升高，最终会从 o/w 型转变为 w/o 型乳液，而这个引起乳液类型转变的温度即相转变温度（Phase Inversion Temperature，缩写为 PIT）。PIT 可以看作非离子型表面活性剂在乳化系统中的亲水亲油平衡温度（HLB 温度）。不仅与表面活性剂，而且与油—水系统的组成和性质密切相关。

（1）PIT 的测定方法及其应用：通常是取等量的油相和水相，用 3%～5%表面活性剂边振荡边升温，期间可采用电导率法或者染色法等测定 PIT。

利用 PIT 法配制乳液一般有三个基本原则：

①对于 o/w 型乳液适合的乳化剂，其 PIT 应比乳液的使用或保存温度高 20～60℃。

②对于 w/o 型乳液适合的乳化剂，应选其 PIT 比乳液使用或保存温度低 10～40℃。

③根据 PIT 附近油/水界面张力最小，制得的乳液尺寸相对细小，但又不稳定易于聚结的特点，制备 o/w 型乳液时，一般在低于 PIT 2～4℃时的温度下乳化，再冷却到保存温度；而制备 w/o 型乳液时，则在高于 PIT2～4℃的温度下乳化，然后再升温到保存温度；而对于制备高黏度油相的 o/w 型乳液，则可以先在稍高于 PIT 温度下乳化形成 w/o 型乳液，随后直接加入冷水使其相转变为 o/w 型乳液并冷却到保存温度。

所以，PIT 筛选乳化剂的方法实际上变成了一个如何调节指定乳液的 PIT 到合适的温度的问题。

（2）影响乳液 PIT 的各种因素：与 HLB 值不同，PIT 是表面活性剂在指定油—水系统中的一个亲水亲油平衡温度，所以影响 PIT 的因素除了表面活性剂的结构之外，还与分散相、分散介质以及其他添加剂有关。

①表面活性剂的亲水性：由于 PIT 与 HLB 之间几乎呈线性关系，所以，HLB 值高的非离子型表面活性剂相应的 PIT 也高。例如以聚氧乙烯醚非离子型表面活性剂为乳化剂的乳液 PIT 随其聚氧乙烯醚链增长而升高，而且分子中聚氧乙烯醚链的分布越宽，其 PIT 亦越高，乳液稳定性越好。

②油相的性质：一般乳液 PIT 随油相的极性减小而升高，例如，壬基酚聚氧乙烯醚（10）在苯/水（1∶1）乳液中的 PIT 约为 20℃，以环己烷替代苯的 PIT 则上升到 70℃，若用十六烷的 PIT 可达 100℃以上。而混合油相乳液 PIT_{mix} 可表达为：

$$PIT_{mix} = \sum \phi_i PIT_i \tag{7-6}$$

式中：PIT_i 为同一乳化系统中 i 组分油单独存在时的 PIT；ϕ_i 则为 i 组分油的体积分数。

③添加剂：添加剂分为两类，一类是油相的添加剂，PIT 随加入非极性有机物（例如石蜡、饱和烃等），油相极性降低而升高，随加入芳烃或极性有机物（例如脂肪酸、醇等），油相极性升高而降低。另一类是水相的添加剂，在水相中加入电解质往往使 PIT 降低，例如 5%NaCl 水溶液与

纯水相比，乳液的 PIT 降低约 10℃左右。有关电解质对 PIT 的影响可参考浊点。

二、常用乳化剂

乳化剂的品种非常多，通常分为四类：合成表面活性剂、合成高分子表面活性剂、天然产物乳化剂和固体粉末。

1. 合成表面活性剂

合成表面活性剂是用得最多、最重要的一类乳化剂，也可以分为阴离子型、阳离子型、非离子型和两性离子型四种，其中阴离子型和非离子型是最常用的乳化剂。

(1)阴离子型乳化剂：通常亲水性强，HLB 值为 8～18，一般作为 o/w 型乳化剂。

①脂肪酸盐型：不宜在硬水中使用，最常用的钠盐，其溶液 pH≈10，适用于耐碱性乳状液。胺溶液的 pH 值较低，例如三乙醇胺(pH≈8)。

②硫酸盐型：最常见的是十二烷基硫酸酯钠，但最常用的是聚氧乙烯醚硫酸酯盐，其中，烷基酚聚氧乙烯硫酸酯盐[$RC_6H_4(OC_2H_4)_nOSO_3M$]的 R 为 C_8～C_9 烷基，n=10～16，M 为 Na^+、K^+盐时为 o/w 型乳化剂；M 为 Ca^{2+}、Mg^{2+}盐时为 w/o 型乳化剂。而脂肪醇聚氧乙烯醚硫酸酯盐[$RO(C_2H_4O)_nSO_3M$]的 R 为 C_{12}～C_{14}烷基，n=1～10，M 为 Na^+、NH_4^+ 等时为 o/w 乳化剂。

③磺酸盐型：最常用的是烷基磺酸盐、烷基苯磺酸盐、烷基萘磺酸盐，如十二烷基磺酸钠、十二烷基苯磺酸钠等都可以形成 o/w 型乳状液。此外，脂肪酰胺牛磺酸盐也是良好的乳化剂，如油酰胺-*N*-甲基牛磺酸盐[$RCON(CH_3)CH_2CH_2SO_3M$]，其商品名为 Igepon TC-42。乳液聚合时用十二烷基苯磺酸钠可得到细粒子的树脂乳胶。

④磷酸酯盐型：常用的是聚氧乙烯醚化的各种醇或酚磷酸单酯、酚磷酸双酯及其混合物或者如蓖麻油酸等脂肪酸聚氧乙烯醚酯的磷酸单酯或双酯。

(2)非离子型乳化剂：这类乳化剂具有抗硬水、电解质以及对 pH 值不敏感的特征，根据其亲水亲油性的不同，可作为 o/w 型和 w/o 型乳化剂。

①聚氧乙烯醚型：最常用的是烷基酚聚氧乙烯醚[$RC_6H_4O(C_2H_4)_nOH$]，一般 R 为 C_8～C_9碳链，n=3～10，乳化剂即从亲油性变为亲水性，广泛用作 o/w 型和 w/o 型乳化剂。最近几年，由于这类表面活性剂，例如壬基酚聚氧乙烯醚的生物降解性差和水生毒性问题，应用受到限制。其替代品为脂肪醇聚氧乙烯醚[$RO(C_2H_4O)_nH$]，R 为 C_{12}～C_{16}碳链，n 同样从数个到数十，也可作为 o/w 型和 w/o 型乳化剂，乳化性能稍逊于烷基酚聚氧乙烯醚。此外，还有脂肪胺和脂肪酰胺的聚氧乙烯醚非离子型表面活性剂。

②脂肪酸缩水山梨醇酯型：即常见的脂肪酸缩水山梨醇酯 Span 和脂肪酸缩水山梨醇聚氧乙烯醚酯 Tween 系列的表面活性剂(表 7-6)。如前所述，由于 Span 型亲油性，而 Tween 型亲水性，其混合物的 HLB 值为 2～18，所以是一类广泛用作 o/w 型和 w/o 型乳化剂。

2. 合成高分子表面活性剂

(1)聚氧乙烯—聚氧丙烯醚嵌段共聚物：它属于非离子型表面活性剂。可以根据亲水、亲油基的含量或相对比例来调节 HLB 值，获得适合实际需要的乳化剂。

(2)聚氧乙烯苯乙烯基苯基醚:也称为农乳 600 号属非离子型表面活性剂,结构式为:

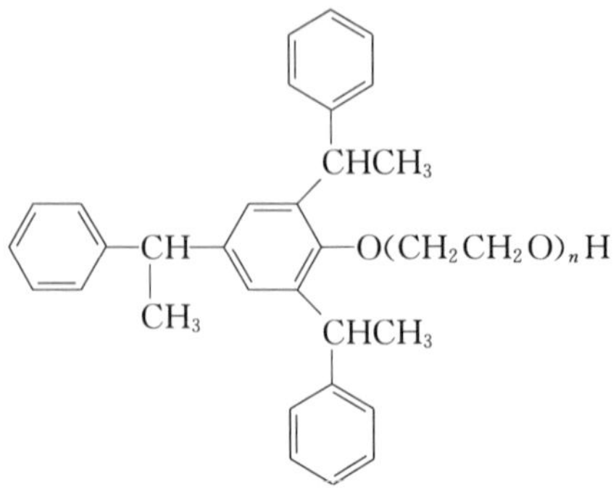

易溶于水和各种有机溶剂,在酸碱溶液中稳定性好,具有良好的乳化性能,但高温时易被氧化剂氧化分解。

3. 天然产物乳化剂

天然产物乳化剂,除了瓜尔胶、田菁胶魔芋胶等天然高分子表面活性剂外,还有磷脂、皂素、明胶、藻朊酸盐、果胶酸盐、酪素等。

4. 固体粉末

黏土、二氧化硅、金属氢氧化物等粉末是 o/w 型乳化剂;石墨、炭黑等是 w/o 型乳化剂。一般情况下,用固体粉末稳定的乳状液的液珠较粗,但可以相当稳定。

第三节 破 乳

许多场合需要破坏乳状液,使油水两相分离。例如原油含水会腐蚀石油设备,在加工前须破坏其 w/o 型乳状液以除去水分;生产乳油时,则须使 o/w 型的牛乳破乳分离;以及在许多废水处理中,须破乳以防止污染等都是在生产实践中需要破乳的实例。

一、乳液的不稳定表现

乳液是热力学不稳定系统,所以破乳是自发过程。乳液一般从失稳定到破乳分相一般可分为三个阶段。

1. 分层

分层是由于油水两相的密度差引起的乳滴沉降或上浮,使乳液分成两层的现象。分层后的两个液层仍是乳状液,只是失去了外观的均匀性。一般两相密度差越大、外相黏度越低以及乳滴的粒径越大则分层速率越快,反之则越慢。

2. 絮凝

絮凝是乳液的乳滴通过范德华力相互吸引,聚集形成松散絮团的过程。一般絮凝是可逆的,但也可以说是破乳分相的前奏。

3. 聚结

处于絮团中的乳滴，当其界面膜受到破坏时，乳滴则会发生合并，由小液珠变成大液珠，界面积减小，最后乳液完全破坏。

在实际生产中，一般会采用恰当的方法使乳液变型或者加速乳滴聚结，从而达到破乳的目的。

二、破乳的方法

1. 物理方法破乳

乳液稳定的最主要原因是由乳化剂形成有一定机械强度和电能垒或立体能垒的界面膜。所以破乳的关键是破坏乳滴界面膜。

(1)超离心法：利用两相的密度差，使乳状液中的油、水在超离心场作用下分离。

(2)超声波法：利用超声波产生的体积波破坏界面膜，加速乳滴的聚结。

(3)过滤法：加压使乳液通过多孔材料，例如多孔玻璃板、压实的硅藻土和白土以及纤维材料等，利用其对乳化剂的吸附作用或者对乳液分散相液滴的优先润湿作用使界面膜破坏而实现破乳。

(4)加热法：提高温度使分子热运动加剧，介质黏度下降，甚至发生乳液的相转变，使乳液稳定性降低，导致聚结而破乳。

(5)高压静电法：用高压静电(约 10^4V)使带电液滴放电聚结成为大液滴，并在重力作用下沉降分相。此法一般适用于 w/o 型乳液。

2. 破乳剂破乳

破乳剂破乳的机理是设法改变乳液的界面性质，使乳化剂失去乳化能力并削弱界面膜等。选择破乳剂一般有以下几种方法。

(1)选择表面活性高但又不能形成坚固界面膜的破乳剂，把原来的乳化剂从界面上顶替出去，使界面膜破裂而破乳，例如水溶性的甲醇、乙醇、丙醇、丁醇和油溶性的异戊醇、己醇、庚醇等，这些短链醇在水(或油)中的溶解度较大，用量较大。

(2)选择相对分子质量大、多支链分子结构、能以平躺方式吸附于油水界面的破乳剂，使所形成的界面膜结构疏松，强度低，起到降低稳定性、破乳的作用，例如各种聚氧乙烯醚的嵌段共聚物，主要用于 w/o 型乳状液的破乳。

(3)选择与乳液的离子型乳化剂带相反电荷的离子型破乳剂，使乳滴表面电荷中和而失稳破乳，常用的例如十二烷基二甲基苄基氯化铵等阳离子型表面活性剂。

(4)选择能溶解于连续相的高分子破乳剂，利用其对乳滴的架桥作用，使之聚集、聚结而破乳，例如一些阳离子型和非离子型的水溶性高分子。

(5)选择能破坏界面膜的其他试剂破乳，例如用脂肪酸盐作乳化剂时，加入无机酸使脂肪酸游离而破乳，或者用作 o/w 型的阴离子型乳化剂时，加入高价金属盐，使其相转变破乳，或者对于粉末乳化剂，加入能使固体粉末被水相或油相完全润湿而脱离界面破乳。

有时几种破乳方法拼用，可以获得更好的破乳效果。

第四节　微乳液

所谓微乳液的概念是 Schulman 于 1943 年首先提出的。如本章一开始提及的，在乳液中再加入足够多的表面活性剂，并配有一定量的助表面活性剂，即可能得到微乳液。与乳液一样，亲水性乳化剂易形成 o/w 型微乳液，反之则易形成 w/o 型微乳液。但是，微乳液又与乳液有本质的不同，除了因粒径为 0.01～0.1μm 而失去普通乳液具有的乳白色，呈半透明或透明状，最重要的是微乳液是一种无须做表面功乳化的，可以自发形成的热力学稳定系统。这一点似乎更接近于胶束溶液，所以有些研究者认为微乳液可以看作是溶胀了的乳化剂胶束溶液，分散相液体被增溶于其内部。但是，胶束的尺寸比微乳液小得多，而且与微乳液中大量的表面活性剂相比，形成胶束只需浓度超过 CMC，此时加入油相，即被增溶。表 7－7 比较了微乳液与乳液及胶束增溶溶液的性质，可以认为微乳液是介于一般乳液和胶束增溶溶液的分散系统，或者是两者的中间过渡产物。

表 7－7　微乳液与乳液及胶束增溶溶液的性质比较

项　目	乳　液	微　乳　液	胶束增溶溶液
形　状	通常为球形	球形	低浓度时为球形
粒　径	大于 0.1μm	0.01～0.1μm	小于 0.01μm
类　型	o/w 型、w/o 型、w/o/w 型或 o/w/o 型	o/w 型、w/o 型或双连续相型	o/w 型或 w/o 型
透光性	乳白不透明	半透明或透明	透明
稳定性	热力学不稳定，需要乳化	热力学稳定，不需乳化	热力学稳定，无须乳化
表面活性剂的用量	用量少，不必加助表面活性剂	用量多，需加助表面活性剂	超过 CMC 所需的量即可
组　成	三组分：表面活性剂、油相和水相	三组分：非离子型表面活性剂、油相和水（或盐水）相 四组分：离子型表面活性剂、助表面活性剂、油相和水（或盐水）相	三组分：表面活性剂、油相和水相
与油、水的混溶性	o/w 型乳液与油不混溶，w/o 型乳液与水不混溶	与油、水在一定范围内都能混溶	未达到增溶饱和值前可与油、水混溶

一、微乳液的形成机理

微乳液的形成机理有许多解释。由于微乳液的油/水界面张力常常低到不可测量的程度，例如正己烷与 0.01mol/L 的油酸钾水溶液形成的油/水界面张力约为 4mN/m，只能形成普通乳液。加入一定量正己醇之后，界面张力可进一步降至 $10^{-5} \sim 10^{-3}$ mN/m。所以 Schulman 等认为：在表面活性剂和助表面活性剂量足够时，可以产生瞬时负界面张力。由于负界面张力是不能存在的，因此系统将自发扩张界面，使更多的表面活性剂和助表面活性剂吸附于界面而使其浓度降低，直至界面张力恢复至零或微小的正值。这种由瞬时负界面张力导致的界面自发扩张的结果就形成了微乳液。研究者的进一步解释：大量吸附在油/水界面上的混合膜可以看作油、水两相之间的中间界面相，在界面相两侧分别存在两个界面张力，一个是油相与界面相之间的 γ_{mo}，另一个是水相与界面相之间的 γ_{mw}（图 7－10）。当 $\gamma_{mo} > \gamma_{mw}$，则意味着油相一侧的收缩

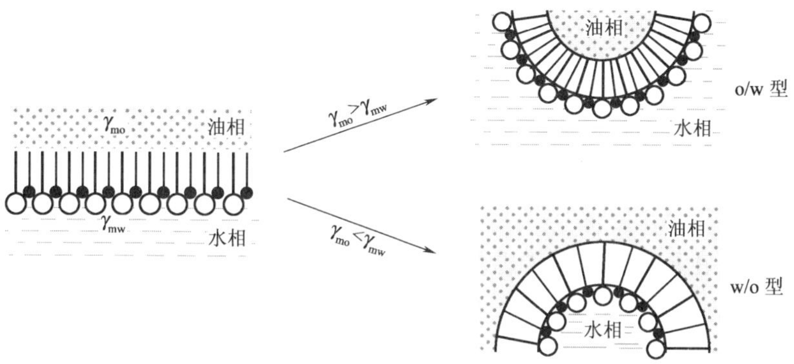

图 7－10　膜的界面张力与乳液类型的关系示意图

力大于水相一侧，界面膜扩张向油相弯曲，有利于形成 o/w 型微乳液；反之，$\gamma_{mo} < \gamma_{mw}$，则有利于形成 w/o 型微乳液。根据这一理论，助表面活性剂在界面膜中的吸附和分配，不仅大大降低表面张力，而且会影响界面膜的亲水亲油平衡从而引起膜的自发弯曲，导致微乳化。例如在正己烷—水—油酸钾中加入亲油性的正己醇，则可形成 w/o 型微乳液，而将与正己烷相溶性较差的液体石蜡代替正己烷，则无法形成微乳液，显然破坏了原来的亲水亲油平衡。

事实上，助表面活性剂在微乳液形成中并非是必不可少的，例如一些聚氧乙烯醚非离子型和偶联型表面活性剂也能形成微乳液而无须加入助表面活性剂。从表 7－7 可知，微乳液按组成一般分为以非离子型表面活性剂为主乳化剂的三组分系统和以离子型表面活性剂为主乳化剂的四组分系统。下面就两种微乳液的形成及其影响因素作简单介绍。

二、不同系统组成的微乳液

1. 三组分系统微乳液

三组分系统微乳液一般是由水—油—非离子型表面活性剂构成的，例如，水—环己烷—壬基酚聚氧乙烯醚(8.6EO)即是。如果固定表面活性剂的浓度为 5%，则其温度与油水比的相图如图 7－11 所示。图中相区Ⅰ为 o/w 型微乳液区，相区Ⅱ为 w/o 型微乳液区，相区Ⅲ则是三相共存区，即 o/w 型、w/o 型微乳液和表面活性剂相区。图的上方为水相与增溶少量水的 w/o 型胶束溶液两相区，下方则为油与增溶少量油的 o/w 型胶束溶液两相区。温度对微乳液的影响主要体现在对非离子型表面活性剂的亲水—亲油性的影响，研究发现：除了相区Ⅰ和相区Ⅱ中

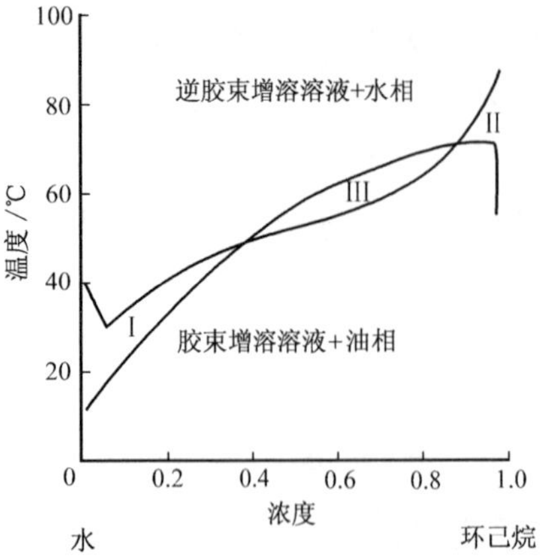

图 7-11 水—环己烷—壬基酚聚氧乙烯醚三组分相图

微乳液连续地过渡到简单的胶束(在水中和油中)溶液外,在三相区内只有接近相转变温度 PIT 才可能形成微乳液,温度略低,则略亲水,形成 o/w 型微乳液,反之形成 w/o 型微乳液,温度过低或过高都不能形成微乳液。表面活性剂的亲水—亲油性是影响形成微乳液的关键因素。

除了温度,另一个影响表面活性剂的亲水亲油性的因素就是其分子结构本身。由于随着聚氧乙烯醚链缩短,表面活性剂的亲水性降低,相当于升高了系统的温度,反之聚氧乙烯醚链伸长,则相当于降低温度。而且,聚氧乙烯醚链的分布也有一定影响,即分布越窄,三相区(见图 7-11 中Ⅲ)越小,甚至消失,形成微乳液区域越大。此外,亲水基的类型对微乳液的形成也有影响,例如用十四烷基酸蔗糖酯和 Span 20 的混合物代替脂肪醇聚氧乙烯醚(7~8EO),乳化剂的 CMC 值降低,对水的增溶量增加,提高了形成 w/o 型微乳液的能力。

2. 四组分系统微乳液

离子型表面活性剂的亲水亲油性对温度不敏感,必须借助表面活性剂,所以,离子型表面活性剂与助表面活性剂的比率对微乳液的形成有很大影响。以水—二甲苯—辛基氯化铵为例,由于辛基氯化铵的亲水性太强,二甲苯的胶束增溶量仅约为 2%。如加入亲油性的辛基胺,则增溶量增加,当辛基胺/辛基氯化铵=0.8 时,二甲苯的增溶量达 40%左右,已为 o/w 微乳液。而辛基胺/辛基氯化铵=1.5 时,水在二甲苯逆胶束中的增溶量约达 70%,即 w/o 型微乳液。因此,亲油性的助表面活性剂是调节离子型表面活性剂的亲水亲油性的重要因素。

除了助表面活性剂之外,电解质的加入也是降低离子型表面活性剂亲水性的因素。例如仅十二烷基硫酸钠与辛醇聚氧乙烯醚混合乳化剂与水—癸烷系统不能形成微乳液。而在水相中加入 NaCl,则十二烷基硫酸钠的亲水性下降,系统趋近亲水亲油平衡,因而,o/w 型和 w/o 型微乳液都可形成。有关电解质对离子型表面活性剂的亲水性,即表面活性的影响因素可参见第一篇。

三、微乳液在纺织中的应用

由于微乳液是一种热力学稳定的、宏观上均匀透明的液/液分散系统,具有特有的、区别于乳状液的新性能。其中,超低界面张力以及随之产生的强增溶和乳化能力以及优越的渗透性能是微乳液在食品、药品、化妆品以及涂料等工业领域广泛应用的重要基础。

近几年,Barni 等尝试和利用微乳液进行各种织物的染色,得到一些很好的结果。他们证明将酸性染料和分散染料配制成微乳液后对锦纶 66 织物染色时,匀染性有所提高;在助表面活性剂(调节 HLB 值)的参与下,醋酯纤维的染色效果也得到改善。超细纤维由于比表面积大,与染料相互作用的质点多,因而增加了匀染的难度。Barni 等用微乳体系作为介质,研究了超细纤维的染色问题，由于选用的染料是不溶于水的，所以，从吸附等温线研究表明它们很容易吸附到锦纶 6 或者锦纶 66 织物上去，并很快达到吸附平衡。当不加添加剂时，染色很不均匀。选用了染色添加剂十二烷基硫酸钠、辛醇以及助表面活性剂后取得了较佳的染色效果。

思考题

1. 乳液有几种类型？如何鉴别乳液的类型？

2. 以乳滴粒径分类，乳液可分为哪几类？它们各有什么特性？

3. 影响乳液稳定性的主要因素及其机理是什么？

4. 何谓 HLB 值？简述各种表面活性剂 HLB 值的估算以及最佳乳化剂的筛选方法。

5. 预制备 o/w 型石蜡乳液，乳化剂 $C_{12}H_{25}(OC_2H_4)_2OH$ 和 $C_{12}H_{25}(OC_2H_4)_8OH$ 的质量比为多少最佳？

6. PIT 的定义是什么？简述影响 PIT 的各种因素以及利用 PIT 配制乳液的方法。

7. 破乳剂的破乳机理是什么？

8. 微乳液的形成机理是什么？

第八章　表面活性剂的起泡和消泡作用

若用细管蘸上皂液可以吹出一个气泡，而将细管插入皂液吹气，由于气液两相的密度差，不断产生的气泡会迅速上升聚集到液面上形成泡沫。实际上除了鼓泡之外，只要环境对系统做表面功（例如搅拌、振荡等）或者加热沸腾，使得气液两相充分接触都可能形成泡沫。通常意义上的泡沫往往是由大量呈多面体状的气泡密集堆砌而成的集合体（图 8－1）。气泡之间所隔的液膜很薄，一般约为数百纳米左右，所以，泡沫可以看作相互交联的立体液膜网络，属于气体分散在液体介质中的多相粗分散系统，其中，气体为分散相（不连续相），液膜为分散介质（连续相）。由于随着泡沫的形成，系统的比表面积及其表面能大大增加。所以泡沫又是一个热力学不稳定的分散系统。

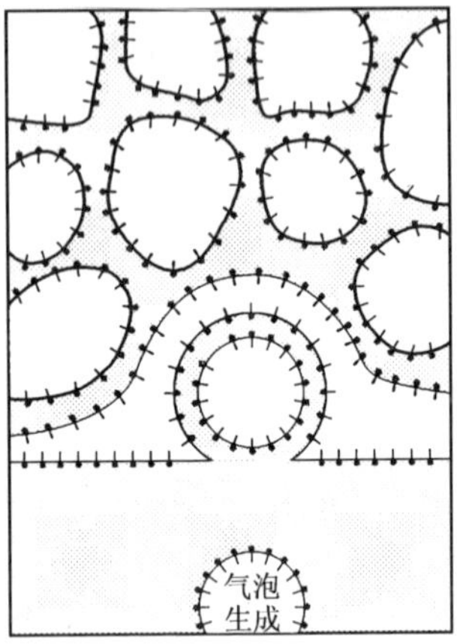

图 8－1　泡沫形成示意图

在生产、生活中泡沫的用途很广，例如消防用的泡沫灭火剂，染整工艺中的泡沫整理以及日常生活中的洗发香波、剃须膏等都需要产生大量稳定的泡沫，此外，泡沫在发泡塑料生产工艺中也起着重要作用。

经验表明：纯液体是不能形成泡沫的。例如我们无法通过鼓泡、搅拌等方式得到纯水的泡沫，因为纯水生成的气泡寿命还不到 0.5s，也就是说还没等到泡沫的形成，气泡已经破裂。所以泡沫的形成不仅要提高起泡速率，还要降低破泡速率，研究泡沫稳定性首先需要了解泡沫破裂的机理。

第一节　泡沫的破裂机理

泡沫破裂的机理主要有泡沫液膜的排液和泡沫中气体的扩散两种情况。

一、泡沫液膜的排液

泡沫中液膜强度直接与其膜的厚度有关，而液膜的排液是造成液膜变薄的主要原因。排液一般分为两类。

（1）重力排液：由于液体密度比气体大得多，在重力的作用下，液体沿液膜自上而下流动，造成上层液膜变薄而破裂。由于液膜的黏度，特别是吸附了表面活性剂的液膜黏度一般随膜厚变薄而增大，所以，重力排液一般在液膜较厚时比较明显。

(2)表面张力排液：如上所述，在密集的泡沫中气泡一般呈多面体状，所以，泡沫中多个气泡交汇处会形成 Plateau 交界(见图 8-2 中的 P 处)。若液膜的表面张力为 γ，P 处液膜表面的曲率半径为 R，而且忽略液膜内的静压力，根据 Laplace 公式，凹面液膜 P 处与泡内的压力差等于附加压力，即 $P_P - P_{泡内} = \Delta P_P = -\frac{2\gamma}{R}$ (ΔP_P方向由液膜指向泡内)。而平面液膜 A 处的曲率半径趋于无穷，$\Delta P_A = 0$，那么平衡时泡内压力 $P_{泡内} = P_A = P_P - \Delta P$，所以，液膜中 A、P 处的压差即 $P_A - P_P = -\Delta P = \frac{2\gamma}{R}$，即 P 处的压力小于 A 处，液体存在由 A 流向 P 的趋势，而且，这种趋势随 R 减小而加剧。如果液体不断由泡壁向 Plateau 边界流动，则会导致泡壁变薄而破裂。液膜的排液作用，特别是表面张力排液是泡沫破裂的重要因素。

二、泡沫中气体的扩散

泡沫中气泡的大小往往是不均匀的。根据 Laplace 公式，气泡内外的压力差等于液膜的附加压力，即 $P_{泡内} - P_{泡外} = \Delta P = \frac{4\gamma}{R}$，而且 R 越小，ΔP 越大。所以，小气泡内的压力则比大气泡大。气体存在由小气泡透过液膜向大气泡扩散的趋势(图 8-3)。一旦扩散发生，则小泡更小，大泡更大，最终导致气泡兼并，乃至泡沫破坏。而液膜的致密性是防止气泡间气体扩散、泡沫稳定的充分条件。

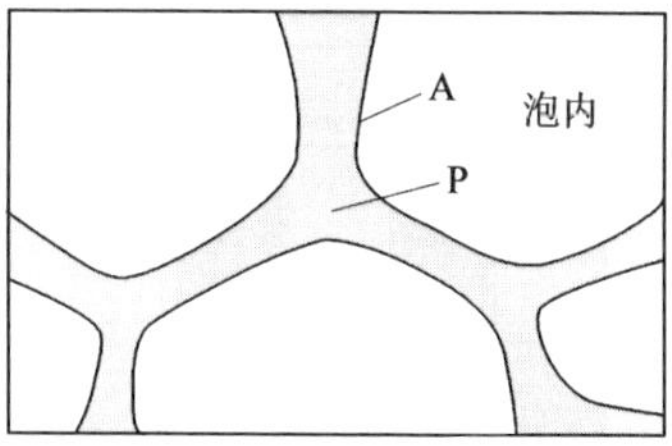

图 8-2　气泡交界处的 Plateau 边界

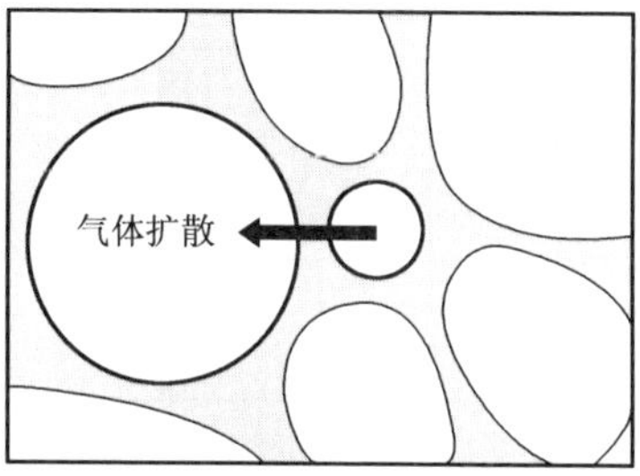

图 8-3　由于附加压力使得泡沫中的气体存在小气泡向大气泡扩散的趋势

第二节　表面活性剂的泡沫性能评价及其对泡沫稳定性的影响

一、表面活性剂的泡沫性能评价

如果在水中加一定量表面活性剂，表面活性分子会在泡沫液膜的两边定向吸附排列(图 8-1)，从而延缓膜自身的排液作用，以及降低膜两边气体的扩散、渗透作用，提高泡沫的寿命。评价泡沫性能有两个指标，即为起泡性和稳泡性。其实，起泡性好的表面活性剂，不一定能产生稳定的泡沫；反之能形成稳定泡沫的表面活性剂，也不一定容易起泡。例如，丁醇这样的低级醇极易起泡，也容易破泡；而明胶等水溶性高分子则往往难以起泡，但一旦形成泡沫其寿命也很长。表面活性剂的起泡性和稳泡性通常用 Ross-Miles 法测定的泡沫高度来表征。

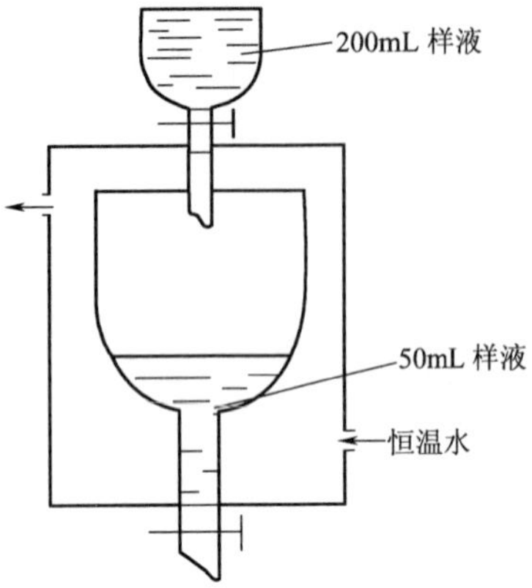

图 8－4　Ross-Miles 法测定表面活性剂的起泡性和稳泡性示意图

1. Ross-Miles 法

装置示意图见图 8－4。测定方法：将 200mL 试液从 90cm 高度通过直径为 2.9mm 的漏管按一定速率滴入加有 50mL 同浓度、同温度试液的刻度量筒中，测定滴完后泡沫的即时高度和静置 5min 后的剩余高度（表 8－1）。泡沫的即时高度越高，则试样中表面活性剂的起泡性越强；而静置 5min 后的泡沫的剩余高度较相应即时高度的降低幅度越小，则稳泡性越强（表 8－2）。

表 8－1　60℃表面活性剂水溶液泡沫的最高即时高度 H_{max} 及其浓度 C_{max}

表面活性剂	$C_{max}/(10^3 mol/L)$	CMC/(10^3mol/L)	H_{max}/mm
$p-C_8H_{17}C_6H_4SO_3^-Na^+$	13	16	165
$p-C_{10}H_{21}C_6H_4SO_3^-Na^+$	4.5	3	185
$p-C_{12}H_{25}C_6H_4SO_3^-Na^+$	4.0	1.2	200
$o-C_{12}H_{25}C_6H_4SO_3^-Na^+$	4.0	3	205
$p-C_7H_{15}CH(C_4H_9)C_6H_4SO_3^-Na^+$	7.0	4	230
$C_{12}H_{25}SO_3^-Na^+$	11	13	210
$C_{14}H_{25}SO_3^-K^+$	3	3	217
$C_{16}H_{33}SO_3^-K^+$	0.8	0.9	233
$C_{16}H_{33}SO_4^-Na^+$	0.8	0.7	220

表 8－2　60℃表面活性剂水溶液泡沫的即时高度 H 和静置 5min 后剩余高度 H_{5min}

表面活性剂	浓度/%	H/mm		H_{5min}/mm
		纯水	$CaCO_3$①	纯水
$C_{12}H_{25}SO_3^-Na^+$	0.32	190	—	125
$C_{12}H_{25}SO_4^-Na^+$	0.25	220	240	200
$C_{14}H_{25}SO_4^-Na^+$	0.25	231	246	184

续表

表面活性剂	浓度/%	H/mm		H_{5min}/mm
		纯水	$CaCO_3$①	纯水
$C_{16}H_{33}SO_4^-Na^+$	0.25	245	178	240
$C_{18}H_{37}SO_4^-Na^+$	0.25	227	151	227
$C_{15}H_{31}COO^-Na^+$	0.25 (pH=10.7)	236	—	232
$C_{12}H_{25}OC_2H_4SO_4^-Na^+$	0.14	246	—	241
$C_{12}H_{25}(OC_2H_4)_2SO_4^-Na^+$	0.11	180	—	131
$o-C_{12}H_{25}C_6H_4SO_3^-Na^+$	0.15	206	—	—
$o-C_{12}H_{25}C_6H_4SO_3^-Na^+$	0.25	208	—	—
$p-C_{12}H_{25}C_6H_4SO_3^-Na^+$	0.15	201	—	—
$p-C_7H_{15}CH(C_4H_9)C_6H_4SO_3^-Na^+$	0.15	219	—	—
$C_{14}H_{29}CH(SO_3Na)COOCH_3$	0.25	210	225	200
$C_{12}H_{25}N^+(CH_3)_2CH_2COO^-$	0.25 (pH=5.8)	199	—	29
$C_{12}H_{25}(OC_2H_4)_{10}OH$	0.25	168	—	26

①浓度为 300mg/kg 的碳酸钙水溶液，仅作为与纯水的一个比较。

2. 对表面活性剂起泡性的评价

从表 8－1 中泡沫的即时高度数据可知，在做相同表面功的前提下，表面活性剂同系物的起泡性随其疏水基增长而增大，而且，表面活性剂浓度越接近 CMC，起泡性越高。这可以解释为：当可逆表面功 W 恒定时，$W=\gamma\Delta A$，即表面活性剂降低溶液的表面张力效率越大，或者说 CMC 越小者，其起泡性则越大。

3. 对表面活性剂稳泡性的评价

能够起泡则不一定就能形成泡沫，得到较稳定泡沫的充分条件是起泡速率必须大于破泡速率。例如肥皂与烷基苯磺酸钠虽然都具有良好的起泡性，它们的泡沫的即时高度 H 都达 200mm 以上，但肥皂的 H_{5min} 较之更高，泡沫的耐久性更好。一般认为，表面活性剂的稳泡性除了与其降低表面张力效能有关外，主要的还与在液膜表面上的吸附分子间的内聚力及其膜黏度、膜弹性等因素有关。所以，表面活性剂对泡沫稳定性的影响比较复杂，下节作简要分析。

二、表面活性剂对泡沫稳定性的影响

1. 表面活性作用对泡沫稳定性的影响

(1)表面张力降低作用：泡沫是一种热力学不稳定性系统。泡沫生成时，伴随着液体表面积增加，系统的表面能也相应增加。加入表面活性剂后，溶液的表面张力大为降低，不仅容易起泡，而且，系统表面能的增幅大大降低，从而降低了泡沫的热力学不稳定性，有利于泡沫的稳定。

但是，单纯的表面张力降低，并不能充分保证泡沫的稳定性。例如，一些纯有机溶剂：乙醇、已烷等，它们的表面张力在 20mN/m 左右，比肥皂水溶液还低，但完全不能形成泡沫；丁醇等醇类水溶液的表面张力可达 25mN/m，其起泡、稳泡性都不如最小表面张力只能达 38mN/m 的十二烷基硫酸钠水溶液。而一些蛋白质水溶液的表面张力往往都比表面活性剂水溶液高，但却有较好的泡沫稳定性。所以，从能量现象分析，低表面张力对于泡沫的形成比较有利，但不能保证泡沫有较好的稳定性。只有当表面膜有一定的强度，能形成多面体的泡沫时，有效降低液膜的表面张力才能降低表面张力排液的压差，防止液膜变薄，有利泡沫稳定。

(2)提高液膜黏度作用：液膜黏度又分为本体黏度和表面黏度。液膜的本体层黏度大，则有助于膜的耐冲击和减缓排液作用，但是没有表面吸附层的形成，则本体黏度再大也不能形成稳定的泡沫。

所谓表面黏度是指气泡液膜的表面吸附层黏度，是表征泡沫液膜强度的一种度量。表8－3列出了几种表面活性剂水溶液的表面性质与泡沫寿命的关系。由表 8－3 可见，表面黏度越大，液膜强度越高，生成的泡沫寿命也越长。在十二烷基硫酸钠中加入少量十二醇，其水溶液具有较高的表面黏度和泡沫寿命。从表 8－3 中数据也说明溶液的表面张力与泡沫的稳定性并无确定关系。从表 8－4 可见，在十二烷基酸钠溶液中加入十二醇后，随着十二醇浓度增加，表面膜内的表面黏度增加，泡沫寿命显著延长。说明在十二烷基酸钠与十二醇的混合膜内吸附分子间的相互吸引力增强，吸附膜密度增大，从而增加液膜的表面黏度和强度，提高了泡沫的稳定性。

这种情况在正、负离子表面活性剂的混合膜中表现得更加突出。例如 0.0075mol/L 辛基硫酸钠和辛基三甲基溴化铵的单组分水溶液的泡沫寿命分别为 19s 和 18s，而相同浓度的两种表面活性剂(1：1)混合水溶液的泡沫寿命则长达 26100s 以上。由此可见，表面吸附分子之间强烈的相互吸引作用即高内聚力可以导致高泡沫寿命。

表 8－3　几种表面活性剂水溶液(0.1%)表面膜性质与泡沫寿命的关系

表面活性剂	表面张力/(mN/m)	表面黏度/(10^{-4}Pa・s)	相对透过性	泡沫寿命/s
十二烷基酸钾	35.0	39	0.15	2200
十二烷基苯磺酸钠	32.5	3	—	400
十二烷基硫酸钠	38.5	2	1	69
十二烷基硫酸钠 (加 80mg/L 十二醇)	22.0	32	0.38	1590

表 8－4　十二醇对十二烷基酸钠(0.1%)(pH=10)水溶液的表面黏度及泡沫寿命的影响

十二醇浓度/(mg/L)	表面黏度/(10^{-4}Pa・s)	泡沫寿命/s
0	2	69
10	2	825
30	31	1260
50	32	1380
80	32	1590

(3)吸附膜的气体密闭作用：根据 Laplace 关系，泡沫中的大小气泡之间以及气泡与环境之间存在压差，在此种压差的驱动下，气体会从小泡通过液膜向大泡扩散或者从外层气泡通过液膜向环境扩散的趋势，致使泡沫最终有消失的可能。一般表面吸附的表面活性剂疏水基链越长，亲水基相对分子质量越小，则其吸附膜越致密，气体分子越难扩散渗透。例如在十二烷基硫酸钠吸附膜中加入十二醇，则吸附膜的致密性增加，相对透过性明显减少，泡沫稳定性增大(表 8－3)。

(4)表面张力修复作用：泡沫的液膜具有自修复作用，又称为 Gibbs-Marangoni 效应。在生活和生产中常常可以发现一些稳定的泡沫很难使它破裂。液膜的这种能力来源于吸附的表面活性剂分子的自修复能力。Marangoni 认为当泡沫受到外界扰动(如振荡、蒸发、抽吸等)时局部液膜会变薄，如图8－5所示，B 处的液膜变薄，引起此处膜表面积增大，结果使吸附的表面活性剂分子密度减少，表面张力增大，$\gamma_B>\gamma_A$。所以 A 处表面吸附的表面活性剂分子就有自动向 B 处表面迁移的趋势，使 B 处表面的分子密度增大，表面张力又降至平衡值。同时，A 处表面分子的表面迁移会带动其原有的溶剂水一起移向 B 处，结果使变薄的液膜复原，从而液膜强度恢复，重新趋于稳定。泡沫的这种自修复能力表明，吸附了表面活性剂分子的液膜具有弹性，液膜的弹性越好，泡沫的稳定性越高。Gibbs 定义液膜的弹性系数为：

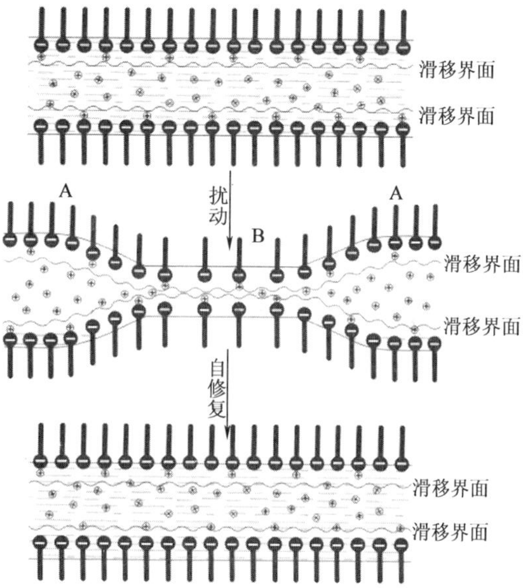

图 8－5 表面活性剂的液膜自修复作用

$$E=\frac{2\mathrm{d}\gamma}{\mathrm{dln}\,A}=2A\,\frac{\mathrm{d}\gamma}{\mathrm{d}A}$$

由上式可知，液膜的稳定性决定于表面张力随表面积 A 的变化率 $\frac{\mathrm{d}\gamma}{\mathrm{d}A}$。对纯溶剂来说，表面张力不随表面积变化而变化，即 $\frac{\mathrm{d}\gamma}{\mathrm{d}A}=0$，液膜没有弹性，不能形成稳定的泡沫。

此外，局部变薄的 B 处本体相中的表面活性剂分子(图 8－5)也会吸附到 B 处的表面上，使 B 处的表面张力和吸附表面活性剂分子的密度复原，但是，这种吸附过程不能使局部变薄的 B 处恢复液膜厚度而维持泡沫稳定。事实上溶液本体相中分子迁移到表面的吸附速率过快，则会影响泡沫稳定性。从这个观点分析，一些醇类水溶液的泡沫稳定性不佳应该与其表面吸附速率较快有一定的关系。而对于通常的表面活性剂来讲，当其在液膜中的浓度太低时，由于 $\frac{\mathrm{d}\gamma}{\mathrm{d}A}$ 太小，即 A、B 处表面吸附分子的差太小，$\gamma_B-\gamma_A$的值太小，表面迁移速率太小，泡沫稳定性差；随着膜内表面活性剂浓度增加，膜表面的吸附分子迁移速率加快，泡沫稳定性迅速提高；当表面活性剂的浓度超过 CMC 时，液膜本体相中开始产生胶束，表面活性剂在其中的活度也随之增加，从而使得来自本体相的表面吸附速率加快，泡沫稳定性反而下降，因此，液膜的自修复作用往往存在一最佳浓度。应该指出的是，提高液膜的表面黏度有利于泡沫的稳定性，但过高则有可能会影响吸附分子的表面迁移速率，削弱膜的自修复作用即膜的弹性，也会降低泡沫的稳定性。

(5)表面电荷作用：当使用离子型表面活性剂时，表面活性离子吸附于液膜的两边，其反离子则分布于液膜溶液中分别构成双电层(图 8-6)。当液膜较厚时，双电层的影响很小；而当液膜变薄至一定程度时，两双电层开始重叠而产生静电排斥作用，而且这种排斥作用随双电层的继续靠近而加剧，以阻止液膜的进一步变薄。这实际上也是膜的一种弹性作用，它往往在液膜很薄时才起作用。溶液中加入电解质会压缩双电层，所以，这种弹性作用也会随液膜离子强度的增加而削弱，泡沫稳定性下降。

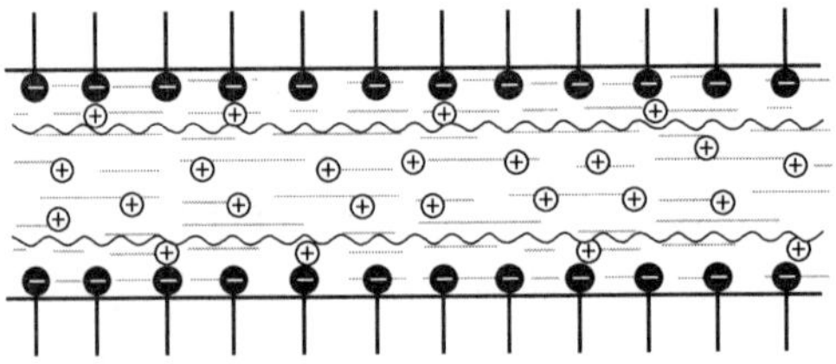

图 8-6　离子型表面活性剂在液膜溶液中形成的双电层

2. 表面活性剂的结构对泡沫稳定性的影响

表面活性剂的结构对泡沫稳定性的影响直接与其在液膜表面吸附层的性能密切相关。表面活性剂的表面活性越大，吸附层分子的内聚力越大，越致密，则液膜的表面黏性越高，弹性越好，自修复能力越强，泡沫越稳定。而内聚力太强则往往会形成固态膜，弹性降低，脆性增大，泡沫稳定性反而降低。因此，一般存在以下规律。

(1)疏水基：一般直链的表面活性剂的稳泡性优于支链同系物。虽然，支链表面活性剂往往是表面张力降低剂(见第三章)，在 CMC 附近具有较高的起泡效率，但由于支链分子不能形成致密的吸附层，所以，起泡效能即稳定性低于直链同系物。对于直链表面活性剂来讲，随着碳链的增长，链间的内聚力增大，稳泡性提高。但碳链过长，则表面活性剂的水溶性下降，趋向形成固态膜，从而造成膜弹性降低，反而易于破泡。所以，通常表面活性剂都存在一最佳稳泡链长，而且，温度升高，分子热运动加剧，最佳稳泡链长还会随之增长。例如，常温下脂肪酸盐的最佳稳泡链长为 C_{12}～C_{14}，而 60℃烷基硫酸盐的最佳稳泡链长为 C_{16}，100℃时则升至 C_{18}。

(2)亲水基：一般离子型表面活性剂的稳泡性优于非离子型。这主要是因为吸附于液膜表面的离子基不仅能产生表面电位，提高液膜的弹性，而且具有很强的水化能力，降低膜内溶剂水的流动性，提高液膜黏度，减少排液，从而增加了泡沫的稳定性。而非离子型表面活性剂不仅无表面电位，水化能力低，而且，聚氧乙烯醚非离子型表面活性剂由于其在水中的曲折型构象不能形成致密的吸附膜而很难形成稳定泡沫。另外，离子型表面活性剂的起泡效能还与反离子性质有关。反离子越小，泡沫稳定性越高。以十二烷基硫酸盐为例，其起泡效能随反离子尺寸增大而依次减小：

$$NH_4^+ > (CH_3)_4N^+ > (C_2H_5)_4N^+ > (C_4H_9)_4N^+$$

常用泡沫剂一般采用阴离子型表面活性剂，例如 $C_{12}\sim C_{14}$ 的脂肪酸盐、脂肪醇硫酸酯盐、烷基磺酸盐及其烷基苯磺酸盐都具有良好的起泡性，但生成泡沫的稳定性还受到电解质、温度、pH 值以及水的硬度的影响。与之相比，含乙氧基的阴离子表面活性剂的泡沫稳定性更好些，例如脂肪醇聚氧乙烯醚羧酸钠[AEC，$RO(CH_2CH_2O)_3CH_2COONa$]、烷基醇聚氧乙烯醚硫酸钠[AES，$RO(CH_2CH_2O)_{1\sim2}SO_3Na$]生成的泡沫丰富而稳定。此外，一些磺化琥珀酸盐也具有较强的泡沫稳定性，例如，脂肪酸单乙二醇酰胺磺化琥珀酸单酯二钠{$RCONH(CH_2CH_2O)CO[CH_2CH(SO_3Na)COONa]$}、脂肪酰胺磺化琥珀酸单酯二钠（$C_{12\sim14}H_{25\sim29}—\overset{\overset{\displaystyle COOR}{|}}{\underset{\underset{\displaystyle CH_2COONa}{|}}{C}}—SO_3Na$）以及脂肪醇聚氧乙烯醚磺化琥珀酸单酯铵钠[$C_{12}H_{25}(CH_2CH_2O)_{1\sim3}COCH_2CH(SO_3Na)CH_2COONH_4$]等。当然，使泡沫稳定的一个有效办法是加入泡沫稳定剂。

3. 添加剂对泡沫稳定性的影响

为了提高泡沫的稳定性，常在表面活性剂中加入一些添加剂。例如十二烷基苯磺酸钠或十二烷基硫酸钠中加入少量十二酰二乙醇胺或者十二烷基二甲基氧化胺等，则可得到稳定性更好的泡沫。有一个熟悉的实例是经精制提纯的十二烷基硫酸钠的起泡性和稳泡性都远比其粗制品要差，原因即在于粗制品中含有一定量的杂质十二醇。分析此类添加剂的共同特征不难发现，稳泡添加剂的加入对表面活性剂溶液泡沫稳定性的影响机理如下。

(1)可以降低混合表面活性剂溶液的 CMC，从而使液膜本体相中的表面活性剂的活度降低，有利于表面吸附分子的横向迁移、修复作用，提高液膜的弹性，参见表 8-5：

表 8-5 稳泡添加剂对十二烷基苯磺酸钠水溶液的 CMC 和泡沫稳定性的影响

稳泡添加剂	CMC/(g/L)	ΔCMC/(g/L)	20min 后的泡沫体积/mL
无	0.59	0	18
十四醇	0.60	+0.01	12
辛酰胺	0.50	-0.09	17
正癸醇	0.41	-0.18	26
正辛基甘油醚	0.36	-0.23	32
十二烷基甘油醚	0.29	-0.30	32
正癸基甘油醚	0.33	-0.26	34
十二烷基硫酰胺	0.35	-0.24	40
十二烷基乙醇胺	0.31	-0.28	50

(2)可以提高液膜表面混合吸附层的内聚力，提高液膜的表面黏度及机械强度，增加泡沫的稳定性。此类稳泡添加剂通常具有与表面活性剂相近碳数的直链烃基，水溶性差的极性有机物，例如一些 $C_{12} \sim C_{16}$ 醇、胺以及酰胺类。其稳泡作用可能是由于它们与表面活性剂会形成分子间氢键作用而增加内聚的缘故，一般按以下顺序减小：

N-极性基取代的烷基酰胺＞烷基酰胺＞烷基硫酰醚＞烷基甘油醚＞烷基伯醇

常用的有脂肪酰胺乙醇（$C_{11\sim17}H_{23\sim35}CONHCH_2CH_2OH$）、脂肪酰二乙醇胺[$C_{11\sim17}H_{23\sim35}CON(CH_2CH_2OH)_2$]、聚氧乙烯脂肪酰醇胺[$C_{11\sim17}H_{25\sim35}CONH(CH_2CH_2O)_{5\sim25}H$] 以及烷基二甲基氧化胺（$C_{12\sim18}H_{25\sim37}—N(CH_3)_2\rightarrow O$）等。

此外，高分子表面活性剂能提高泡沫液膜的黏度和弹性，也有很好的稳泡作用，例如天然高分子的明胶、多糖以及合成和半合成高分子的聚乙烯醇(PVA)、甲基纤维素及改性淀粉等。

顺便提一下的是，一些疏水性固体粉末，如石墨、煤粉等不易被水所润湿，在液膜表面形成固态膜，也能形成较稳定的泡沫。

三、泡沫在纺织中的应用

在纺织工业中，纤维、纱线以及织物一般都采用浸渍或浸轧方法进行加工处理，而许多水分散处理剂具有起泡性。近年来，人们越来越认为传统方法耗水量大，生产效率低，带液率高，能耗成本大，而且还会造成严重的环境污染，是制约生产发展的一个瓶颈问题，因此，各种节水方案应运而生。有人利用各种处理剂的起泡性，获得半稳定性泡沫，并将含有处理剂的泡沫均匀地在织物表面溃液，达到处理之目的。由于泡沫处理剂的带液率仅为浸轧工艺的 15%～30%，所以不仅节水减排，而且降能增速，是替代传统方法的一种有发展潜力的新工艺。除了发泡装置、施泡设备之外，起泡剂的选取是工艺设计的关键之一。

1. 纺织泡沫加工

(1)泡沫上浆：即以泡沫为介质对经纱进行上浆的新工艺。黏附于经纱的泡沫浆经过压浆辊使泡沫破裂，浆料均匀地分布在纱线上。泡沫上浆由于浆料更多地留在纱线表面，所以毛羽少，织造率更高，易退浆，有利于提高车速。而且大多数浆料都具有起泡作用，因此，可以降低泡沫剂用量，有些化学浆料，如部分酰化的 PVA 浆料本身就具有相当好的泡沫作用，无需加任何助剂即可。

(2)泡沫处理：包括丝光、增白等泡沫处理工艺，通过在处理液中加入泡沫剂和增稠剂以提高泡沫处理液的稳定性。通常棉或涤/棉处理液往往偏碱性，所以选择耐碱性泡沫剂和增稠剂是成功的关键。

(3)泡沫染色：与常规染色相比其最大特点是可以显著降低各种助剂(如盐、碱和染料)的用量，减少染料泳移。由于作为泡沫剂的表面活性剂同时具有分散作用，所以，利用泡沫染色法进行还原染料悬浮体染色，可使悬浮体均匀分布，提高悬浮体染色的匀染性，而且，对织物的染色摩擦牢度、汗渍牢度、水洗牢度以及日晒牢度基本没有影响。但是泡沫染色也存在匀染性问题，主要因素如下。

①与染料本身的特性有关，染料的直接性越高，匀染性越差；反之则越好。

②与泡沫施加的稳定性有关，这也是主要因素之一。

③与泡沫稳定性有关，泡沫稳定性太差，则泡沫会在通过轧辊前已经破裂，不仅会使带液量增加，而且也会引起带液不匀；反之，稳定性太好则经过轧辊仍有部分泡沫没有破裂，再经蒸箱后会产生泡沫圈。

(4)泡沫印花：泡沫印花是 20 世纪 80 年代发展起来的印染新技术，最早用于地毯印花。利用携载染料或涂料及各种助剂的泡沫均匀地覆盖于织物表面，可以以较低的给湿量完成印花过程，从而达到节省能源、染化料，甚至改善织物手感之目的。影响泡沫印花的因素除了要求泡沫的尺寸均匀，稳定性适中外，一般要求泡沫的直径在 $8\mu m$ 左右，泡沫的润湿性能好，溃液后能均匀地渗透到纤维内部。泡沫的润湿性主要与泡沫剂的性能及用量有关。

(5)泡沫整理：例如棉织物的抗皱整理、拒水拒油整理、抗菌整理、抗紫外线整理、抗静电整理等功能性整理都可利用其本身的起泡性，添加少量表面活性剂以提高其泡沫稳定性，从而达到泡沫整理的目的。使用泡沫整理方法比常规浸轧法节省树脂及助剂用量为 10%～30%，而且，也可以改善织物手感。由于泡沫在织物表面可以单面施加，所以，泡沫整理，也包括织物的泡沫处理都可以单独单面进行，从而避免整理剂之间的相互干扰、影响，得到正反面不同功能，甚至多功能的织物。

2. 常用泡沫剂和泡沫稳定剂

(1)泡沫剂：用于纺织泡沫加工的泡沫剂的种类很多，主要有阴离子型和非离子型两类。阴离子型包括十二烷基硫酸钠和十六烷基磺酸钠等，非离子型包括 C_{11}～C_{15} 的直链仲醇、C_{11}～C_{16} 的直链伯醇和 C_8～C_{12} 的烷基酚等的聚氧乙烯醚。一般非离子型与阴离子型相比，其起泡性好，润湿性也好，泡沫稳定性则差。但考虑到非离子型与各种助剂的配伍性及其对金属盐的稳定性，有些场合可以选用非离子型泡沫剂。特别是含阳离子型的整理剂时，阴离子型泡沫剂有可能失效，此时，只能采用非离子型，甚至阳离子型表面活性剂，例如烷基叔胺、季铵盐及其衍生物。

(2)泡沫稳定剂：比较常用的是羟乙基纤维素、甲基纤维素和多糖酸。特别是羟乙基纤维素，由于是非离子型的，故能与大多数阴、阳离子整理剂配伍，金属盐催化剂也不会干扰它的作用。实际应用时，将羟乙基纤维素与十二醇复配，可大大提高泡沫的稳定性。

第三节　消泡作用

在许多生产过程中需要形成稳定的泡沫，但是泡沫存在也会造成极大的困难甚至危害。例如染整、发酵、蒸馏、污水处理、造纸以及其他一些有泡沫产生的生产过程中，若不及时消泡，有时会使生产无法进行。如许多印染整理液在高速搅拌时都极易产生大量泡沫，妨碍过程的进行，而且形成泡沫给操作带来许多麻烦使产品质量降低。

消泡方法一般除了可采用机械搅拌，高速离心及超声波等方法击碎泡沫，也可利用温度或压力的变化来破坏泡沫，例如提高温度使液体黏度降低，表面弹性减小，同时使液体蒸发加快，导致泡沫破裂，或者反复加压—减压或减压—常压操作使液膜破裂，泡沫消失。但是，最常用的消泡方法是采用消泡剂。

一、消泡剂

1. 消泡剂的作用

(1)与泡沫剂发生化学反应或使之溶解，例如用脂肪酸皂类为泡沫剂的泡沫，加入无机酸或钙、镁盐可因产生不溶于水的脂肪酸或难溶盐而使泡沫破裂。

(2)在泡沫中加，表面活性大、更易被吸附，但其本身不能形成坚固吸附膜的消泡剂，消泡剂会顶替液膜内原有的泡沫剂分子，造成泡沫破坏。或者会在液面上迅速铺展，带走表面下的薄层液体，使液膜减薄至破裂。例如一些短碳链的醇或醚，表面活性高，能起顶替作用，但不能形成坚固的膜。$n-C_3F_7CH_2OH$ 则能在十二烷基硫酸钠溶液膜表面迅速铺展，带走次表面层液体使液膜变薄，直至破裂。

(3)降低液膜表面黏度，使排液加快，导致泡沫破裂。例如磷酸三丁酯分子截面积大，渗入液膜后介入原有的泡沫剂分子之间，使其相互作用力减弱，可使液膜表面黏度大幅度下降，泡沫变得不稳定而易破坏。

(4)使液膜失去表面弹性或表面自修复能力。例如聚醚非离子型表面活性剂本身不能形成坚固的吸附膜，其扩散及吸附到界面的速度则很快，使液膜变薄处难以实现表面张力修复，泡沫稳定性降低。又如长链脂肪酸的钙盐往往形成脆性的故态膜，当它们部分或全部取代液膜内的泡沫剂分子时，使膜失去弹性。当然，如果少量钙皂可与泡沫剂形成紧密混合膜则没有消泡作用。

(5)降低液膜表面双电层的斥力。对于离子型表面活性剂为泡沫剂的泡沫，增加电解质浓度以压缩双电层有利于消泡。

2. 消泡剂的类型

根据经验，消泡剂往往是一些在溶液中不溶解或微溶的物质，常见水溶液的消泡剂为 $HLB<3$的油溶性表面活性剂。

(1)按结构分：

①油脂类：即高级脂肪酸及其甘油酯和高级脂肪醇酯。主要包括天然的动植物油脂，例如玉米油、豆油、棉籽油、蓖麻油、猪油、牛羊油等；各种天然动植物蜡，例如棕榈蜡、蜂蜡和鲸蜡等；以及改性的天然油脂，例如油酸、硬脂酸、改性羊毛脂等。

②低级醇类：即低级或中级的醇，特别是有支链的醇，例如乙醇、α-乙基乙醇、异辛醇、二异丁基甲醇等。

③非离子型表面活性剂类：即多元醇的脂肪酸酯，例如硬脂酸乙二醇酯、硬脂酸丙三醇酯等；聚醚，例如，聚氧乙烯醚、聚氧丙基甘油醚、聚氧丙烯聚氧乙烯嵌段共聚物等。

④酰胺类：即聚酰胺、二硬脂酸乙二胺等。

⑤有机硅化合物类：即聚硅氧烷，其结构如下：

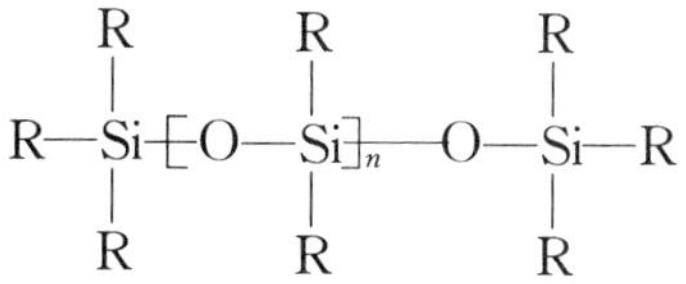

其中 n 值为数十至数百，R 多为甲基，即聚二甲基硅氧烷为最常用的消泡剂，有时 R 也可以部分为乙基、羟基、氰基或三氟丙基等的聚硅氧烷。聚硅氧烷的作用是在液面上铺展而不形成坚固表面膜。它既可用于水溶液，也可以用于非水系统，如油剂的消泡作用。

⑥其他：例如全氟化合物常用于油剂等非水系统的消泡；长链脂肪钙(或镁、铝)皂也是有效的消泡剂；以及表面疏水性的微粒，例如表面疏水性处理的 SiO_2、TiO_2、膨润土、硅藻土、滑石粉、活性白土、脂肪酰胺及重金属皂等的微粒，其作用是吸附泡沫剂脱离液膜而破泡。

(2)按消泡作用分：可分为破泡剂和抑泡剂两类。

①破泡剂：是加到已形成的泡沫中使泡沫破裂的添加剂，如天然油类、低级醇类、非离子表面活性剂中的脂肪酸多元醇酯和聚氧乙烯醚酯等。

②抑泡剂：是起泡前预先加入而阻止起泡的添加剂，如聚醚及有机硅类。在有些场合，这两种类型消泡剂有叠加作用，其混合物会显示很好的消泡性能。

使用几种消泡剂混合物也常会产生协同效应，往往可以使消泡效率大增，有些不溶于水或亲水性差的消泡剂可加润湿剂或乳化剂，或先溶于有机溶剂再加入水中，使其很好地在水中分散，以提高其消泡效率。

二、影响消泡剂效果的因素

1. 消泡剂性质的影响

根据 Ross 假设，在溶液中溶解状态的溶质往往是稳泡剂，而不溶解状态的溶质，且当其铺展系数 S 和浸入系数 E 都为正值时，则为消泡剂。铺展系数和浸入系数的计算式分别如下：

$$S=\gamma_{LG}-\gamma_{AL}-\gamma_{AG}$$
$$E=\gamma_{LG}+\gamma_{AL}-\gamma_{AG}$$

式中：γ_{LG}、γ_{AL} 和 γ_{AG} 分别为液膜溶液的表面张力、消泡剂与液膜溶液的界面张力以及消泡剂的表面张力。他认为不溶性消泡剂才能形成分子团以小滴的形式浸入液膜中，然后在泡沫液膜上铺展，使液膜局部变薄而断裂，导致气泡合并或破灭。虽然现在发现消泡剂也并非绝对不溶性物质，但该理论仍不失其重要性。

2. 泡沫剂性质的影响

在不同泡沫液中，同一种消泡剂的消泡效果有时会差异很大。例如聚二甲基硅氧烷是一种高效消泡剂，但在烷基苯磺酸盐的水溶液中无消泡作用。这除了与泡沫溶液的组成、黏度、湿度以及 pH 值有关外，一般还与以下因素有关。

(1)泡沫剂 CMC 的影响:当泡沫剂浓度超过 CMC 时溶液中会产生胶束,亲油性的消泡剂就可能被增溶到胶束中,而且其增溶容量随泡沫剂浓度增加而增加,削弱消泡作用。泡沫剂的增溶作用与消泡剂本身的分子结构有关,通常它们疏水基的化学结构越相似,增溶容量越大,消泡效果则越差。反之则对消泡作用影响较小,实验也发现:增溶了消泡剂的泡沫溶液,其动态表面张力随时间的变化很快,所以一旦液膜受环境扰动而表面张力变大时,会迅速恢复至平衡值,从而,不利于表面张力修复作用,泡沫稳定性还会降低。

(2)表面电荷的影响:若泡沫剂为离子型表面活性剂,则它不仅会吸附于液膜表面,也能吸附于消泡剂微滴的表面,使消泡剂微滴与气泡液膜带有同种电荷,从而在相互靠近时产生电斥力阻止微滴与气泡接触,降低消泡剂的消泡效果。实验结果表明:在十二烷基硫酸钠(AS)水溶液中加入 160mg/kg 有机硅消泡剂,则消泡剂微滴的 ζ 电位绝对值随 AS 浓度增加而增加,当 $|\zeta|<50$mV 时,消泡效果明显较好。浓度继续增加时,消泡剂微滴的 $|\zeta|$ 剧增,消泡效果则剧减。这主要是表面电荷阻止消泡剂微滴与泡沫液膜接触致使效果降低。

三、消泡剂在纺织中的应用

消泡往往是传统纺织工艺的一个重要工艺手段,例如合成纤维上油工艺、经纱上浆工艺以及许多印染整理工艺都需要消泡。纺织工业中常用的消泡剂,有聚硅氧烷和有机类及其复配物。

1. 聚硅氧烷消泡剂

聚硅氧烷消泡剂为高效消泡剂,在纺织加工中主要有硅油、改性硅油、相对分子质量不同的混合硅油的 o/w 型乳状液。通常在合成纤维油剂中添加 0.02%~0.04%的二甲基硅油消泡乳液即可。为了提高硅油的消泡效果,常常采用硅油和无机填料(如 SiO_2、Al_2O_3 等)的复配物。最近,一些二甲基硅氧烷与烯烃环氧化合物的共聚物、聚氧乙烯醚聚硅氧烷共聚物以及聚硅氧烷聚醚嵌段共聚物等新型聚硅氧烷消泡剂被开发,这类产品在 pH=2~14 范围内以及高温、高电解质浓度下都能稳定有效,拓宽了聚硅氧烷消泡剂的适用范围。

2. 有机消泡剂

有机消泡剂即不含硅的有机醇、醚、酸及其酯、油脂、磷酸酯以及聚醚类消泡剂(参见前面)及其复配的混合消泡剂。这类消泡剂的最大特点是不会像常规硅氧烷那样,使用后易造成织物表面形成硅斑,而且对织物还具有渗透、缓染、匀染和洗涤等多种作用,可作为多功能助剂使用。

思考题

1. 简述泡沫破坏的机理。
2. 何谓表面活性剂的起泡性和稳泡性?用什么方法表征?
3. 表面活性剂的稳泡作用主要表现在什么地方?
4. 试解释当浓度接近 CMC 时,液膜的弹性最大的原因。
5. 简述泡沫在纺织工业中的应用。
6. 试介绍两种消泡剂的消泡机理。

第九章　表面活性剂的分散与絮凝作用

表面活性剂分散与絮凝的对象是固体微粒。固体微粒在液体中的分散，即固体为分散相，液体为分散介质胶体的分散系统，也是一种多相分散的热力学不稳定系统，因此，不可避免地涉及分散与絮凝问题。在生产、生活中，有时需要固体微粒均匀、稳定地分散在液体介质之中，例如含钛白粉的纺丝液，含炭黑的墨水，含颜料的涂料等。有时则需要分散的固体微粒失稳，尽快聚集沉降，例如河水澄清、污水治理等。分散与絮凝是现代工业的重要过程，纳米材料的研究就是该领域面临的新课题。由于表面活性剂能在固/液界面上定向吸附，使之在固体微粒的分散与絮凝过程中扮演了极其重要的角色。分散与絮凝是一个复杂的过程，研究表面活性剂在分散与絮凝过程中的作用及其机理，为分散与絮凝过程中表面活性剂的筛选与工艺条件的设计提供参考。而 DLVO 理论是关于分散与絮凝最早的、比较完善的理论。

第一节　DLVO 理论

DLVO 理论是 20 世纪 40 年代由当时苏联学者 Derjaguim 和 Landan 以及荷兰学者 Verwey和 Overbeek 分别独立提出的。这个理论的基本观点是微粒在介质中的分散稳定性取决于两种相反的作用，即当微粒相距较远时，主要受到由 Van Der Waals 长程力引起的相互吸引作用以及微粒相互趋近至一定间距时，由双电层发生重叠产生的排斥作用。胶体分散系统的分散稳定性及其絮凝和聚沉则完全取决于这两个因素。

一、微粒间的位能曲线

1. 微粒间的吸引位能

微粒间相互吸引的 Van Der Waals 力，本质上是构成不同微粒间大量的分子间 Van Der Waals 力的总和。所以只要微粒的形态确定，微粒间的吸引作用即可通过所有分子间的吸引作用求和得到。通常可以将两个趋近的微球表面近似当作平面块体，则粒间的吸引位能 E_A 可用下式表示：

$$E=-\frac{A}{12\pi}h^{-2} \tag{9-1}$$

式中：h 为粒间距；A 为表观 Hamaker 常数，$A=(\sqrt{A_1}-\sqrt{A_2})^2$，而 A_1 和 A_2 为粒子和分散介质的 Hamaker 常数，而负号表示吸引作用。

如式(9－1)所示,吸引位能与粒间距 h 的平方成反比。而且,从表观 Hamaker 常数 A 的表达式可知,微粒与分散介质的性质越接近,则 A 越小,结果微粒间的吸引位能也越小,粒子在介质中分散则越稳定。

2. 微粒间排斥位能

微粒间的排斥位能来自其表面电荷,两微粒远离时,由于粒子周围反离子的屏蔽作用,使其呈电中性,粒间不会产生静电排斥作用。但当相互趋近时,双电层会发生重叠。在重叠区,反离子因局部浓度增加而向未重叠区扩散,造成粒子间脱反离子屏蔽作用,使得带相同电荷的微粒因相互排斥而分离。两微粒间的排斥位能 E_R 为:

$$E_R=\frac{\varepsilon a^2\psi_0^2}{d}\exp(-\frac{h}{\kappa^{-1}}) \qquad (9-2)$$

式中:ε 为介质的介电常数;a 为微粒的半径;d 为两微粒的距离,$d=2a+h$;ψ_0 为粒子的表面热力学电位;κ^{-1} 即为双电层厚度。

3. 微粒间的总位能曲线

微粒间的总位能 E_T 应等于 E_A 和 E_R 的总和,即:

$$E_T=E_A+E_R=-\frac{A}{12\pi}h^{-2}+\frac{\varepsilon a^2\psi_0^2}{d}\exp\frac{-h}{\kappa^{-1}} \qquad (9-3)$$

从式(9－3)可知,当两微粒相距足够远时,系统的总位能 E_T 趋于零。随着粒间距 h 的减小,Van Der Waals 力首先起作用,E_T 因吸引能增大而偏负值,当粒间距 $h<\kappa^{-1}$ 时,两微粒的双电层开始叠交,静电排斥力逐渐起作用,而且与吸引能相比,排斥能迅速随 h 减小而指数增大,E_T 回升,并出现第二极小值 E_{min2},此时,分散系统处于一种松散的、相对稳定的聚集态,即絮凝态。一般絮凝态可以通过做功再分散,是可逆的。随着 h 减小,E_T 进一步增大,当 $h\ll\kappa^{-1}$,排斥能逐渐趋于 $E_{R0}=\varepsilon a\psi_0^2/2$,吸引能重新开始起主要作用,$E_T$ 开始以负二次回落出现极大值,即位能垒 E_{max}。由于仅考虑静电排斥能,所以,E_{max} 又称为电能垒 $E_电$。一旦微粒的动能不足以越过此能垒,则系统处于相对分散稳定状态,如果微粒动能越过能垒,就会在吸引位能的作用下自动聚集,即发生聚沉,E_T 达到第一极小值 E_{min1},聚沉过程是不可逆转的。

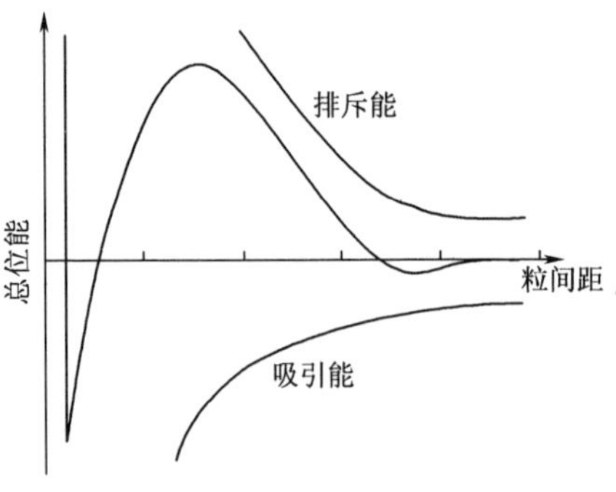

图 9－1　粒子间的总位能曲线

将总位能 E_T 对粒间距 h 作图,其总位能曲线的一般形状见图 9－1。图中 $h\to0$ 时,排斥位能又会急剧上升,超过吸引位能,这是因为电子云排斥而产生的 Born 排斥位能增大的缘故。

二、DLVO 理论的成功与不足

根据式(9－3)表现的总位能曲线,DLVO 理论的成功与不足分析如下。

1. 表观 Hamaker 常数的引入

DLVO 理论在吸引位能中成功引入了表观 Hamaker 常数 A，解释了随着分散系统的 A 增大，微粒间的吸引能增加，位能垒减小，分散稳定性降低。但是，A 是由分散相与分散介质总体的性质所决定的，所以无法解释少量加入的表面活性剂对分散稳定性的影响。

2. 电能垒概念的引入

DLVO 理论成功引入了电能垒的概念，解释了表面热力学电位 ψ_0 越大，排斥位能越大，电能垒则越高，分散稳定性越好，见式(9－3)。实际上，ψ_0 在温度、压力一定下是个常数。微粒在分散介质中对外显示电性的是滑移界面上的 ζ 电位，该动电位除了与电解质浓度有关外，还与 Stern 电位 ψ_s 有关。尽管 ψ_s 不能实测，但是，离子型表面活性剂在固/液界面的特性吸附直接会影响 ψ_s，乃至 ζ 电位。例如，在一表面带负电荷的微粒分散系统中，加入同电荷的阴离子型表面活性剂，$|\psi_s|$ 和 $|\zeta|$ 升高，电能垒增大，分散稳定性提高；反之加入阳离子型表面活性剂，则会使 $|\psi_s|$ 和 $|\zeta|$ 趋于零，稳定性达最低点。当然，继续加入阳离子型表面活性剂，微粒表面开始带正电荷，$|\psi_s|$ 和 $|\zeta|$ 回升，分散又趋于稳定。但是，当阳离子型表面活性剂浓度更高时，分散系统的稳定性再度降低，这是因为多余的阳离子型表面活性剂，增加了本体相的离子强度，压缩了双电层厚度，从而分散稳定性降低。所以，DLVO 理论仍然不能解释影响电能垒的各种因素。

3. 电解质对分散稳定性的影响

DLVO 理论成功解释了电解质对分散稳定性的影响。如上所述，在本体相中加入电解质，双电层厚度 κ^{-1} 被压缩，结果排斥位能减小，总位能曲线上的位能垒 E_{max} 以及分散稳定性降低。但是，该理论无法解释表面活性离子的作用，如前所述，它不仅会压缩双电层，而且通过特性吸附还会显著影响表面电位。

4. 总位能曲线对分散、絮凝以及聚结机理的解释

DLVO 理论的总位能曲线成功地描述了位能垒 E_{max} 及其共聚结(E_{min1})和絮凝(E_{min2})态，解释了微粒稳定分散和絮凝、聚结的机理。但是，由于排斥位能仅考虑了静电斥力，所以无法解释聚氧乙烯醚非离子型以及高分子型表面活性剂在微粒表面形成的单分子吸附层对分散稳定性的作用。实验表明：此类表面活性剂也可使微粒分散稳定性大大提高，甚至当大量电解质存在时也是如此。当然，不能完全排除由于吸附层的化学性质比微粒本身更接近溶剂而降低了有效 Hamaker 常数 A 的因素，但是很明显，微粒表面排列紧密和强烈水化的聚氧乙烯链以及高分子链亲水层是阻止微粒间聚集的一种非电能垒——立体能垒。实际上在介电常数低的非水介质中，防止聚结作用的位能垒就是立体能垒。

第二节　表面活性剂的分散稳定作用及分散剂

一、表面活性剂的分散作用

固体微粒在介质中的分散过程中，表面活性剂存在三种作用，即固体表面的润湿作用、微粒团的劈裂解聚结作用以及阻止被分散的微粒再聚集作用。

1. 固体表面的润湿作用

若要使固体微粒在介质中均匀分散，其先决条件是所有固体表面能被介质充分润湿，即实现介质在固体表面的铺展。此过程的推动力是铺展系数(第六章中已介绍)。

当 $S>0$ 时，接触角 $\theta=0°$，固体表面的空气可以完全被介质所取代。如前所述，介质在高能表面的铺展润湿一般都能进行，而对于低能表面，特别是当分散介质是表面张力较大的水时，固体微粒的分散则必须要借助表面活性剂。在此过程中，表面活性剂至少具有两方面作用，以水介质为例，作用一是表面活性剂在介质表面发生疏水基定向吸附，降低介质表面张力 γ_{LG}，并使得 $\gamma_{LG}<\gamma_C$(固体的临界表面张力)；作用二是表面活性剂在固/液界面也发生疏水基定向吸附(即亲水基朝向水相，疏水基朝向固体表面)，使 γ_{SL}降低，S 增大，θ 变小，最终自发铺展，而实现固体表面的完全润湿。

2. 微粒团的劈裂解聚结作用

在固体微粒团中往往存在"微隙"，这些微隙是晶体在应力作用下产生的，但当应力去除时它们会自愈并消失。表面活性剂在微粒团的解聚结过程中具有两种作用：一是通过扩散渗透进入微隙；二是通过"劈裂"微粒完成解聚结。如果将微隙看作毛细管，则介质能够通过微隙渗入微粒团，而渗透过程的驱动力为毛细管内弯曲液面上的附加压力 ΔP，根据 Laplace 公式：

$$\Delta P=\frac{2\gamma_{LG}\cos\theta}{r} \tag{9-4}$$

式中：r 为微隙的有效半径。

若固体微粒表面是润湿的，则介质在毛细管壁的接触角 $\theta<90°$，$\Delta P>0$，则介质受到一个指向微隙内部的附加压力，渗入微粒团。加入表面活性剂会使接触角 θ 进一步减小，有利于渗透过程的进行。

若固体表面是不润湿的，则 $\theta>90°$，$\Delta P<0$，那么介质会受到一个反向的附加压力而被阻止渗入微粒团。根据杨氏方程 $\cos\theta=\frac{\gamma_{SG}-\gamma_{SL}}{\gamma_{LG}}$，要使接触角 θ 降低，加入表面活性剂的主要目标应是降低固/液界面张力 γ_{SL}，使接触角由 $\theta>90°$变为 $\theta<90°$，结果附加压力由 $\Delta P<0$ 变为 $\Delta P>0$，从而使介质渗入微隙。表面活性剂一旦被吸附于这些微隙表面上，会使微隙两边产生静电排斥、立体排斥等劈裂作用，借助机械功(例如砂磨、球磨等)，达到降低微隙的自愈能力，加深微隙的裂度，最终相互解聚结而分散于介质之中。

3. 阻止固体微粒再聚集作用

固体微粒在介质中解聚结分散后，系统的界面能增量($\gamma_{LS}\times\Delta A$，其中 ΔA 为因分散而引起的表面积增量)会随微粒分散而增加，系统会处于热力学不稳定状态而易于再聚集。表面活性剂则可以在分散微粒固/液界面发生疏水基定向吸附，不仅能减小固/液界面张力 γ_{SL}，降低分散系统的热力学不稳定性，还能在分散微粒表面产生电能垒和立体能垒，防止再聚集，而且，朝向水相的亲水基的溶剂化层也能起重要的分散稳定作用。

二、各种表面活性剂的分散性能

表面活性剂的分散性能是指其吸附于固体微粒表面，使之润湿和解聚集，并能产生足够的能垒，保证微粒在介质中能分散稳定的性能。虽然，固体微粒在分散过程中润湿是必要条件，但还不是充分条件，如果表面活性剂仅仅使微粒表面润湿，而不能将能垒升至足够的高度以使其稳定分散，则不能认为它对于该系统具有分散性能，只能作为润湿剂。反之，若表面活性剂并不能使微粒表面润湿，但能够产生足够高的能垒使其分散，则还是认为具有分散性能。

通常在水相中，固体表面往往带负电荷，所以不同类型的表面活性剂，其分散性能也不同。

1. 阴离子型表面活性剂的分散性能

由于其亲水基也带负电荷，使之在微隙的固/液界面上发生疏水基定向吸附，而这种带同种负电荷的亲水基朝着水相定向排列产生的隙壁间静电排斥力，加上附加压力产生的介质的渗透力都会对微隙产生劈裂作用，而且微隙的间隙越小，这种劈裂作用则越大，可以减少固体微粒因解聚结所需的机械功。但是，一旦微粒团被解聚结分散，特别是一些带强表面电荷的固体微粒，由于具有相同电荷而存在静电排斥力，不利于阴离子表面活性剂的进一步吸附，因此，一般需要表面活性相对较强的阴离子型表面活性剂，能克服静电排斥力而吸附于微粒表面，不仅降低 γ_{SL}，而且增加表面电位的绝对值，使微粒在水中分散更稳定。

2. 聚氧乙烯醚型非离子表面活性剂的分散性能

尽管其亲水基不带电荷，但它同样会在微隙的固/液界面上发生疏水基定向吸附，而朝着水相的聚氧乙烯醚链发生的立体排斥作用以及介质的渗透力，不仅有利于固体微粒团的劈裂解聚结，而且也有利于防止微粒的再聚集。

3. 阳离子型表面活性剂的分散性能

由于亲水基带正电荷，其在微隙固/液界面上的吸附状态与前两种相反，为亲水基定向吸附，即阳离子基与固体表面的负电荷中心发生静电吸引作用，使表面电荷被中和，不仅大大减少隙壁间静电排斥力，而且，朝向水相定向排列的疏水基又降低了隙壁的亲水性，接触角 θ 增大，甚至 $\theta>90°$，阻止介质渗入微粒团，一般不宜作分散剂。但是，对于一些用阴离子表面活性剂不易被吸附的带强表面负电荷的固体微粒来讲，也可以通过适当提高阳离子表面活性剂的用量，来改善其对微粒在水介质中的分散性能。其机理如下：在具有负表面电位的微粒分散系统中，少量加入阳离子表面活性剂时，会因亲水基定向吸附而使得表面电位降低趋零，表面疏水性提高，发生微粒间疏水链疏水作用吸附、架桥絮凝，分散稳定性降低。但更多地加入阳离子型表面活性剂，则后续吸附于微粒固/液界面的活性阳离子会发生疏水相互作用吸附（见第三章固液吸附机理），不仅固体微粒重新带电（正电荷），而且亲水性也提高，微粒分散稳定性提高（图 9－2）。

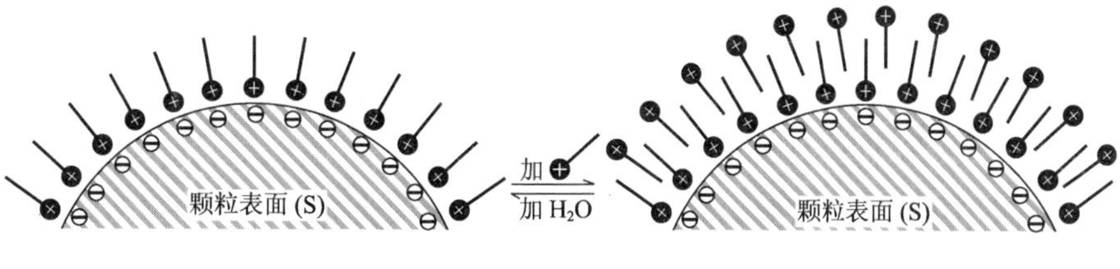

图 9－2　阳离子型表面活性剂分散表面带负电荷微粒的示意图

当然，这种分散方式中阴离子及非离子表面活性剂仍可以是分散剂的首选。以 AgI 溶胶为例，可以通过同离子效应使溶胶表面带正电荷，然后加入一定量阴离子表面活性剂或少量阴离子表面活性剂加一定量非离子表面活性剂，使其进一步分散稳定(图 9 - 3)。

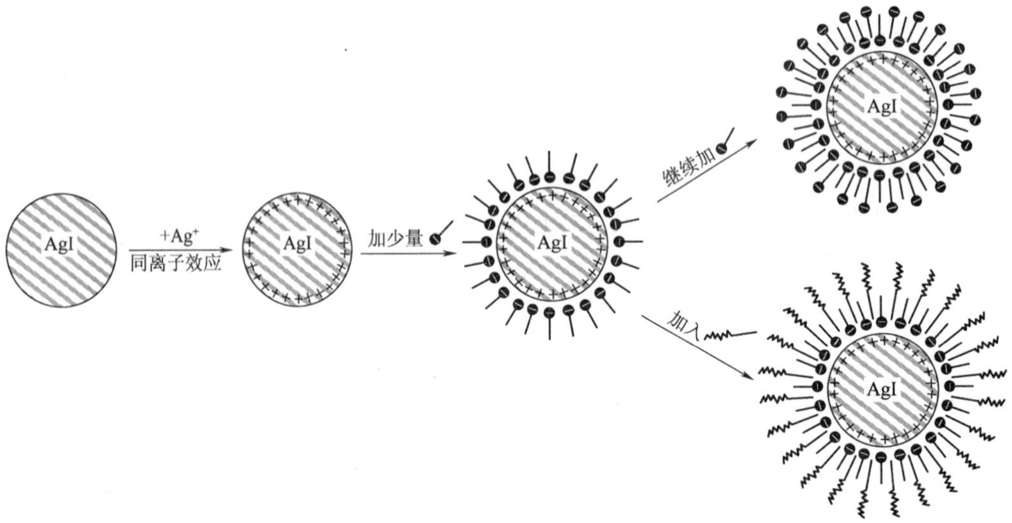

图 9 - 3　阴离子与非离子型表面活性剂分散表面带正电荷的 AgI 溶胶示意图

4. 高分子表面活性剂的分散性能

虽然高分子表面活性剂的渗透润湿作用不如小分子表面活性剂，高分子表面活性剂一旦吸附于固/液界面，则分子链中的一部分亲固体的基团或链节会在固/液界面平铺(Trains)吸附，使大分子链锚固在固体表面；而另一部分亲液链则指向液相形成环状(Loops)和尾状(Tails)亲液层(图 9 - 4)，使固液之间的滞留层变厚，滑移界面外移，从而产生比小分子表面活性剂更高的立体能垒和电能垒，更有效的分散作用。图 9 - 4 列出了各种高分子表面活性剂在颗粒的固/液界面上主要的吸附形态。

常见的高分子分散剂都是均聚物，由亲水性单体聚合而成，其中，与亲水基相对应的疏水基则是聚合而成的整个碳链。为了改善高分子分散剂的界面活性，一些高性能高分子分散剂则一般采用亲水性和疏水性单体共聚的方法，其中主要分为随机共聚、嵌段共聚和接枝共聚三种方式。高分子分散剂可以是阴离子型、阳离子型、两性离子型和非离子型，其最适宜相对分子质量一般与其在分散介质的溶解性有关，溶解性大者，可以选择相对分子质量相对较小的，反之则选大一点的，通常为 1000～10000。

三、常用分散剂

1. 水介质使用的分散剂

这类分散剂一般都是亲水性较强的表面活性剂。而且，其疏水性基多为较长的碳链或带有苯或萘环等的平面结构。这种平面结构易作为吸附基，吸附于低能表面的有机固体颗粒表面，

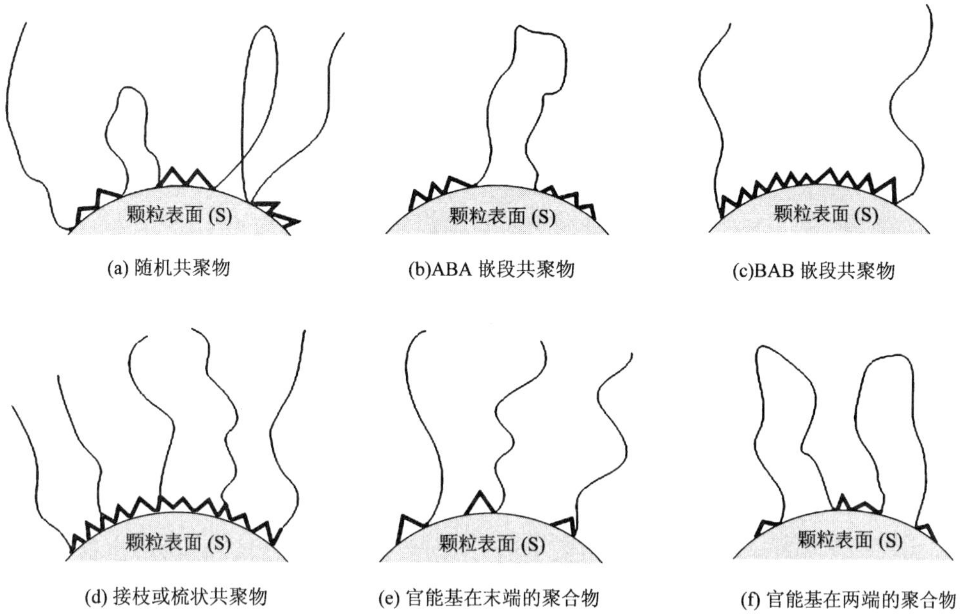

图 9－4　各种高分子表面活性剂在颗粒的固/液界面上主要的吸附形态

而亲水基伸入水相，使原来亲油的低能表面变为亲水表面。由于大多数固体颗粒在水介质中表面带负电荷，所以，阴离子型和非离子型表面活性剂是最常用的水介质中使用的分散剂。

(1)阴离子型分散剂：

①萘系分散剂：

a. 亚甲基二萘磺酸钠(扩散剂 NNO)。结构式：

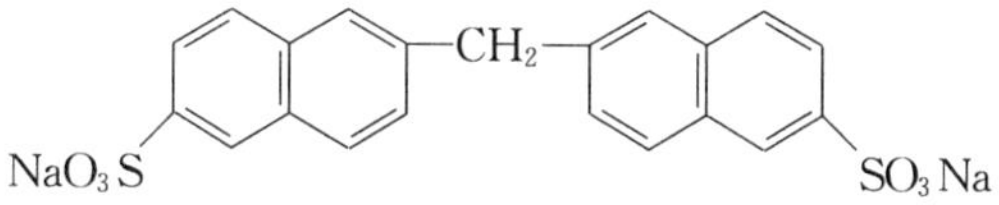

本品为米黄色固体粉末，易溶于水。耐酸、碱、盐和硬水。扩散性能好，对蛋白质及聚酰胺纤维有亲和力，对棉、麻等纤维素无亲和力。主要用作还原染料染色、酸性染色或悬浮体轧染的分散剂，也用作水泥的早强减水剂。

b. 甲基萘磺酸钠甲醛缩合物(扩散剂 MF)。结构式：

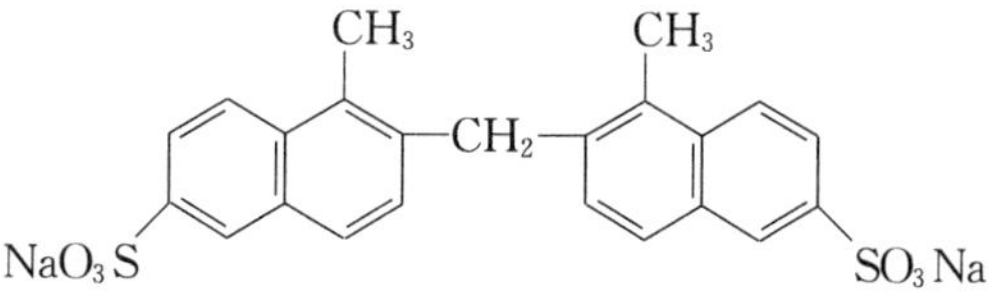

本品为棕色至深棕色粉末，易溶于水，易吸潮，耐酸、碱及硬水。具有良好的扩散性能，用作分散染料、活性染料、还原染料的分散剂和匀染剂，也用于航空农药的分散剂、水泥混凝土的减水剂。

c. 萘磺酸甲醛缩聚物钠盐。结构式：

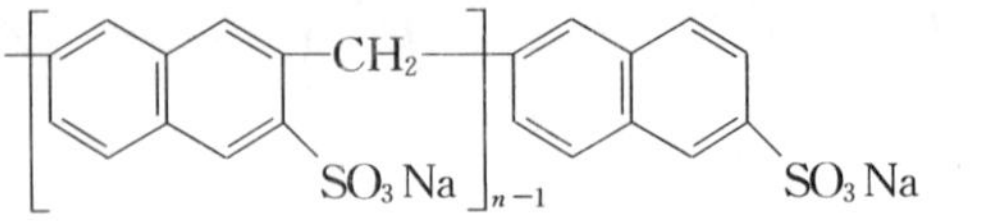

$(n>2)$

本品为棕色粉末，对炭黑有独特的分散力和润湿性。用作水性涂料颜料色浆的高效分散剂；在丙烯酸系列、醋丙系列和氯偏系列的乳胶漆中用作色浆的分散剂。

d. β-萘磺酸钠甲醛缩合物（减水剂 UNF-2）。结构式：

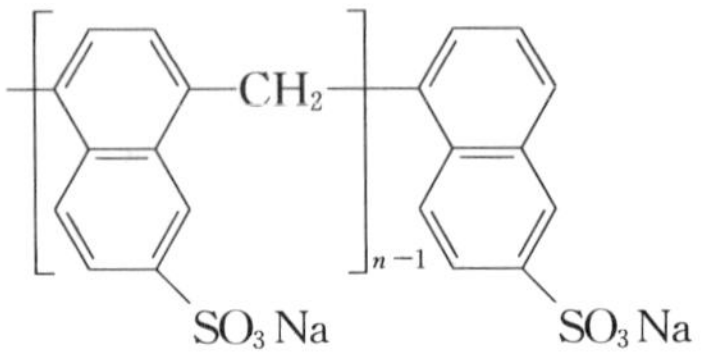

$(n>2)$

本品为棕褐色粉末，易溶于水，水溶液呈碱性，用于改进水泥浆的流动性，主要用于混凝土施工和建筑物预制件等行业。

e. 甲基萘磺酸钠甲醛缩合物与席夫酸甲醛缩合物（扩散剂 CI）。结构式：

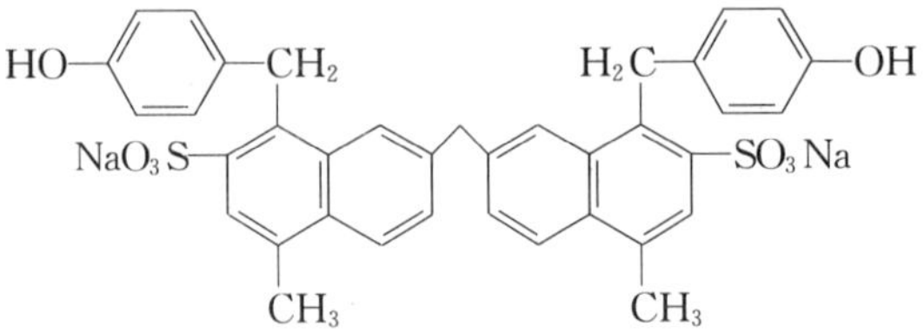

本品为棕色液体，扩散性能≥4 级。用作分散染料中间体，也用作分散、还原等不溶性染料的扩散剂。

f. 苄基萘磺酸甲醛缩合物（扩散剂 CNF）。结构式：

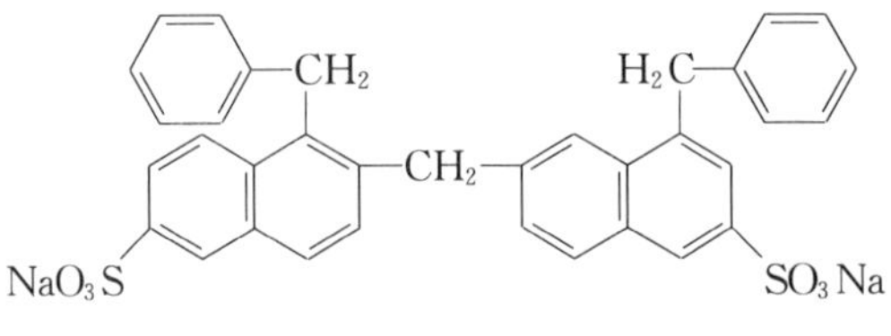

本品为米黄色粉末，可溶于水，在染料工业中用作匀染剂、乳胶阻凝剂、水泥减水剂等。

g. 蒽磺酸钠甲醛缩合物（减水剂 AF）。结构式：

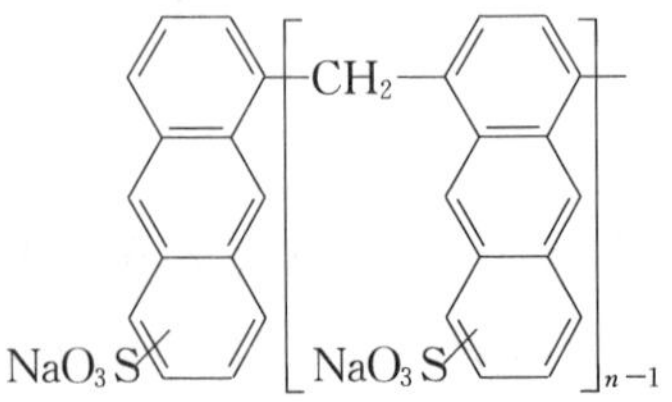

$(n>2)$

本品为棕褐色粉末，化学性能稳定。无毒不燃。易溶于水，水溶液呈弱碱性。是一种低引气型高效水泥减水剂。可使混凝土及水泥制品的早期强度明显提高，并有很好的增强效果。

②木质素类分散剂：

a. 木质素磺酸盐。代表式：

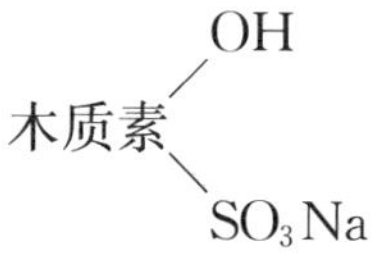

本品为深褐色黏稠液体，用作混凝土减水剂，也可作分散、还原染料的分散剂。

b. 脱糖缩合木质素磺酸钠。结构式：

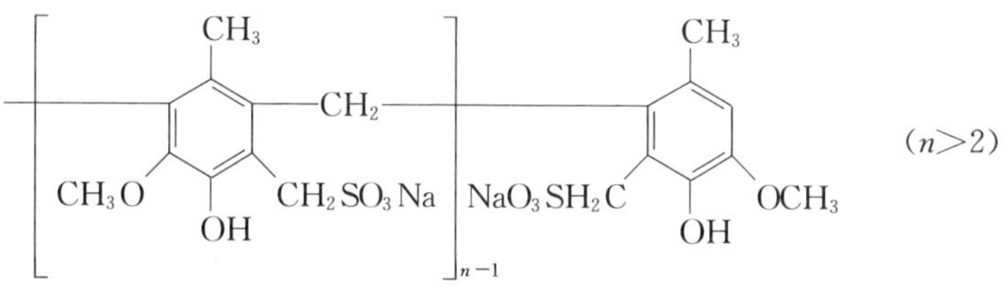

本品为棕色粉状物，为阴离子型高温分散剂，扩散性好，用于染料的分散剂。

③聚合物类：

a. 低分子量聚丙烯酸钠。

$$\left[CH_2-\underset{\displaystyle COONa}{\underset{|}{CH}} \right]_m \left[CH_2-\underset{\displaystyle COOR}{\underset{|}{CH}} \right]_n \quad (R:烷基)$$

本品为浅黄色透明黏稠液体。与涂布加工纸用涂料中的其他组分相容性好。分散剂本身的贮存稳定性好，无混浊或分层现象，易溶于水，无毒，无腐蚀性。用于造纸、涂料等行业，是一种优良的颜料分散剂。

b. 聚丙烯酸钠和聚丙烯酸异丙酯。结构式：

$$\left[CH_2-\underset{\displaystyle COONa}{\underset{|}{CH}} \right]_m \left[CH_2-\underset{\displaystyle COOCH(CH_3)CH_3}{\underset{|}{CH}} \right]_n$$

本品为淡黄色透明黏稠液体。用于造纸、涂料等行业，是一种优良的颜料分散剂，具有高效、稳定、无毒、无腐蚀、应用范围广等优点，它与涂料中各种化工原料的相容性好。

c. 聚丙烯酸钠盐水溶液。本品为浅黄色或棕黄色透明水溶液，具有良好的分散性和稳定性。用作乳胶涂料的分散剂。用于水性油墨，水性涂料和印花色浆中的阴离子型聚合物分散剂。

d. 苯乙烯—(甲基)丙烯酸共聚物、苯乙烯—马来酸酐共聚物、苯乙烯—马来酸酐部分酯化物以及丙烯酸—(甲基)丙烯酸酯共聚物等。可用于油田水基钻井液中的分散剂(又称降黏剂)，如:磺化苯乙烯—马来酸酐共聚物钠盐,乙酸乙烯酯—马来酸酐共聚物钠盐以及20世纪90年代初期出现的两性离子降黏剂AMTH(二烯丙基二甲基氯化铵—丙烯酸酸钠—丙烯磺酸钠—丙烯酰胺的四元共聚物)和XY-27等。

(2)非离子型分散剂:以聚氧乙烯醚作为亲水基的非离子型表面活性剂,如吐温型、烷基醚型和烷基酚型也都是较好的水介质中的分散剂。

实验表明:采用上述类型添加剂处理时,可以使亲油性有机颜料表面吸附疏水性基团(如长碳链烷基),聚氧乙烯链伸入水相,聚氧乙烯醚随其 n 值的增加,可以具有不同程度的亲水性,有效地改进在水性介质中的润湿及分散性质,同时还可以增加分散体系的贮存稳定性。

(3)两性离子型分散剂:由于两性离子型表面活性剂吸附在固/水界面,吸附层为亲水膜,所以,有利于颗粒在水相中的分散,例如硫化甜菜碱。这类分散剂的工业应用的最大障碍还是价格。曾合成过一种低电荷密度的随机共聚的丙烯酰胺类两性离子型高分子分散剂,结构如下:

$$H\!\left[CH_2-\underset{\displaystyle COONa}{\underset{|}{CH}}\right]_n\!\left[CH_2-\underset{\displaystyle CONH_2}{\underset{|}{CH}}\right]_m\!\left[CH_2-\underset{\displaystyle CONHCH_2N(C_2H_5)_2\cdot HCl}{\underset{|}{CH}}\right]_l H$$

其特点是分散剂中少量的阳离子链节通过静电作用吸附于固体表面,阴离子链节则受到固液界面负电荷的静电排斥,指向水溶液,与非离子链节一起构成水化层,提高电能垒和立体能垒对颗粒分散的稳定作用。

2. 有机介质中使用的分散剂

(1)用于无机粒子的分散剂。包括各类脂肪酸钠类,常用的有月桂酸钠、硬脂酸钠和烷基磺酸盐。长碳链的胺类化合物如伯胺类、仲胺类、季铵盐以及醇胺类。除此之外还有长碳链醇类和有机硅类。

(2)用于有机粒子的分散剂。主要包括各种非离子型表面活性剂,各种长碳链胺如十八胺,各类以聚氧乙烯醚为亲水基团的烷基胺、吐温类,亲油性强的斯盘类非离子型表面活性剂。

第三节　聚沉和絮凝作用及絮凝剂

一、聚沉和絮凝作用

表面活性剂不仅可用于固体在液体介质中的分散剂,也可以使已经分散在液体介质中的固体微粒聚沉或絮凝。表面活性剂这种聚沉或絮凝作用的机理有以下几个方面。

1. 中和或者降低被分散颗粒的Stern电位

以水分散系为例,颗粒表面的Stern电位是分散系统中粒子相互靠近的电能垒,是有利其分散稳定的。表面活性离子在带相反电荷的分散颗粒表面的吸附,其结果是降低Stern电位,降低电能垒,促进了聚沉。由于表面活性剂的亲水基在固体颗粒表面定向吸附,疏水基指向水相,从而使颗粒的固液界面张力变大,颗粒表面的拒水性增强,其结果是当颗粒相互靠近时,伸向水相的疏水链相互作用并使其从介质中发生絮凝。表面活性剂这种聚沉和絮凝作用远比无机电解质通过压缩双电层，而引起的聚沉作用要大，所以，其使分散系统聚沉和絮凝所需浓度要比带相同电荷的无机电解质要小，长链表面活性剂要比短链同系物更有效。另一方面，以这种方式定向吸附的表面活性剂，则能使颗粒在非水介质中更易分散(例如无机颜料的非水涂料)。

分散系统因加入表面活性剂而发生絮凝之后，继续加入同种表面活性剂，则会使之重新分散。这一现象是由于在颗粒表面定向吸附的第一层表面活性剂上还会通过疏水相互作用吸附第二层表面活性剂，它们以疏水基相互缔合，并以第二层的亲水基指向水相(见图 9－2)。以这种方式形成的第二层吸附实际上只有当颗粒表面被带相反电荷的表面活性剂单分子饱和吸附，Stern 电位被完全中和(即 Stern 电位为零)时才能发生。由于吸附了第二层，其新的 Stern 电位符号和表面活性离子相同(与原来 Stern 电位的符号相反)，有助于颗粒的重新分配。但这种被吸附的第二层表面活性剂明显比第一层更容易被去除，因此，将分散系稀释，第二层表面活性剂会解吸附，颗粒会重新聚集。

2. 桥连作用

桥连机理发生的絮凝有两种方式。第一种方式是由上述吸附的第一层表面活性剂的疏水链引起的，来自两个分散颗粒的疏水链相互聚集，从而降低分散系的表面积及其比表面能，即建立了两个粒子之间的桥连[图 9－5(a)]。第二种方式是高分子表面活性剂通过各种相互作用(例如静电、氢键、极性或范德华力)吸附于多个颗粒表面，即将多个颗粒通过高分子链连接起来，从而发生絮凝作用[图 9－5(b)]。

(a) 表面活性剂疏水链的桥连作用

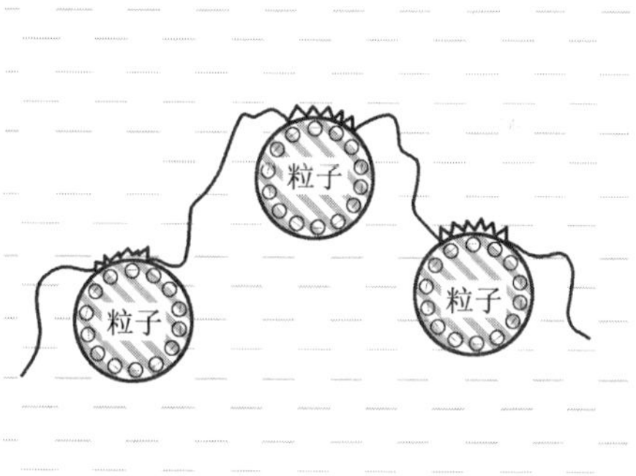

(b) 高分子链的桥连作用

图 9－5　因桥连发生絮凝作用的两种机理

一般来说，高分子絮凝剂的絮凝效率与以下几个方面有关。

(1)相对分子质量及其分布。一般相对分子质量适中、相对分子质量分布窄的高分子絮凝剂为理想的絮凝剂。其中，阳离子型高分子絮凝剂中的低分子量含量较高的絮凝效率高，而阴离子型高分子絮凝剂中的高分子量含量较高的絮凝效率高。

(2)分子结构。一般为随机或嵌段共聚物，以线型结构的高分子絮凝剂为主。高分子絮凝剂的电荷密度取决于分子链中可电离官能基的数目，在水溶液中高分子絮凝剂的电荷密度越高，分子链的伸展程度也越大。阴离子型高分子絮凝剂应具有较高分子量和较低的电荷密度。

二、常用有机絮凝剂

絮凝剂是在很低浓度就能使分散系失去稳定性并能提高聚沉和絮凝速度的化学物质。有机絮凝剂有表面活性剂、天然高分子化合物和合成高分子化合物，其中以合成高分子絮凝剂絮凝效率高，应用最为广泛，它又可分为以下三种类型。

1. 阳离子型高分子絮凝剂

合成阳离子型高分子絮凝剂的单体一般有二甲基二烯丙基氯化铵、季铵基或叔胺基(甲基)丙烯酰胺(如 *N*,*N*-二甲基氨基甲基丙烯酰胺)、季铵基或叔胺基(甲基)丙烯酸酯(如甲基丙烯酸乙酯基三甲基氯化铵)、苯乙烯四甲基氯化铵、乙烯基咪唑啉以及与甲醛缩合的三聚氰胺等。常见的有：

(1)丙烯酰胺—季铵基丙烯酰胺共聚物，结构式：

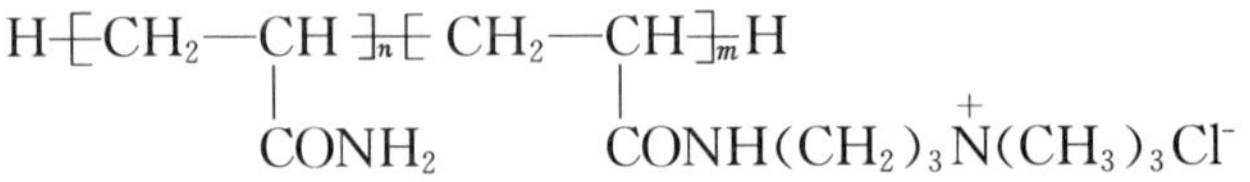

(2)丙烯酰胺—二甲基二烯丙基氯化铵共聚物，结构式：

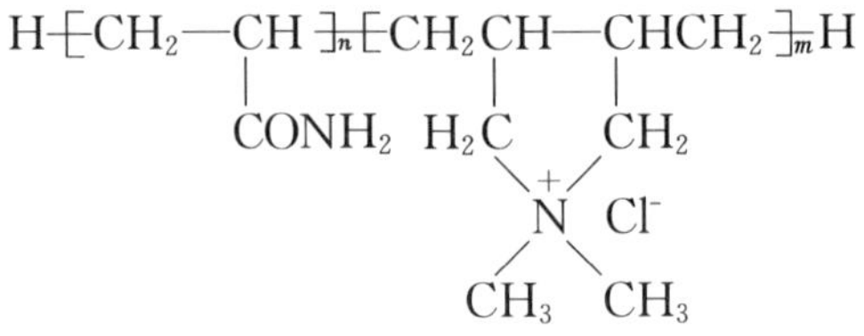

(3)二甲基二烯丙基氯化铵均聚物，结构式：

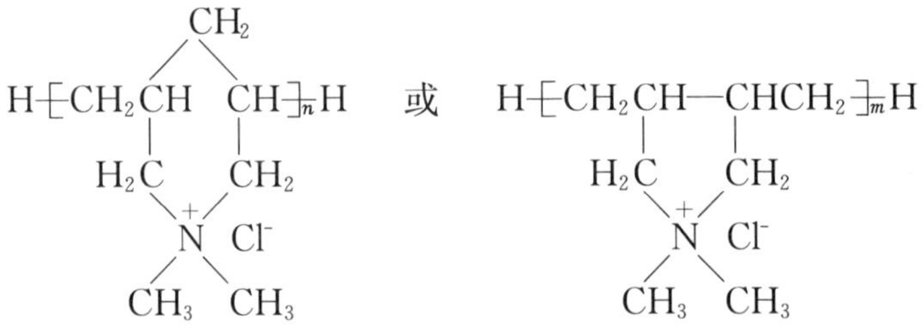

2. 阴离子型高分子絮凝剂

合成阴离子型高分子絮凝剂的单体一般有(甲基)丙烯酸盐、马来酸酐、乙烯基磺酸盐和苯乙烯磺酸盐。其中最常用的有三种。

(1)聚丙烯酸钠，结构式：

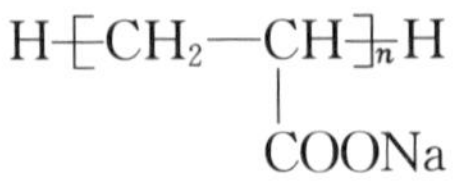

(2)丙烯酰胺—丙烯酸盐共聚物，结构式：

(3)水解聚丙烯酰胺(水解度为30%～40%)。结构式同丙烯酰胺—丙烯酸盐共聚物。

3. 非离子型高分子絮凝剂

合成非离子型高分子絮凝剂的单体一般有丙烯酰胺、乙烯基吡咯烷酮、乙烯基甲基醚、环氧乙烷以及乙酸乙烯酯(共聚合后的水解物为聚乙烯醇)等。其中,最常用的是聚丙烯酰胺。

思考题

1. 简述DLVO理论的要点。
2. 解释离子型表面活性剂在水介质中对固体微粒的分散作用。
3. 解释非离子型表面活性剂在水介质中对固体微粒的分散作用。
4. 解释高分子型表面活性剂在水介质中对固体微粒的分散作用。
5. 分析阳离子型表面活性剂在固体微粒分散和絮凝过程中的作用。
6. 下列表面活性剂中,哪一种能在己烷中有效分散表面带正电荷的亲水性固体微粒?为什么?

(a)$C_{12}H_{25}(OC_2H_4)_2OH$

(b)$C_{12}H_{25}(OC_2H_4)_8OH$

(c)$C_{12}H_{25}N^+(CH_3)_3Cl^-$

(d)木质素磺酸盐

第十章　表面活性剂的洗涤作用

洗涤作用是表面活性剂的基本特征。这一特征使其应用最早，涉及范围最广，在工农业生产以及人类日常生活中具有重大实用意义。实际上，洗涤作用除了表面活性剂的表面活性作用外，还包括助剂的化学作用、酶制剂的生化作用、设备的机械作用以及其他作用的综合效果，所以洗涤是一个非常复杂的过程。

第一节　洗涤过程与表面活性剂的洗涤机理

一、洗涤过程

1. 洗涤的基本要素

撇开机械作用的影响，每一个洗涤过程包括三个基本要素。

(1)基质：即洗涤对象，一般分为硬表面基质(如具有致密、坚硬质地的玻璃、金属等物质)和软表面基质(如柔软、具有多孔结构的纤维和织物等)。

(2)污垢：即清除对象，包括液体(油性)污垢(如油脂、脂肪酸、醇和胺等)和固体污垢(如尘埃、金属氧化物及难溶盐和炭黑等微粒)及其混合物。此外，还有一些如淀粉、多糖、蛋白质、无机盐等能渗透并吸附于织物上的其他污垢。

(3)洗浴：即包括洗涤剂和各种洗涤助剂的溶液。洗浴的溶剂一般是指水，干洗的溶剂往往是烃类。

2. 污垢与基质表面存在的四种结合力

(1)机械结合力：主要指固体污垢微粒黏附于基质凹陷处或织物的网结构内产生的结合力，而且随着污垢粒径减小，结合力增大，当粒径小于 0.1μm 时，就很难去除。

(2)静电结合力：基质与固体污垢在固/水界面上都可能带电，例如羊毛、棉在中性水溶液中往往带负电荷，而无定形炭黑或氧化铁则带正电荷，即会产生静电结合力。即使基质与污垢带相同负电荷，往往也可以通过多价金属离子作为阳离子桥相互吸引(图 10－1)。

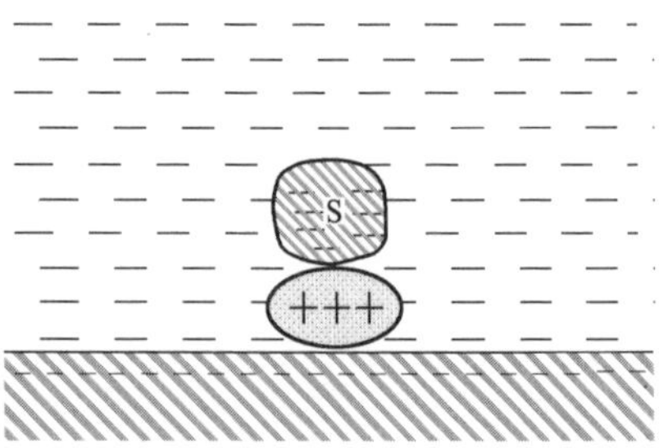

图 10－1　多价金属离子的阳离子架桥作用

(3)化学结合力：往往存在于极性污垢、黏土、脂肪酸、蛋白质等与基质上的羟基、羧基、氨基等极性基形成的氢键或离子键。一旦这种化学键形成，就很难用通常的洗涤方法去除。

(4)范德华作用力：该结合力存在于一切基质和污垢之间，表现在极性与极性，极性与非极性以及非极性与非极性之间的相互作用。其中有一个重要的相似相吸原理，例如疏水性基质(如聚酯、聚丙烯等)与非极性污垢的结合力往往比极性污垢更大；而在亲水性基质(如羊毛、棉布等)上，则极性污垢比非极性污垢更难去除。由于这种洗涤系统的多样性，不可避免地造成了洗涤机理的复杂性。

3. 表面活性剂在洗涤过程中的作用

表面活性剂在洗涤过程中具有重要作用。

(1)界面吸附作用，降低界面张力，增加固体表面的润湿性。

(2)借助机械力及其他作用，将污垢从基质表面去除。

(3)利用其增溶、乳化、分散等作用，防止再沾污。

润湿是洗涤的第一步，而评价基质在洗浴中的润湿性应该看洗浴能否在其表面自动铺展，所以，铺展系数可以作为基质润湿性的一个指标，即洗浴在基质表面的铺展系数为：

$$S_{BS}=\gamma_{SG}-\gamma_{SB}-\gamma_{BG} \tag{10-1}$$

式中：下标 S 表示基质，B 表示洗浴，而 γ_{SG}和 γ_{BG}分别表示基质和洗浴的表面张力，γ_{SB}表示基质与洗浴的界面张力。随着表面活性剂的界面吸附，γ_{BG}随之降低，而 γ_{SG}和 γ_{SB}的变化则比较复杂(见第二章)。由于液体污垢和固体污垢的物理化学性质不完全一样，所以其洗涤机理也不相同。洗涤介质不同，其洗涤机理也不同。

二、水介质中的洗涤机理

1. 液体(油性)污垢的洗涤

(1)润湿作用：评价沾有油污的基质在洗浴中的润湿性，可以采用洗浴取代油污在基质表面的铺展系数(图 10－2)：

$$S_{BOS}=\gamma_{SO}-\gamma_{SB}-\gamma_{BO}>0 \tag{10-2}$$

式中：下标 O 表示液体污垢(油污)；γ_{SO}和 γ_{BO}分别为基质/油污和洗浴/油污的界面张力。

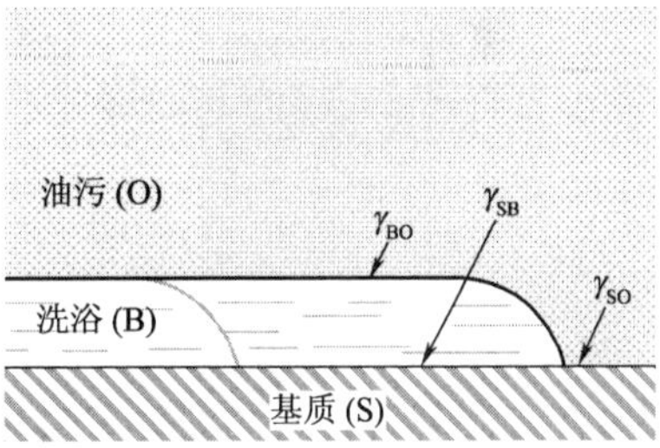

图 10－2　洗浴在油污/基质界面上的铺展过程示意图

只要表面活性剂在洗浴/油污和基质/洗浴界面上发生疏水基定向吸附，则 γ_{BO}和 γ_{SB}都会降低，达一定值时，$S_{BOS}>0$，即洗浴在基质表面取代油污的铺展可以自动发生。

(2)液体污垢的卷落作用：一旦铺展自动发生，原来界面张力之间的平衡被打破，油污开始卷缩，并达到新的平衡(图 10－3)。根据 Young 方程，各种界面张力与油污在基质/洗浴界面的接触角 θ_0存在如下关系：

$$\cos\theta_0=(\gamma_{SB}-\gamma_{SO})/\gamma_{BO} \tag{10-3}$$

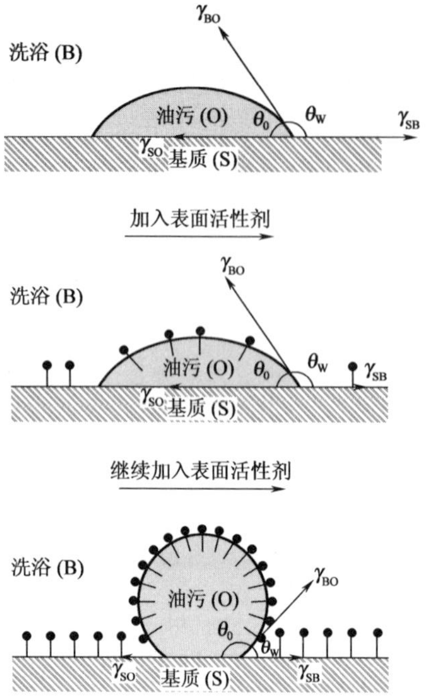

图 10－3　液体油污的卷落过程示意图

随着表面活性在界面上的疏水基定向吸附，降低了 γ_{SB}，增大了 θ_0 值，油污在基质表面由润湿变为不润湿而卷缩。在极端的情况下，θ_0 达 180°，油污卷缩为油珠而自动从基质表面完全脱落。若 $90° < \theta_0 < 180°$，则油污需要借助机械力才能完全清除。只有当 $\theta_0 <$ 90°，则即使做机械功，仍会有少量油污残留于基质表面（图 10－4）。

（3）防止再沾污作用：油珠在洗浴中的稳定分散方法有两种。

①乳化：即借助表面功，利用表面活性剂在油污/洗浴之间的界面吸附，将油污分散在油浴中。乳液是一种热力学不稳定的分散系统，提高油污在洗浴的分散稳定性与乳化剂的选择密切相关（参见第七章）。

②溶解：首先是将油污增溶在胶束中，随着增溶量增加，可以形成微乳液。当然微乳液与胶束增溶溶液不同的是，只有当油—水的界面张力足够小，系统处于亲水亲油平衡时才能形成。微乳液溶解油污显然比乳化更有效，不仅微乳液是热力学稳定的，而且，能在沾污原位直接自发溶解，对一些疏水性基质的去污更有利。

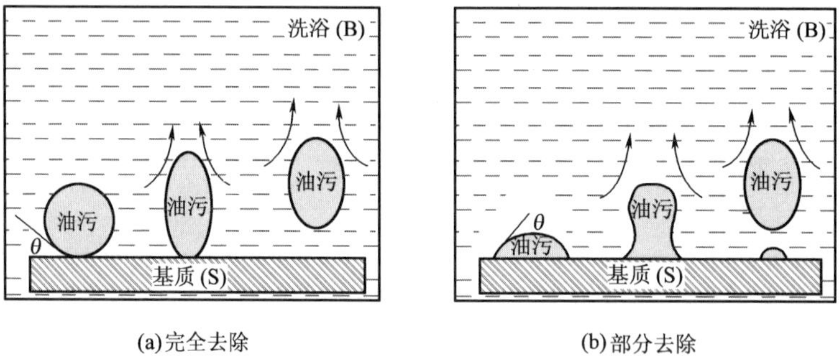

图 10－4　在机械作用下油性污垢的去除机理

2. 固体污垢的洗涤

（1）固体污垢的润湿：与液体污垢一样，洗浴在固体污垢表面的铺展系数为：

$$S_{BP} = \gamma_{PG} - \gamma_{PB} - \gamma_{BG} \tag{10-4}$$

式中：下标 P 表示固体污垢；γ_{PG} 为固体污垢的表面张力；γ_{PB} 为固体污垢/洗浴的界面张力。同样，随着表面活性剂在界面上发生疏水基定向吸附，γ_{SB}、γ_{PB} 和 γ_{BG} 都降低，S_{BS} 和 S_{BP} 大于零［参见式（10－1）和（10－4）］。基质与固体污垢在洗浴中自动润湿。

假如将固体污垢当作液体污垢，并借用铺展的概念，那么洗浴取代固体污垢在基质表面的铺展系数也可以表示为：

$$S_{BPS}=\gamma_{SP}-\gamma_{SB}-\gamma_{PB}>0 \qquad (10-5)$$

若表面活性剂在基质/洗浴和固体污垢/洗浴界面疏水基定向吸附，则 γ_{SB} 和 γ_{SP} 都降低，$S_{BPS}>0$，洗浴在基质表面取代固体污垢的铺展也能自动发生，即基质与固体污垢之间被洗浴渗入而润湿(图 10－5)。

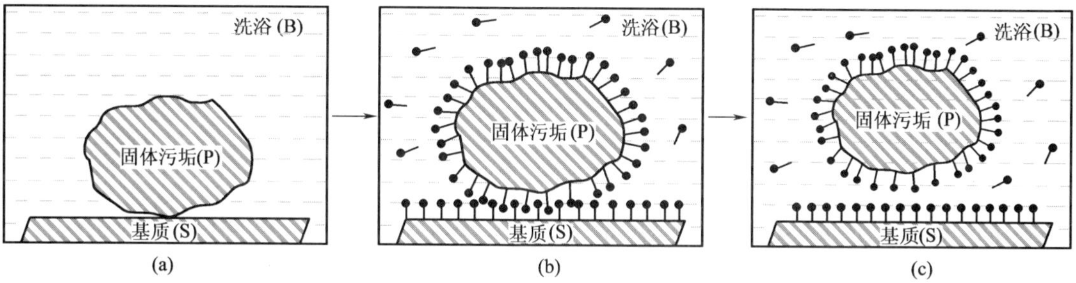

图 10－5　固体污垢的去除机理

上述过程也可以看作洗浴在固体污垢和基质界面间微隙的毛细管渗透，根据 Laplace 公式，驱动渗透的附加压力为：

$$\Delta P=\frac{\gamma_{BG}\cos\theta}{R}=\frac{\gamma_{SG}-\gamma_{SB}}{R} \qquad (10-6)$$

式中：R 为毛细管的有效半径。随着 γ_{BG} 和 γ_{SB} 的降低，洗浴在基质和固体污垢表面的接触角 θ 减小至 90°以下，$\Delta P>0$，洗浴渗透进入微隙。

(2)固体污垢的撬离：由于基质与固体污垢之间被洗浴润湿，固体污垢对基质的结合力会因此降低。而且，导致表面活性剂在基质/洗浴和固体污垢/洗浴界面发生疏水基定向吸附[见图 10－5(b)]，从而产生两种排斥力：

①离子型表面活性剂吸附双电层产生的静电排斥力；

②非离子型表面活性剂亲水链及其水化层产生的立体排斥力。

这些排斥力会使固体污垢进一步从基质表面撬离，借助机械力或直接与基质分离。

(3)防止再沾污：固体污垢被撬离基质表面之后，还可能再沾污。它在洗浴中的稳定分散与固体污垢—基质之间的位能曲线有关(图 10－6)。图中 A 态为吸附态，B 态为过渡态，而 C 态为分散状态。$E_{去污}$ 表示去污活化能，是固体污垢由吸附态到分散状态必须逾越的能

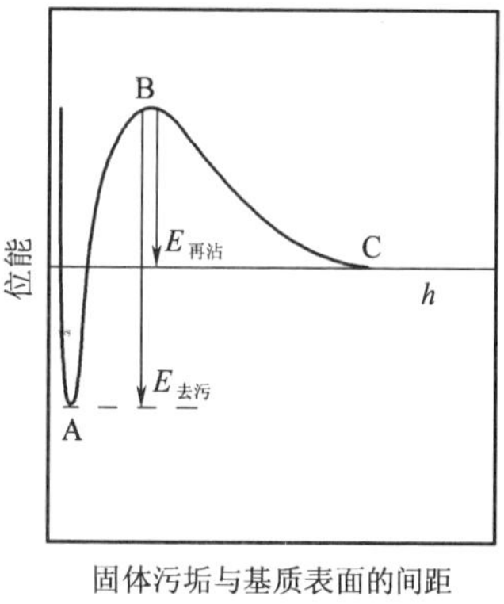

图 10－6　固体污垢的去除和再沾的位能曲线

垒，表面活性剂定向吸附后的静电和立体排斥能大于 $E_{去污}$ 时，固体污垢被撬离。$E_{再沾}$ 表示再沾污活化能，而吸附在基质/洗浴和固体污垢/洗浴界面上表面活性剂的电能垒和立体能垒越大，$E_{再沾}$ 则越大，固体污垢从洗浴再沾污于基质表面则越难，污垢的热动能远小于 $E_{再沾}$ 时，固体污垢在洗浴中的分散处于稳定状态。

三、非水介质中的洗涤(干洗)机理

所谓非水介质主要是轻质烃类及其衍生物，例如正癸烷、1,3－二乙基环己烷、1,2,4－三甲基苯以及四氯化碳、三氯乙烯和四氯乙烯等。最近，由于环境问题，氯化烃的应用受到质疑，已有人采用绿色环保的二氧化碳超临界流体作为洗涤介质。干洗主要是用于织物的洗涤，例如羊毛和真丝织物干洗之后，可以避免水洗造成的衣物毡缩、变形以及手感变差等问题。

衣物上的污垢一般分为油溶、水溶和油水均不溶三种。油溶性污垢一般经烃类分散、溶解即可去除。而亲水性污垢的去除还需借助表面活性剂和少量水。在有机介质中，一些亲水性的液体污垢往往被表面活性剂的逆胶束增溶。而极性的固体污垢，例如金属氧化物、尘土等，会通过氢键、离子键以及极性相互作用与表面活性剂的亲水基结合在一起，疏水基指向连续相形成立体能垒，使固体污垢稳定分散，避免在织物表面再沾污。而少量水的存在，可促使织物和极性固体污垢表面水化，有利于上述吸附的发生。当然，干洗用表面活性剂的先决条件是能溶解于有机溶剂。

第二节　洗涤作用的影响因素及洗涤剂

一、影响表面活性剂洗涤作用的因素

如前所述，所谓表面活性剂的洗涤作用实际上是其在洗涤过程中发生的润湿、增溶、乳化以及分散等作用的综合效果，而润湿作用是洗涤过程的前提。所以，影响表面活性剂的洗涤作用的因素比较复杂，它不仅和表面活性剂的浓度、类型、结构有关，而且还与基质和污垢的性质密切相关。

1. 表面活性剂对洗涤作用的影响

(1)表面活性剂浓度的影响：如果表面活性剂水溶液能够润湿基质和污垢，那么，随着洗浴中表面活性剂浓度的增加，洗涤效果增大，而且，当 $C>\mathrm{CMC}$ 后，洗涤效果趋于最佳。这是因为此时表面活性剂在基质和污垢表面的吸附已达到饱和，而且在本体相形成了大量的胶束，有利于洗涤过程中的润湿、增溶、乳化和分散作用，从而提高洗涤性能。事实上，并非所有表面活性剂的界面吸附都能提高基质和污垢表面的润湿性，而关键是表面活性剂在界面上的吸附取向，首先与其分子结构有关。

(2)表面活性剂亲水基的影响：在水介质中，基质和污垢表面往往带负电荷，所以，阴离子型表面活性剂在固/液界面一般发生疏水基定向吸附，从而改善基质和污垢的润湿性，提高洗涤效

果。而聚氧乙烯醚非离子型表面活性剂由于其 CMC 更小，表面活性更大，而且防止再沾污的能力更强，所以在较低浓度下的洗涤性能优于离子型表面活性剂，特别是对疏水性基质和污垢的洗涤能力尤为有效。但是，在含有烃基、氨基等易发生氢键吸附的基质和污垢表面则相反，会降低其润湿性，洗涤性能反而不如阴离子型表面活性剂。

而阳离子型表面活性剂则容易与负电荷表面发生离子对位和交换吸附，所以往往会大大提高固体表面的疏水性而不利洗涤。虽然大量加入了阳离子型表面活性剂可以通过第二层疏水相互作用吸附重新润湿、分散，但水介质中表面活性剂浓度一旦降低，第二层的阳离子型表面活性剂极易脱附而吸引再沉积，所以一般情况下，阳离子型表面活性剂不适合用作洗涤剂。当然，固体表面在水介质中也可能带正电荷(例如酸性条件下的羊毛)，则表面活性剂的润湿作用正好相反。应该指出：无论界面带何种电荷，两性离子型表面活性剂都能发生疏水基定向吸附，提高固体表面润湿性，但是两性离子型表面活性剂的 CMC 还是比非离子型表面活性剂的大，而且，两性离子型表面活性剂的价格往往比阳离子型表面活性剂还要高，一般只用于附加值高的化妆品。由于其毒性和刺激性极小，特别适合用作小孩和老人的洗发剂。

(3)表面活性剂疏水基的影响：亲水基会影响表面活性剂在界面上的定向吸附方向，而疏水基则影响其在界面上的吸附量，因此，疏水基的疏水性也会影响洗涤效果。在水介质中，同为疏水基定向吸附的表面活性剂的碳链越长者，洗涤效果越佳，但对离子型表面活性剂来讲，碳链越长，其 T_K 则越高，当洗涤温度低于 T_K 时，其在水中的溶解度大大降低，界面吸附性能反而削弱，洗涤效果降低。例如，烷基硫酸钠的疏水基由 C_{10} 增加到 C_{18}，相应，T_K 由 8℃升高到 56℃，图 10－7 是在 55℃下各种烷基硫酸钠的洗涤曲线。由图 10－7 可知，C_{18} 和 C_{16} 在很低浓度时就

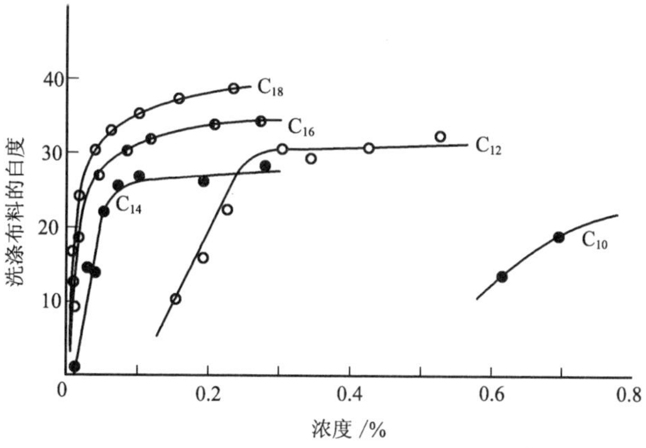

图 10－7 55℃时烷基硫酸钠的洗涤曲线

有洗涤作用了，而洗涤效果应是 C_{18} 最佳，C_{16} 次之，C_{10} 为最差。而脂肪酸钠则略有不同，在 55℃下的洗涤曲线[图 10－8(a)]中，洗涤浓度还是随碳链增长而减小，而洗涤效果则 C_{16} 最佳，C_{18} 的洗涤效果低于 C_{16} 与 C_{14}，这可以认为十八烷基酸钠在 55℃时溶解度较小，从而制约其界面吸附作用，洗涤效果下降。当温度降至 38℃时[图 10－8(b)]，长链的脂肪酸钠的洗涤效果都降低，唯 C_{12} 在较高浓度时表现出较好的洗涤效果。这说明在表面活性剂同系物中，只要洗涤温度足

够高(一般在 T_K 之上),其洗涤效果随表面活性剂的疏水基链长增加而提高。而且,由于洗涤作用是一种综合作用,所以,一些带支链的高效润湿剂的洗涤效果往往不如直链的同分异构体。

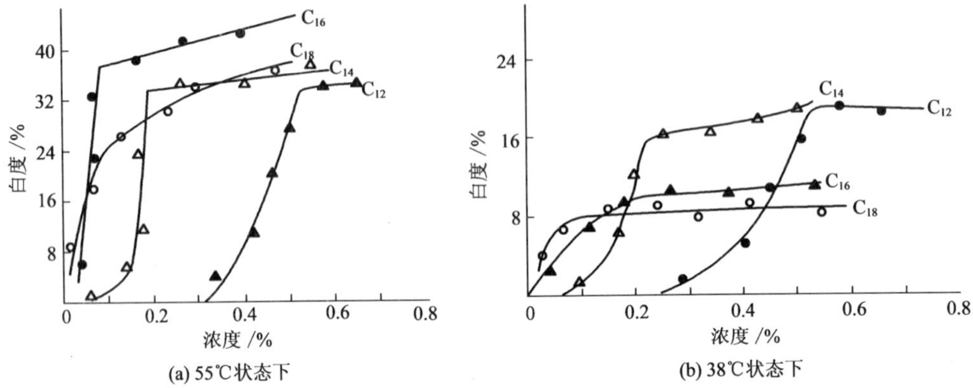

图 10－8　不同温度下烷基羧酸钠的洗涤曲线

2. 基质和污垢的性质对洗涤作用的影响

一般表面活性剂在液体(油性)污垢/洗浴界面的吸附都是疏水基定向吸附,相比之下在基质/洗浴和固体污垢/洗浴界面的吸附要复杂得多,需要具体问题具体解决。如前所说,表面活性剂在固/液界面的吸附方式中,凡是有利于固体表面润湿又有利于分散稳定的吸附,同样有利于洗涤作用。所以,研究基质和污垢的组成,了解表面活性剂对基质和污垢的润湿、增溶、乳化及分散作用,对洗涤工艺具有指导意义。

(1)基质的影响:基质一般可以粗略地分为两类,一类为疏水性基质,其中包括极性基质(例如聚酯、聚酰胺等)和非极性基质(例如聚乙烯、聚丙烯等);另一类为亲水性基质(例如羊毛、棉等)。对于疏水性基质,由于聚氧乙烯醚非离子型表面活性剂的表面活性强,所以其去污能力比阴离子型表面活性剂好。但对于亲水性基质则不然,聚氧乙烯分子中大量的醚键至少会部分地与基质表面的羟基、氨基形成氢键,从而基质表面的润湿性下降,洗涤效果不如阴离子型表面活性剂。这种现象可能在混合基质(例如聚酯/棉织物)也一样,尽管聚氧乙烯醚非离子型表面活性剂的防再沾污能力优于阴离子型表面活性剂,但对于聚酯/棉织物的洗涤效果还是不如阴离子型表面活性剂。

(2)污垢的影响:污垢一般分为油性和固体污垢两种。由于非离子型表面活性剂在油相的溶解度比阴离子型的高,降低油污/洗浴界面张力的能力更大,有利于油污卷落,所以,聚氧乙烯醚非离子型表面活性剂去除油污和防止再沾污能力比阴离子型更佳。而对于固体污垢,由于阴离子型表面活性剂往往能在固/液界面形成电能垒,更有利于固体污垢的脱落和分散。

实际情况往往是油污和固体污垢的混合物,经验表明:阴离子型表面活性剂对疏水性基质(例如聚酯)上混合污垢的去除以及防止再沾污能力优于聚氧乙烯醚非离子型表面活性剂;而对于亲水性基质(例如棉)则相反。

3. 添加剂对洗涤作用的影响

添加剂一般除为了提高某种作用而人为配置加入外，洗涤过程中的一些杂质，例如衣物汗渍中的 NaCl、尿素、乳酸等，或者直接采用自然界的硬水配制洗浴的 Ca^{2+} 和 Mg^{2+} 等，也不可避免地影响洗涤效果。电解质往往会提高离子型表面活性剂的吸附作用，但浓度太高则会压缩双电层，影响分散稳定性。而且，某些离子在难溶盐表面会因同离子吸附而使之带电，高价的金属离子则直接会降低阴离子型的水溶性，从而影响洗涤剂的洗涤效果。尿素的存在则会削弱表面活性剂的表面活性，而一些有机酸又会降低洗浴的 pH 值，影响洗涤环境。

4. 环境对洗涤作用的影响

(1)pH 值对洗涤的影响：首先是基质和固体污垢的表面电荷及其电位，一般中性偏碱条件下的固液界面往往带负电荷，有利于去污。另外，水介质的 pH 值一旦小于 7，脂肪酸皂的水溶性会下降，洗涤效果减弱。而许多有机污垢是酸性的，例如乳酸、脂肪酸等。所以，洗涤剂有必要将洗浴 pH 值调整在微碱性。

(2)温度对洗涤的影响：温度影响主要是对表面活性剂而言的。对于离子型表面活性剂来讲，洗涤温度一般希望足够高(例如 $T_{洗涤}>T_K$)，表面活性剂在水介质中能充分溶解，从而充分发挥其表面活性作用。非离子型表面活性剂在去除液体油污时，往往在它们的 PIT 附近洗涤效果最佳。当然，测定油污在洗浴中的 PIT 并不容易，但有经验规则：若油污分子比非离子型的疏水链长的，则洗浴 PIT 高于非离子型表面活性剂的浊点 T_p 15～30℃，反之亦然。例如织物上沾有机油，采用非离子型去污时的最佳温度应取其浊点以上 20℃。若是比疏水基小的油污，则应选择洗涤温度比 T_p 低 15～30℃。而若是一个混合油污，则洗涤温度须对应油污 PIT 的最高值，先去除高 PIT 油污，然后再降低温度去除低 PIT 油污。

二、洗涤剂的组成及配制

洗涤剂主要是由表面活性剂和各种助剂配制而成的。

1. 表面活性剂

由于基质和污垢在水中一般带负电荷，所以，在洗涤剂中用得最多的表面活性剂为阴离子型和非离子型表面活性剂，而阳离子型和两性离子型表面活性剂只在生产某些特殊类型或功能的洗涤剂时才应用。

(1)阴离子型表面活性剂：阴离子型表面活性剂在洗涤剂中的用量几乎占总量的一半，其中肥皂、烷基苯磺酸钠、烷基硫酸钠等为最多。

①肥皂：常用于洗涤的肥皂一般为 C_{12}～C_{18} 饱和脂肪酸以及油酸的钠皂，钠皂为硬质肥皂，而钾皂为软质肥皂，其他有机碱皂，例如乙醇胺皂、环已胺皂则可作为洗涤剂。由于碳链越长的脂肪酸皂的 Krafft 温度越高，则其最适宜的洗涤温度越高，例如椰枣最好在常温下使用，硬脂皂则最好在 70～80℃使用，而温度对油酸皂降低表面张力的影响较小，因此可以在较宽的温度范围内使用。肥皂的最大缺点是不耐硬水，而且在酸性介质中会游离出脂肪酸，大大降低其洗涤效果。

②烷基苯磺酸盐：是产量最大、应用最广的阴离子表面活性剂，其中，十二烷基苯磺酸钠(LAS)是最常用的洗涤剂，不仅去污力高，起泡能力强，而且耐硬水性也较好。但当 Ca^{2+} 浓度

超过 300mg/kg 时洗净力会明显下降。

③烷基磺酸钠：又称石油磺酸钠，国外商品名称为 Mersolate(I. G.)，国内称为 601 洗涤剂，化学结构式是 $RSO_3Na(R=C_{14}\sim C_{18})$。纺织印染行业中，常用烷基磺酸钠代替肥皂和太古油（土耳其红油）与碱剂合用，作棉布和维纶织物的煮练助剂、染色或印花后清洗浮色的冲洗剂。

其他用于洗涤的阴离子表面活性剂见下表。

一些洗涤用阴离子表面活性剂

表面活性剂结构式	特　　性	商品名	应　　用
N,*N*-油酰甲基牛磺酸钠 $C_{17}H_{33}CON(CH_3)CH_2CH_2SO_3Na$	生物可降解，在酸、碱性和硬水及氧化剂溶液中较稳定	209 洗涤剂 Igepon T(I. G.)	羊毛、丝绸煮练
油酸乙酯磺酸钠 $C_{17}H_{33}COOCH_2CH_2SO_3Na$	耐硬水，分散力强，碱性中易分散	Igepon A	羊毛、涤纶
脂肪酸甲酯-α-磺酸钠 $C_{10\sim18}H_{21\sim37}CH_2—COONa$ | SO_3Na	耐硬水，生物可降解，无毒，去污力强	MES	洗涤剂、洗衣粉
油酰氨基酸钠 $C_{17}H_{33}CONHR'(CONHR'')_nCOONa$	耐碱性，耐硬水，强酸中易分解，去污力中等	雷米邦 A Lamepon A	羊毛、丝绸煮练、净洗
仲烷基硫酸钠 R—CH—OSO_3Na | R′	去污力一般，润湿渗透、起泡力强	梯波 Teepol	洗涤剂

(2)非离子型表面活性剂：非离子型表面活性剂有较好的洗净力，对油性污垢的去污性良好，对合成纤维防止再沾污的能力强。耐硬水性、耐高强度电解质的能力都比较强。聚氧乙烯醚非离子型表面活性剂最大的优点是疏水基与亲水基部分的可调性。可通过调节 EO 数来适应各类基质，达到最佳洗净力。

①聚氧乙烯烷基醇醚通式：

$$RO(C_2H_4O)_nH \qquad R:C_{12}\sim C_{18};n\ 可调$$

这类化合物具有高洗涤活性，表现在以下几方面：较低的临界胶束浓度，这意味着在低浓度下仍有着高洗净力、强洗涤力和洗涤合成纤维时的抗污垢再沉积特性。此外还具有良好的低温洗涤性。在常温下呈白色淡黄色膏状物。溶于水具有乳化、净洗和润湿性。主要用于家电及工业洗涤剂和金属清洗剂。

②聚氧乙烯烷基酚醚通式：

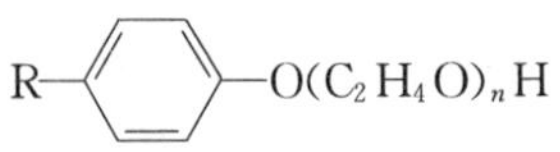

式中：R 主要为辛基、壬基和十二烷基；*n* 可调，它们的特点是去除油污和脂肪的能力强。代表

产品为OP系列、OPE系列和SOPE系列。耐酸碱及抗硬水能力强，具有去污、润湿、乳化、分散和抗静电性能。常用作金属加工和工业净洗剂。

③烷基糖苷(APG)：烷基糖苷被誉为是一种新型世界级非离子型表面活性剂，烷基糖苷是由糖的半缩醛羟基与醇羟基，在酸等催化下脱去一分子水生成的产物，一般称为烷基多聚糖苷(Alkyl Polyglycoside，APG)或烷基糖苷。烷基糖苷是 α 和 β 异构体的混合物。结构式：

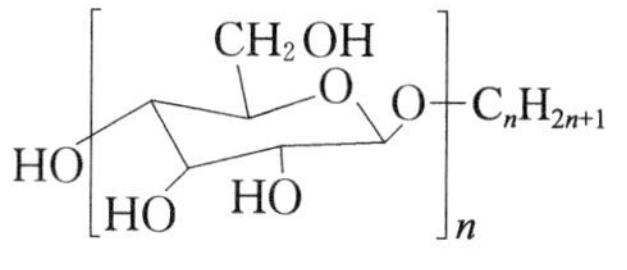

n=10~12

R为 C_{10}～C_{12}时适于作洗涤剂。

APG有较高的界面活性，不存在浊点，具有高温稳定性。具有优良的洗涤性，很强的泡沫力，润湿乳化性及分散稳定性。APG的突出优点是它的毒性、对皮肤的刺激性、生物降解性等优于现有的任何一类表面活性剂。因此，它正受到洗涤业、化妆业、食品加工业以及制药业等众多领域的特殊青睐。并且由于它的不漂洗、无斑痕的特性，还特别适宜于做餐具洗涤剂、瓶洗剂等。

APG用作洗涤剂大致有以下几个方面。

a. 浴用及发用洗涤剂。利用APG得到的制品对皮肤温和无刺激，泡沫丰富细腻。洗发时还可起到抗静电的作用。产品多为液态物，但也可制成皂块。

b. 餐具洗涤剂。由APG制成的餐具洗涤剂泡沫性能好，对皮肤温和，用后手感好，易漂洗并不留痕迹。

c. 洗衣剂。APG用于洗衣剂，具有优良的洗涤力。可用于各种织物(如棉、毛、聚酯等织品)的清洗。可有效地去除泥土和油污。同时具有柔软性能，抗静电性能以及防缩性能。并可制成在硬水中使用仍具有优良的洗涤力的洗衣剂。

d. 硬表面清洗。除用于餐具洗涤外，APG还可用于其他种类硬表面的清洗。利用APG作活性组分，可配成强酸条件下的洗涤剂。其中的APG还具有阻止铁类金属被氧化和被酸侵蚀的功能。

2. 助洗剂

助洗剂的作用是协助表面活性剂提高洗涤作用，分有机型和无机型两类。

(1)有机型助洗剂：一般有三种作用。

①碱性缓冲作用，维持洗浴的 pH≥7。

②高价金属离子的螯合作用，软化水。

③固体污垢的分散作用，防止再沉积。

常用的有机型助洗剂有三聚磷酸钠(STPP)、丙烯酸和马来酸的低聚物等。前者虽助洗效果佳，由于其含磷，造成江河湖泊的富营养化，从而蓝藻泛滥造成环境污染，自20世纪70年代之后已逐渐被禁用。聚合物助洗剂的各项指标稍逊于STPP，虽不会造成富营养化，但其生物降解性不佳也是一个潜在问题。

(2)无机型助洗剂：

①无机盐常用的有碳酸钠、硅酸钠等：它们的首要作用是增加洗浴的 pH 值，使基质和污垢尽可能带负电荷，有利洗涤。其次是与洗浴中钙、镁离子反应生成难溶盐，从而软化水。而且，硅酸钠还具有良好的润湿和乳化性能。缺点是往往碱性太强，适用于硬表面的碱性洗涤剂。

②合成沸石[$NaO \cdot (Al_2O_3)_{1.3\sim2.4} \cdot SiO_2 \cdot H_2O$]：又称为 4Å 型分子筛，是一种绿色助洗剂，其助洗机理有所不同。它是通过离子交换将沸石中的 Na^+ 取代洗浴中的 Ca^{2+} 和 Mg^{2+}，实现软化水之目的，而通过与污垢共沉淀来防止再沾污的。虽然，其离子交换速率还偏小，但还是目前 STPP 最佳替代品。由于沸石没有碱缓冲作用，所以，最好与其他助洗剂配合使用。

3. 酶制剂

酶是一种生物催化剂。洗涤剂中添加酶的目的是协助去除表面活性剂难以去除的污垢。

(1)蛋白质酶：能将基质上如牛奶渍、蛋液、肉汤等蛋白质污垢水解为低聚肽后，再经水洗去除。

(2)脂肪酶：是将基质上如人的皮脂、食物油渍等脂肪酸三甘油酯分解为甘油和脂肪酸，甘油易溶于水，而脂肪酸易被洗浴卷离去除。

(3)淀粉酶：其作用是将淀粉分解为易溶于水的糖类而去除。

(4)碱性纤维素酶：纤维素酶的作用机理不同，例如碱性纤维素酶能作用棉纤维的非晶区，使纤维素分子与水组成的胶状结构软化，使得一些封闭在纤维素的污垢溶出，去除用一般洗涤剂不能去除的、残留在织物上，使织物泛黄的污垢，提高洗涤效果。

(5)其他酶制剂：在棉织物精练时，还需要去除一定的果胶、木质素等，可以借助相应的果胶酶、漆酶来水解去除。

4. 其他助剂

(1)漂白剂：织物表面一旦被含色素的汗渍，如咖啡、果汁、茶等污染，用通常的洗涤剂无法彻底去除，须借助化学漂白来完成。所谓漂白实际上仅仅是通过漂白剂的氧化还原作用破坏色素的发色或助色基团，使之退色，得到表观去除的结果。常用的漂白剂有过硼酸钠、过碳酸钠等。

(2)荧光增白剂：采用荧光增白剂的目的应与漂白剂一样是为了提高织物的表观白度，但增白的机理不同。从光学角度讲，白光是七色光的复合光，而泛黄的污渍往往是缺蓝光。而荧光增白剂实际上是一类吸收紫外光，发射出青蓝光的荧光染料，能在洗涤时直接吸附于织物表面。而织物表面的荧光增白剂所发射的青蓝光正好与污渍的黄光互补，使织物泛白。荧光增白剂的种类很多，常用的是二苯乙烯三嗪型化合物，在国内洗衣粉中的用量仅为 0.1%。

(3)其他：除此之外，还有柔软调理剂、泡沫以及填充剂等。

思考题

1. 简述表面活性剂在液体油污去除过程中的作用。

2. 简述表面活性剂在固体油污去除过程中的作用。

3. 解释为什么洗涤作用极差的阳离子型表面活性剂在酸性水介质中可以用作洗涤剂。

4. 解释在偏碱性的水介质中，利用阴离子型表面活性剂去除织物污垢时，为什么加入少量阳离子型表面活性剂会产生增效作用。

5. 何谓助洗剂？有哪些类型？分别在洗涤中起什么作用？

第十一章　表面活性剂的非表面活性作用

表面活性剂的表面活性——界面吸附和胶束作用产生了包括增溶、润湿等一系列派生作用，实际上，这一系列派生作用又反过来从各个方面反映了表面活性剂的表面活性。如果说这是表面活性剂的主流特性的话，那么表面活性剂还存在与其表面活性无直接关系的非主流特性，即所谓表面活性剂的非表面活性作用。例如：表面活性剂的界面吸附作用往往使其在固体表面形成单分子膜，而固体表面的表面活性剂膜往往存在平滑性、柔软性和防腐性等一系列作用。此外，表面活性剂的疏水作用在水中极易与其他物质发生缔合，例如与微生物缔合而产生抗菌作用，而与染料分子缔合则会产生缓染和匀染作用。表面活性剂的这一系列非表面活性作用，已经成为纺织、化妆品、医用以及石油等领域表面活性剂工业化应用的新的增长点。

第一节　表面活性剂的平滑作用及平滑剂

一、纤维的摩擦性能

纤维的摩擦性能实际上是指纤维之间以及纤维与金属装置之间相对滑动的难易程度，它对纤维的成型、机械加工(例如梳理、纺纱及织造过程等)以及织物性能起着重要作用。纤维的摩擦性能一般用静摩擦系数 μ_s 和动摩擦系数 μ_d 来表示。μ_s 是指接触纤维间开始相对运动时的最大摩擦力与正压力的比值，μ_s 越小，则往往表示纤维及其织物的柔软性越好。μ_d 是接触纤维间相对运动时的阻力与正压力的比值，μ_d 越小，则说明纤维的平滑性更佳，易于加工。表 11－1 列出了各种纤维的 μ_s，由表 11－1 可知各种纤维的 μ_s 都相差不大，而且普遍高于无机材料。所以，未经润滑处理的纤维不仅粗糙僵硬，而且加工时阻力大，易发热磨损[图 11－1(a)]，要改善纤维的摩擦性能，必须在纤维间加入润滑油膜。

表 11－1　各种纤维的静摩擦系数

纤维	μ_s	纤维	μ_s	纤维	μ_s
羊毛(顺鳞片)	0.11	黄麻	0.46	锦纶	0.47
羊毛(逆鳞片)	0.14	蚕丝	0.52	粘胶	0.43
棉	0.22	聚酯	0.58	钢	0.29

根据油膜的厚度，纤维的润滑性能又分为流体润滑和边界润滑。流体润滑的油膜是厚度为 0.1μm 以上的流动液体，可以将纤维表面完全隔离[图 11－1(b)]，从而降低纤维的摩擦系数，

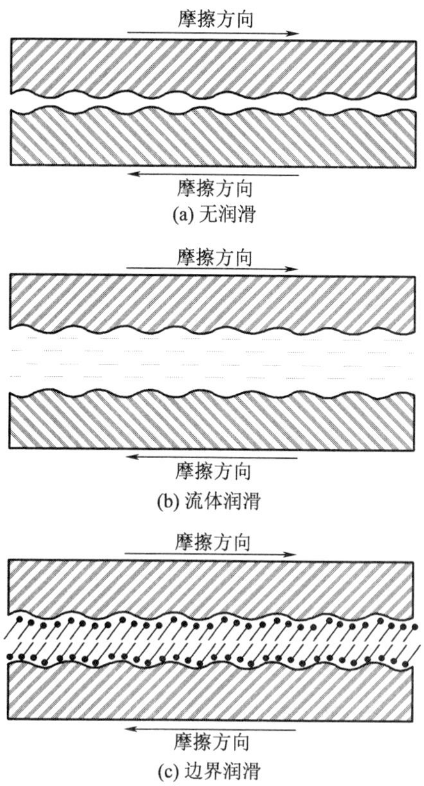

图 11－1　固体表面之间各种润滑性质的示意图

改善因摩擦引起的发热和磨损，流体摩擦系数一般仅与润滑剂黏度有关。而边界润滑依靠的是纤维表面上厚度为 1nm 左右的单分子层定向吸附膜[图 11－1(c)]，随着润滑剂的吸附达到饱和，定向排列的疏水链有效地隔离纤维表面的接触，降低摩擦系数。边界摩擦系数不仅与润滑剂黏度有关，而且与其吸附性能密切相关。

实际上，边界与流体润滑之间还存在一过渡区。将摩擦系数对油膜厚度 G 作图(图 11－2)可知，从边界润滑区出发进一步增加油膜厚度，则纤维的摩擦系数会随之连续下降，直至进入流体润滑区后才回升。在此过程中，润滑油膜从单分子层定向吸附逐渐演变为多分子层定向吸附，形成一种边界与流体的混合润滑作用。因为油膜厚度 $G \propto$ 摩擦相对速率，所以从图 11－2 不难发现：在低摩擦速率时，例如改善织物的柔软性能，若施加柔软剂的油膜厚度处于混合润滑区，则纤维的摩擦系数可望达到极小，柔软性最佳；而在高摩擦速率时，例如提高纤维的平滑性能，由于多分子层定向吸附膜往往会受到高切力的影响，纤维的摩擦系数反而会增大，甚至因油膜遭受破坏，而使摩擦系数接近未经平滑处理的纤维。所以，平滑剂的油膜除了要求足够厚度外，其在纤维表面的吸附性能也直接影响纤维加工的平滑性。

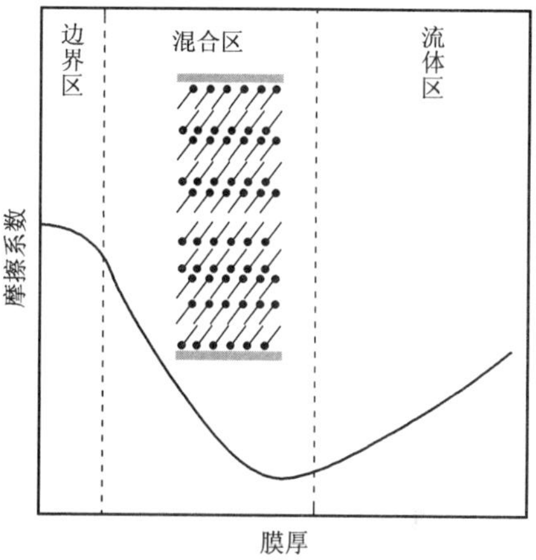

图 11－2　存在润滑层的纤维摩擦性能

二、表面活性剂的平滑作用

表面活性剂作为纤维平滑剂，应该具有以下三方面的作用。

1. 有效降低纤维摩擦系数的作用

在纤维成型和纺织加工过程中，纤维往往被拉伸、卷绕并快速通过金属导体，因此平滑剂的首要作用是改善纤维的流体润滑性能，降低纤维的动摩擦系数。影响流体润滑的因素除油膜厚度外，还与平滑剂的黏度及其定向吸附有关，所以，表面活性剂影响纤维动摩擦系数的因素一般有两个方面。

(1)亲水基:各种表面活性剂的亲水基对纤维摩擦系数的影响见图 11－3。从图 11－3 可知,矿物油是降低动摩擦系数的最有效的平滑剂,但矿物油没有极性基,不能在纤维表面形成单分子层定向吸附膜,很难有效改善高速摩擦纤维的流体润滑性能。所以,脂肪醇及其聚氧乙烯醚非离子型表面活性剂是常用的纤维平滑剂,不同的聚氧乙烯醚非离子型表面活性剂的静、动摩擦系数见表 11－2。从表中可知,脂肪醇与脂肪酸聚氧乙烯醚的摩擦系数相差不大,而脂肪酰胺聚氧乙烯醚的摩擦系数值较低,而且当聚氧乙烯醚链增长时,摩擦系数也增加。

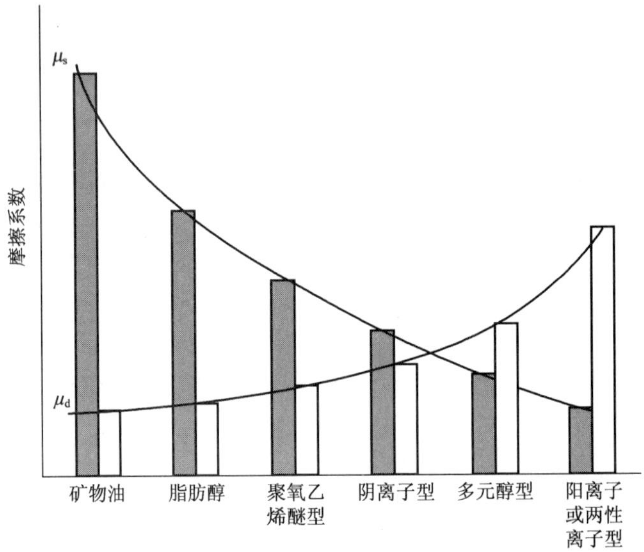

图 11－3　各种类型表面活性剂的亲水基对纤维摩擦系数的影响

■ μ_d 动摩擦系数　□ μ_s 静摩擦系数

表 11－2　各种聚氧乙烯醚非离子型表面活性剂的静、动摩擦系数值

平滑剂	μ_s	μ_d	平滑剂	μ_s	μ_d
$C_{17}H_{35}O(CH_2CH_2O)_4H$	0.175	0.160	$C_{17}H_{35}COO(CH_2CH_2O)_{11}H$	0.191	0.174
$C_{17}H_{35}CONH(CH_2CH_2O)_4H$	0.163	0.149	$C_{17}H_{35}O(CH_2CH_2O)_{15}H$	0.198	0.178
$C_{17}H_{35}O(CH_2CH_2O)_7H$	0.185	0.168	$C_{17}H_{35}CONH(CH_2CH_2O)_{21}H$	0.190	0.171
$C_{17}H_{35}CONH(CH_2CH_2O)_7H$	0.171	0.156	$C_{15}H_{31}O(CH_2CH_2O)_{11}H$	0.195	0.178
$C_{17}H_{35}COO(CH_2CH_2O)_7H$	0.184	0.169	$C_{12}H_{25}O(CH_2CH_2O)_{11}H$	0.202	0.184
$C_{17}H_{35}O(CH_2CH_2O)_{11}H$	0.192	0.173	$C_{17}H_{33}CONH(CH_2CH_2O)_{11}H$	0.198	0.182
$C_{17}H_{35}CONH(CH_2CH_2O)_{11}H$	0.180	0.163	$C_{17}H_{33}COO(CH_2CH_2O)_{11}H$	0.204	0.186

(2)疏水基:一般认为直链降低摩擦系数的能力优于其支链同系物。对于疏水基为碳氢链的表面活性剂,随着碳链的增长,其动摩擦系数降低,并趋于定值。例如脂肪酸系列,当达到 15

个碳时，μ_d 降至最低值 0.05，并且碳链再增长，此值不再降低。显然，具有一定长度疏水链的表面活性剂多分子层定向吸附膜，不仅完全隔离纤维间的接触，而且有效降低了纤维的摩擦系数。聚氧乙烯醚非离子型表面活性剂也存在类似的趋势（表 11-2）。此外，纤维平滑剂的这种流体润滑性能也可以通过 μ_d 较小的矿物油和吸附性能好的表面活性剂复配完成。

2. 改善纤维抱合性的作用

平滑剂在减小纤维摩擦系数的同时，另一个作用是改善纤维抱合性，并在加工过程中阻止纤维在非轴线方向的运动。平滑剂的抱合性必须与纤维的摩擦性能相匹配。如果将平滑剂抱合力 g 定义为把半径为 r 的玻璃球从涂有平滑剂的玻璃板上拉开所需的力，即 $g=4r\pi\gamma$（γ 为平滑剂的表面张力）。有研究表明，为了使纤维取得良好的摩擦性能，当其静摩擦系数 $\mu_s<0.2\sim0.3$ 时，平滑剂的抱合力 $g>0.215\sim0.225$ 为宜，而如果纤维的 $\mu_s>0.2\sim0.3$，则平滑剂的 $g<0.215\sim0.225$ 更好。为了得到纤维满意的摩擦和抱合性能，在平滑剂中加入矿物油是必要的，但如果是化学纤维，则单独应用合成平滑剂就能得到满意的效果。

3. 提高纤维抗静电性的作用

纤维在加工过程中，平滑剂可以减少纤维之间的摩擦，但不能完全避免产生静电，特别是一些合成纤维，由于其表面电阻较大（表 11-3），产生的静电很难散逸。通常平滑剂本身具有一定的抗静电效果，特别是离子型平滑剂的抗静电效果更佳，这主要是因为离子导电的原因。而聚氧乙烯醚非离子型表面活性剂同样具有不错的抗静电性，这可能是因为吸附于纤维表面的 EO 基能进一步吸附水，使静电散逸加快。同样，为得到更佳的抗静电性，可以在平滑剂中加入一定量的抗静电剂，例如仲胺或叔胺的聚氧乙烯加成物、三乙醇胺油酸盐等。

表 11-3　纺织纤维的质量比电阻 ρ_m[①]（R. H. 65%）

纤维种类	棉	苎麻	蚕丝	羊毛	粘纤	锦纶	醋纤	腈纶	腈纶（去油）	涤纶	涤纶（去油）
$\lg\rho_m$	6.8	7.5	9.8	8.4	7.0	9～12	11.7	8.7	14.0	8.0	14.0

①质量比电阻 ρ_m 为电流通过长度为 1cm，重 1g 的纤维束时的电阻（Ω）。

三、平滑剂在纺织加工中的应用

在纺织中常用的平滑剂因对象以及作用不同往往是不一样的，而合成纤维是其中最主要的对象。由于合成纤维一般在纺织加工中运行速度快，而且表面电阻大，所以设计油剂时，除了考虑平滑剂之外，还要注意抗静电。选用时，一般要求 $\mu_d<\mu_s$。在合成纤维加工中，长丝和短纤维的产量大致相当，但长丝油剂的制造技术比短纤维的难度大，问题多。

1. 合成纤维的长丝油剂

（1）纺丝油剂：合成纤维的长丝主要是锦纶和涤纶两大品种，在纺丝油剂设计方面具有诸多共同点，但也应注意其独有的特点。对于锦纶长丝来说，通常其含水率高，易受到水分的影响，易受热变黄，往往表面带正电荷。而涤纶长丝则相反，表面易带负电荷，由于其刚性大，与金属摩擦时双方都易受损。

在纺丝过程中，拉伸、卷曲、定型等工序的温度都为 180～230℃。过去常用的一些具有良好表面润湿性和扩散渗透性的平滑剂是聚氧乙烯醚非离子型表面活性剂，其中耐热性较好的是烷基酚聚氧乙烯醚，端羟基用乙酰基、烷氧基取代的烷基醇聚氧乙烯醚则有平滑性好且拖尾现象小的优点。其次是脂肪酸聚氧乙烯的单酯、双酯等，不仅高温时油膜强度高且不冒烟。随着纺丝速度的增加，纺丝油剂的耐热性要求越来越高。长链烷基的聚氧乙烯醚非离子型表面活性剂往往不能满足要求。在一般的高速纺丝油剂中，99％聚醚和 1％的抗静电剂拼用即可。由于改性硅油耐热性好，吸附及降低边界摩擦系数的能力强，所以，当纺丝速度超过700m/min，还需要拼用改性硅油来提高平滑性。

(2)纺织后加工油剂：长丝纺织加工温度一般低于 150℃，所以，对油剂的要求不会太高，常用的有以油酸乙醇铵盐、烷基磺酸盐等阴离子型表面活性剂为主体的油剂，该油剂的优点是与浆料(PVA 聚丙烯酸盐等)相容性好，但耐热性较差，而且也不能适应纺织加工的高速化。改进办法：拼加脂肪酸酯，以改善平滑性；减少阴离子型表面活性剂，添加非离子型表面活性剂以提高其耐热性。一般各种油剂与上浆性之间存在图 11－4 所示的关系，所以拼用非离子型表面活性剂可能又会降低上浆性，不过选用含氨基的非离子型表面活性剂可能使部分上浆性得以改善。

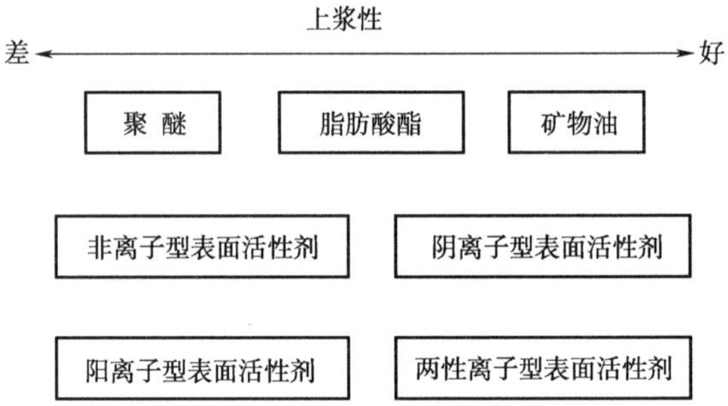

图 11－4　油剂成分与上浆性的关系

近年采用的喷水织造法无需上浆，为提高油膜强度来保护纱线不受损伤，往往可以采用烷基磷酸盐、硅油、蜡以及聚醚等平滑剂及其复配物。

2. 合成纤维的短纤维油剂

由于纺丝和纺织后加工对油剂的要求不同，所以，过去往往采用不同油剂进行。但是，油剂品种太多，不利管理，而且，两种油剂在短纤维表面不同的黏附比例会明显影响其纺织加工性能，所以目前短纤维纺丝和纺织后加工油剂趋向选择一种进行。

短纤维加工油剂中，为达到抗静电性、平滑性、集束性、防黏附性以及耐磨损性等要求，常常需要各种平滑剂，其中烷基磷酸酯钾盐除集束性之外，各方面性能都佳，为涤纶、锦纶及腈纶的纺织油剂中的主要成分。特别是十二烷基磷酸酯钾，而最近十八烷基磷酸酯钾由于其黏附性小，与金属摩擦系数低，在高湿度区域被广泛利用，对提高纺织加工速度非常有效。

第二节　表面活性剂的柔软作用及柔软剂

在染整加工中，由于构成织物的纤维本身的特性因素，或者为了赋予织物某种功能，例如防缩、防皱、快干、免烫等功能，而进行的各种后整理，都可能造成织物手感粗糙、僵硬，往往需要用柔软剂进行整理，以改善织物的手感，使其更具滑爽、柔软的风格，提高织物的舒适性。目前，柔软整理已成为纺织后加工中提升产品品位、提高档次、增加附加值必不可少的工序之一。

一、柔软作用机理

织物柔软主要与纤维的边界润滑性能密切相关。降低纤维之间的边界摩擦系数的有效办法是加入表面活性剂，即柔软剂。

1. 纤维间的摩擦系数与柔软性的关系

与平滑剂不同，好的柔软剂一般要求纤维之间具有更低的摩擦系数 μ_s，即 $\mu_s < \mu_d$，而且要求($\mu_s - \mu_d$)差的值也愈小愈柔滑。不同柔软剂的摩擦系数及效果见表 11－4。

表 11－4　不同柔软剂的摩擦系数及效果

柔软剂①	μ_s	μ_d	柔软性
空白	0.228	0.189	僵硬
二甲基硅氧烷	0.208	0.170	柔滑
阳离子型柔软剂	0.125	0.173	非常柔软

①处理工艺条件：柔软剂用量 0.2%(owf)，20℃，65%R.H.，粘胶纤维。

织物使用了柔软剂之后，除提高织物柔软性之外，在加工过程中存在以下几方面的特征：

(1)由于降低了织物中纤维与纤维之间的摩擦系数，所以各种原因引起的织物或者纱线内的应力容易加速消除，织物容易熨平；

(2)由于降低了织物中纤维与金属之间的摩擦系数，所以易于针线缝制，而难于织物切割；

(3)在湿加工中，使用柔软剂可以减轻由于折叠引起的永久性折痕，易于织物层与层之间的分离。

由于是利用表面活性剂的定向吸附膜来降低摩擦系数，所以要求各种柔软剂的疏水基为直链的饱和烃链，带支链的往往不利于定向膜之间的相对滑移，而双键的存在不仅使疏水链不能自由旋转而变得僵硬，而且不饱和键易诱导极化，膜的吸水性提高，柔软性下降。常见的疏水基链长为 $C_{16} \sim C_{18}$。不同柔软剂除了影响织物的柔软性外，还会改变其他性能，例如纤维素纤维的染色牢度、吸水性等都会有明显影响(表 11－5)。所以选用柔软剂时，除了考虑织物的柔软效果，还要全面评价，扬长避短，也可以考虑多种柔软剂的复配，以改善整体效果。

表 11-5 各种柔软剂对纤维素纤维性能的影响

织物性能	阳离子型	阴离子型	非离子型
柔软性	好	良	一般～良
染色牢度	一般～良	好	一般～良
吸水性	差	好	一般
荧光染料的相容性	差	好	好
缝制性能	好	良～好	良～好

2. 柔软剂的用量与摩擦系数的关系

柔软剂的用量直接影响纤维表面润滑油膜的厚度。一般来说，柔软剂的用量为 0.05%～0.3%(owf)，油膜的厚度约为 1μm，形成以单分子层定向吸附为主体的多分子吸附层，为混合润滑区；柔软剂用量为 0.3%～2%(owf)，则油膜的厚度约为 100μm，形成多分子层堆积的流体润滑区。油膜过厚或过薄都不利于柔软剂的润滑，柔软剂的用量一般选用介于混合润滑和流体润滑区之间的、摩擦系数较小的区域，用量为 0.3%(owf)以上。应当指出，纤维的细度也会影响油膜的厚度。较细的纤维，比表面积较大，形成一定厚度的膜需要更多的柔软剂。

二、常用柔软剂

1. 阴离子型柔软剂

最常用的阴离子型柔软剂是磺基琥珀酸二烷基醇酯(例如十八烷基醇酯)，其次是脂肪醇硫酸酯盐、油脂的硫酸化物等。

2. 阳离子型柔软剂

一般为长链季铵盐，例如双十八烷基双甲基氯化铵、双酰胺烷基聚氧乙烯基季铵盐以及咪唑啉季铵盐等。由于阳离子型柔软剂可以通过库仑引力在固/水界面发生亲水基定向吸附，所以，处理时可以用浸渍法，但处理后织物往往润湿性大大降低。与之相比，两性离子型柔软剂也能通过库仑引力吸附，但它不会形成疏水膜。当然由于其价格贵，很少被使用。

3. 非离子型柔软剂

(1)多元醇型：例如脂肪酸甘油单酯或双酯、缩水山梨醇单酯或双酯等，通常非离子型或者非离子—阴离子型柔软整理剂的主要成分为脂肪酸的多元醇酯。而阴离子的高级脂肪醇的硫酸酯盐在这种场合则作为辅助乳化剂被使用。

(2)聚氧乙烯醚：脂肪酸聚氧乙烯醚酯或脂肪醇聚氧乙烯醚等，例如 $C_{17}H_{35}COO(CH_2CH_2O)_4H$。

由于织物在水中往往带负电荷，所以上述柔软剂在固/水界面通常以疏水相互作用定向吸附，其中，阴离子型柔软剂还会受到静电排斥作用，所以处理时采用浸轧工艺，处理后也易于洗去，作为一种“暂时性”的物质，往往用来作为提高织物其他性能以及柔软剂乳化性能的助剂。

4. 有机硅柔软剂

有机硅柔软剂主要是指聚硅氧烷及其衍生物。与碳氢化合物相比，其 Si—O 键的键能大、旋转能低，分子间相互作用小，表现为聚硅氧烷的化学性质及热稳定好，主链非常柔顺，黏度低，表面张力小、成膜性好以及降低摩擦系数能力强等特点。经修饰后的活性基团能与纤维形成化学键或发生自交联，在纤维表面形成高聚合度的弹性网状结构，有文献报道，有机硅柔软剂的生物降解性也优于阳离子型表面活性剂，是一类加工和使用性能都非常出色的织物柔软整理剂。有机硅柔软剂一般须乳化或自乳化成 o/w 型乳液后使用，否则极易在织物表面产生油斑。乳化剂一般采用非离子型表面活性剂。有机硅柔软剂一般分为以下三类。

(1)非活性有机硅柔软剂：是第一代有机硅柔软剂，主要为二甲基硅油(简称 DMPS)，相对分子质量为 6 万～7 万，由于没有活性基团，所以进行织物整理时，主要依靠物理吸附，整理后的织物耐热性和白度较好，具有柔软性和平滑性，但悬垂性和耐洗性较差。二甲基硅油的分子结构式：

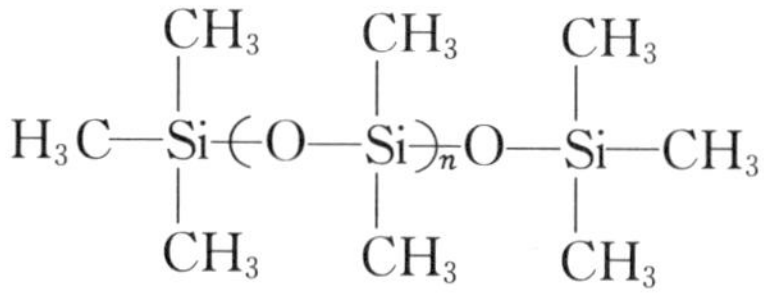

(2)活性有机硅柔软剂：是第二代有机硅柔软剂，主要为羟基或含氢硅油。由于含氢硅油上的活性氢能与其他活性基团(—NH_2、—OH 等)脱氢气，所以，在金属催化剂作用下，能在织物表面形成网状结构，使其具有更好的柔软性和耐洗性。羟基硅油和含氢硅油反应生成网状结构：

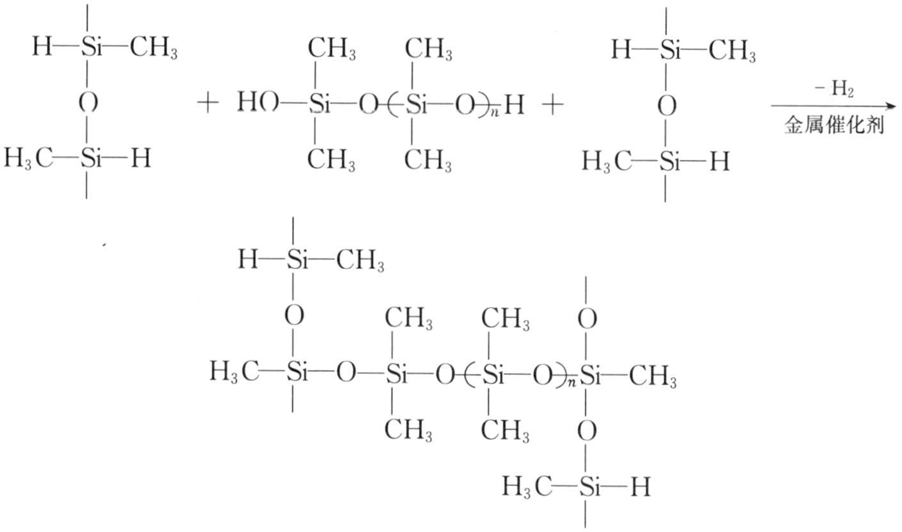

(3)改性有机硅柔软剂：是第三代有机硅柔软剂。在聚硅氧烷链上引入其他活性基团，使其具有特殊功能以适应各类高档织物的整理需要，在提高织物柔滑性的同时，改善织物的抗油污、抗静电以及亲水性能，提高织物服用性能。引入的基团一般分为三类。

第一类为反应型，包括氨基、环氧基、羧基、甲基丙烯基、巯烷基、羟烷基和氟代烷基等；其中，氨基硅油能在纤维表面亲水基定向排列，从而大大改善柔软性，缺点是易泛黄。氨基硅油的分子结构式：

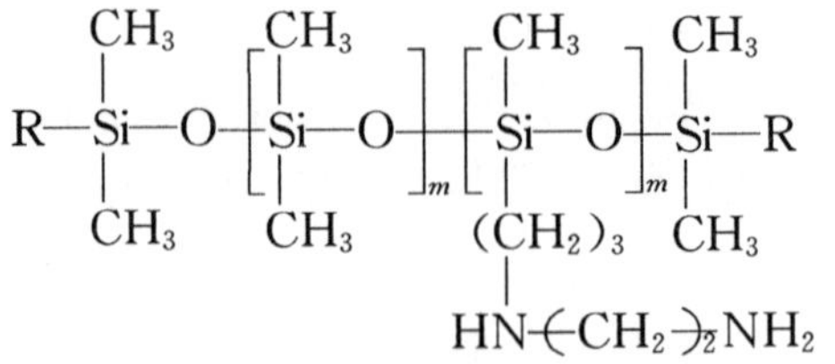

环氧基改性硅油的特点是活性高，可与纤维素、羊毛等含活性氢的纤维牢固结合，提高耐洗性，耐光、耐热性较强，不泛黄，但平滑性较差。环氧基改性硅油分子结构式：

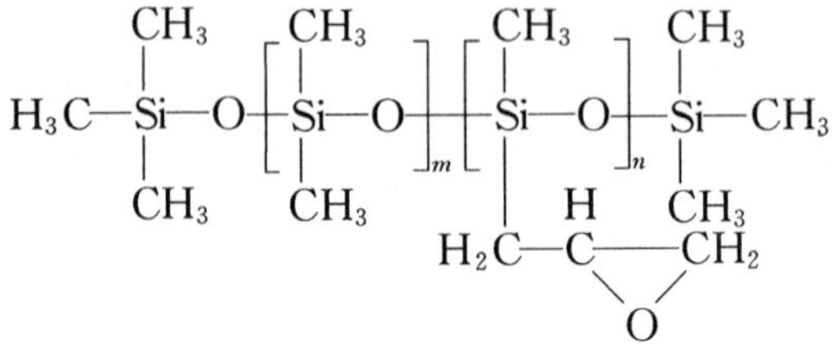

第二类为非反应型，主要是单纯的聚醚改性硅油。这类硅油的亲水亲油性可以通过调节EO和PO比例及其位置来控制，从而调节其在水中的分散性能以及织物的亲水性和抗静电性能。聚醚改性硅油的分子结构式：

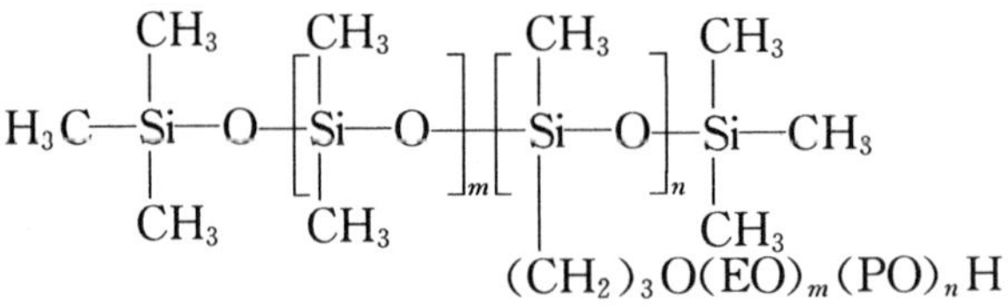

第三类为混合型，如聚醚、氨基和环氧基改性，目前大多产品为混合型。

第三节　表面活性剂的抗静电作用及抗静电剂

静电是纤维及其织物在生产和应用过程最常见的现象之一。一旦纤维及其织物带静电，除了在加工过程中会造成缠绕滚筒，难以集束等问题外，在穿着服用时也会引起容易吸尘，导致沾污，缠贴身体，穿着不适，甚至因放电现象产生电击、引起燃爆等问题。所以，纤维及其织物的抗静电作用在生活、生产中都具有重要意义。

一、静电的产生机理

高分子材料的起电过程很多，其中最常见的是接触起电。轻微摩擦时的起电可近似看作物体在一系列的紧密接触和分离过程中，电荷在其表面间转移的结果。

1. 材料的起电机理

(1)电子转移起电：一般有两种机理，当物体接触时，电子总是从电子逸出功(或称功函数)小的物体向电子逸出功大的物体转移，电子逸出功小的物体带正电荷，反之带负电荷。分离时，由于电容量大大下降而使物体间的电位差迅速增大，产生相当高的静电压。

(2)离子转移起电：高分子材料表面的离子来源包括吸附水中的 H^+ 和 OH^- 以及材料本身和杂质在水中离解的离子等。这些离子在接界面受到各物体相反电荷的库仑作用、离子浓差的扩散作用以及由于表面凹凸不平等因素产生的势能作用而发生移动。同样，随着两物体分离而静电压升高。

2. 电荷的泄漏

材料在摩擦过程中，电荷不断地产生而且不断地泄露，因此，实际观测到的静电荷量应该是两个过程的动态平衡值。电荷的泄漏同样通过电子和离子两种方式完成。由于材料对正、负电荷的相对亲和力不同，表现出其正、负电荷的泄漏速率也不同。实验发现：纤维素中正电荷的泄漏速率大于负电荷，而羊毛中却相反。一般可将材料分为三种类型：负电荷泄漏速率慢于正电荷者，称为"静电负性"材料；正、负电荷泄漏速率近似相等者，称为"静电中性"材料；正电荷泄漏速率慢于负电荷者，称为"静电正性"材料。

3. 材料的静电序列

由于影响材料静电产生和泄漏的因素非常多，所以，实际情况远比上述复杂，但是，当两种不同高分子材料相互摩擦后各自的带电情况通常有一定的规律。这种规律经科学工作者长期试验，归纳出了一种摩擦起电序列，或称静电序列，一些材料的静电序列见表 11－6。在静电序列中任一组材料相互摩擦后，相对偏向"＋"侧的材料一般带正电荷，偏向"－"侧的材料一般带负电荷，而且，两材料在静电序列中相隔越远，所带静电量越大。表 11－6 中同一材料在不同文献静电序列中所处的位置有所不同。这可能与所测定的材料及其所用助剂的性能和环境条件的差异有关。

表 11－6 一些材料的静电序列

序列	赫什—蒙哥马利	弗利蒙	勒米克	格吕纳
(＋)	羊毛	玻璃	玻璃	羊毛
↑	锦纶	碳纤维	锦纶	铜氨及粘胶纤维
	粘胶纤维	锦纶	羊毛	锦纶 6(拉伸)
	棉	羊毛	真丝	真丝
	真丝	真丝	粘胶纤维	涤纶
	醋酯纤维	粘胶纤维	棉	纸
	聚乙烯醇	棉	纸	钢
	涤纶	纸	苎麻	玻璃
	腈纶	钢	钢	锦纶 66
	聚氯乙烯	橡胶	硬橡胶	铝
	氯乙烯—丙烯腈共聚纤维	醋酯纤维	醋酯纤维	棉
	偏氯乙烯—氯乙烯共聚纤维	腈纶	合成橡胶	皮革
	PE	聚偏氯乙烯纤维	腈纶	黄铜
	聚四氟乙烯纤维	PE	聚偏氯乙烯纤维	腈纶
			PE	硬橡胶
(－)				合成橡胶

材料一旦带电，而其本身又是不良导体，也不接地，则静电往往很难散逸。但如果材料上含有少量导电物质，则情况就不大一样了。例如，天然纤维的羊毛和棉纤维在完全干燥条件下是好的绝缘体，但当空气中相对湿度大于60%时，由于纤维表面吸附了足够量的水分而导致表面电导率增大，静电效应改善。所以，水也可以看作是一种抗静电剂。但是，许多合成纤维，例如腈纶、涤纶、丙纶等的亲水性很差，甚至几乎不吸附水分，所以即使空气湿度在60%以上，其静电效应仍然严重，需要添加抗静电剂。

二、表面活性剂的抗静电作用

表面活性剂的抗静电作用一般表现为以下两方面。

1. 表面平滑作用

实验证明：表面活性剂在用于材料的抗静电处理时，其在材料表面上吸附的分子平均达10层以上，才能呈现明显的抗静电效果。而存在于两摩擦表面间表面活性剂的多分子吸附层至少在摩擦时具有两种作用，其一是增大了两摩擦表面的接触间距，因为两表面摩擦时所产生的静电荷与接触间距成反比，所以减少了静电荷的生成；其次是显著降低了两表面之间的摩擦系数，减少摩擦功，削弱了摩擦起电，从而达到抑制静电生成的目的。

2. 表面导电作用

实际上，完全避免静电的生成是不可能的，所以最积极、有效的抗静电方法是把产生的静电迅速泄漏出去，而其中最根本的方法是提高材料的表面电导率。表面活性剂在材料表面形成的多分子层定向吸附膜，导致其在膜表面层的亲水基呈各向同性分布，从而提高了材料的表面电导率。表面活性剂的表面导电存在两种机理。

(1)吸湿导电：由于表面活性剂可以通过亲水基吸附水，而水是高介电常数($\varepsilon_{水}=81.5$)的液体，与干燥的纤维和织物相比，具有很高的导电性。如果材料表面附着一层薄薄的连续水膜，就能起到泄漏静电的作用。所以，许多用于亲水整理的表面活性剂，同时也是抗静电剂。

(2)离子或质子导电：表面活性剂的吸湿导电还不是决定其抗静电效果好坏的主要因素。例如将甘油等强吸湿性物质涂于纤维表面，其抗静电效果有限。所以，还需同时考虑表面活性剂与水分子的相互作用及其在水中电离对导电的影响。

①离子导电：利用表面活性离子在材料表面的吸附，并通过其反离子的迁移而导电。离子导电除了随离子型表面活性剂的表面活性增强、电离度增大而增加，也与其反离子的淌度、电负性以及表面分子层的结构密切相关，甚至亲水基的吸湿性过大也会影响离子导电的能力。

②质子导电：一些含羟基和氨基的表面活性剂在水中可按如下质子导电机理导电：

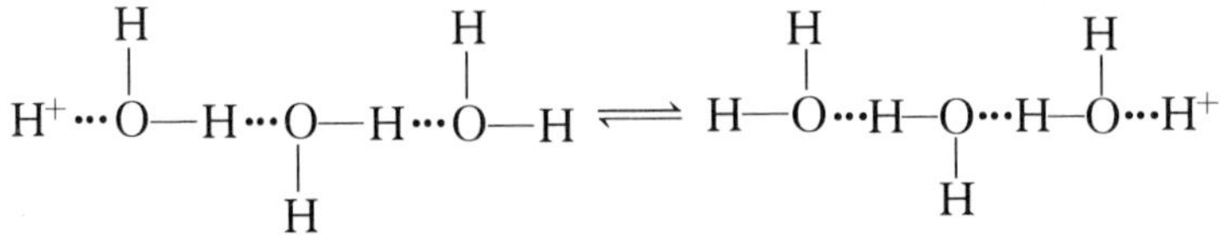

例如，含N-羟乙基的伯胺、N,N-二羟基取代酰胺的表面活性剂，往往具有特别好的抗静电效果。而聚氧乙烯醚非离子型表面活性剂的导电机理也可以用其在水膜形成的聚鉡鎓化合物

的离子导电或者定向排列的乙氧基之间质子导电来解释，但是无论何种导电机理，材料表面吸附水膜及其吸湿量的增加是其导电的前提。

三、常用抗静电剂

抗静电剂是一类用于高分子材料及纤维以降低其表面电阻和防止静电伤害的化学添加剂，以表面活性剂为主，按其应用方法可分为外部用和内部用抗静电剂两类。外部用抗静电剂在使用时通常是配成0.5%～2.0%浓度的溶液，并通过涂布、喷雾、浸渍等方法使之附于纤维及其织物表面。外部用抗静电剂以合成表面活性剂为主，一般此类抗静电剂的耐洗性和耐磨性都较差，特别是非离子型抗静电剂，所以又叫"暂时性抗静电剂"。近年来，为了提高抗静电剂的耐水洗性，一类以高分子表面活性剂为代表的"耐久性抗静电剂"被广泛应用。在印染加工中，抗静电整理常指的是使用外部用抗静电剂。而内部用抗静电剂是在高分子材料合成时，或在制件加工及纤维成型过程中所添加的抗静电剂。内部用抗静电剂的添加量一般为0.1%～3%，由于它与材料混为一体，所以耐久性好。用作内部用抗静电剂的表面活性剂一般要求其能耐高温，与材料的相溶性好，既不影响材料的加工成型，也不损害材料的性能。常用的抗静电剂有以下几类。

1. 阳离子型抗静电剂

阳离子型抗静电剂是抗静电剂的大类品种。由于大多数高分子材料都带负电荷，所以阳离子型表面活性剂的吸着性和耐水洗性都比较好，不仅在低浓度时就具有出色的抗静电性能，而且具有优良的平滑性和柔软性，有效抑制静电的产生。

常用的阳离子型抗静电剂主要是 $C_{12}\sim C_{18}$ 的烷基或脂肪酰氨基的铵盐或季铵盐。对合成纤维来说，季铵盐是较好的抗静电剂，例如十六烷基三丁基溴化铵是锦纶常用的抗静电剂。具有两个长链烷基的，如二(十二烷基)二甲基氯化铵、二(十八烷基)二甲基氯化铵都是很好的抗静电剂，但二个以上长链烷基则抗静电效果明显减弱。另外，有机酸季铵盐，例如十八烷基三甲基乙酸铵以及具有 N-羟乙基的季铵盐，例如抗静电剂 SN 都具有优良的抗静电性，其结构式如下：

$$C_{17}H_{35}CONHCH_2CH_2-\overset{\displaystyle CH_3}{\underset{\displaystyle CH_3}{\overset{|}{\underset{|}{N^+}}}}-CH_2CH_2OHNO_3^-$$

此外，含杂环的阳离子表面活性剂，如 N-十六烷基吡啶硝酸盐、十六烷基喹啉盐也可以用作抗静电剂，而且N原子上被羟乙基取代时，有利于质子导电，抗静电作用更大。

同时，季铵盐的反离子不同也会影响抗静电性，例如十八烷基三甲基季铵盐的抗静电性随以下反离子顺序递减：

$$(CH_3)_2PO_4 > Cl^-, NO_3^-, CH_3SO_4^- \gg Br^- > ClO_4^-$$

2. 阴离子型抗静电剂

阴离子型表面活性剂在纤维或者织物表面的吸附取向正好与阳离子型表面活性剂相反，而定向排列的亲水基能与水缔合，从而改善表面导电率，迅速泄漏电荷，达到抗静电的效果。通常的烷基磺酸钠、烷基苯磺酸钠、烷基硫酸酯钠、烷基酚聚氧乙烯醚硫酸酯盐和烷基磷酸酯盐都具有抗静电作用，而以烷基酚聚氧乙烯醚硫酸酯盐和烷基磷酸酯盐的抗静电效果最好。其中磷酸酯盐能与水分子发生键合作用，表现出类似于阳离子型抗静电剂的导电机理，从而大大改善表面导电率。

$$\underset{\underset{\displaystyle O}{\|}}{P{-}P}{-}(OR')_2 + H_2O \longrightarrow \left[\begin{array}{c} R{-}P{-}(OR')_2 \\ \| \\ O \\ \vdots \\ H \end{array}\right]^{+} OH^{-}$$

3. 两性离子型抗静电剂

与阳离子型表面活性剂一样，两性离子型表面活性剂也能在纤维表面形成定向吸附层，有效提高纤维的表面电导率，也是一类优良的抗静电剂。其抗静电效应不仅受疏水链的碳原子数的影响，而且也与其亲水基密切相关。常用的两性离子型抗静电剂有磺酸基或羧酸基的甜菜碱型和咪唑啉甜菜碱型以及氨基酸型两性离子型抗静电剂。例如*N*-十二烷基氨基丙酸钠、*N*-十二烷基亚氨基二丙酸钠以及*N*-羟乙基十一烷基咪唑啉钠盐，*N*-磺酸基十一烷基咪唑啉钠盐等能有效降低材料的表面电阻率。

4. 非离子型抗静电剂

非离子型抗静电剂分多元醇型和聚氧乙烯醚型两大类。常用的有脂肪醇或烷基酚聚氧乙烯醚、脂肪酸聚氧乙烯酯以及脂肪胺或脂肪酰胺聚氧乙烯醚等。非离子型表面活性剂的抗静电作用是由于吸附在纤维表面的多分子层一方面增大了纤维与摩擦物体的间距，减少了纤维表面的摩擦起电量，另一方面其亲水基与水形成氢键，增加了纤维表面的吸湿量，降低了表面电阻率，从而使静电易于泄漏。非离子型抗静电剂的抗静电性能及其耐湿性和耐磨性比离子型抗静电剂更差，非离子型抗静电剂一般常与离子型抗静电剂拼用，以提高其抗静电性能。

5. 高分子抗静电剂

高分子抗静电剂一般耐热性好，并容易在材料及其纤维表面成膜，具有较好的耐洗性，并由于表面亲水性好，所以，还具有防止再污染和易去污的性能。一般有以下几类。

(1)聚丙烯酸酯类：(甲基)丙烯酸和(甲基)丙烯酸酯的共聚物，能在纤维表面形成阴离子亲水性薄膜，亲水性强，所以抗静电效果好。抗静电性能主要取决于亲水性单体的性质及其在高聚物中的比例，一般用量为总单体的20%～50%(质量分数)。耐洗性取决于吸附膜的坚牢度，一般常在其中加入少量羟甲基丙烯酰胺，能发生自交联，提高膜牢度。

(2)聚酯聚醚类：这类抗静电剂具有与涤纶分子相似的聚对苯二甲酸乙二醇酯结构，所不同的是分子中的乙二醇酯部分地被聚乙二醇酯所取代，所以，与涤纶分子相比，乙氧基更多，其亲水性更大，吸湿性也更大，从而降低其表面电阻率。其耐洗性决定于其聚酯的相对分子质量及抗静电剂的成膜性。因为它的结构与涤纶相似，可以与涤纶相容和共结晶。相对分子质量越高，则耐洗性越好，为涤纶常用的抗静电剂，并有防止再污染和易去污的性能。

(3)聚胺类：一般由多乙烯多胺与聚乙二醇反应制得，在两端还可以接上环氧基以增加其反应性。它的抗静电性是由聚醚的亲水性产生的，耐洗性则是因为它的相对分子质量较高及其反应性基团的存在。

6. 反应性抗静电剂

这类抗静电剂在分子结构中含有能与纤维反应的活性基团，例如，环氧基或缩水甘油醚基，用其处理织物与纤维进行反应，而使纤维具有抗静电性。

第四节　表面活性剂的抗菌作用及抗菌剂

由于纤维制品自身的结构特征（例如棉、麻、粘胶纤维等纤维素纤维以及羊毛、丝等蛋白质纤维等）及其在使用过程中沾染人类的皮脂、汗液等代谢物和食品、化妆品等生活污垢的原因，致使纤维制品上不乏存在微生物赖以滋生和繁殖的营养基。而诸如细菌、真菌、酵母菌等微生物在纤维制品中的生长繁殖，不可避免地会造成两方面的问题：其一会造成纤维材料的降解和劣化，而微生物所分泌的代谢物往往还会使纤维制品沾色和发臭；其二则是一些致病菌也会以此为媒介，导致人类的皮肤瘙痒、发炎，甚至致病。所以，纤维制品的抗菌处理在日常生活用品、医用品、运动用品以及军用品中得到广泛应用。

一、表面活性剂的抗菌机理

1. 溶菌作用

微生物表面是由蛋白质、磷脂质等组成的双分子层细胞壁，表面活性剂一旦吸附在微生物表面，即可通过扩散和渗透作用进入细胞的双分子膜，并使之瓦解，以达到溶菌、抗菌之目的。某些微生物表面活性剂，例如从 Pseudomonas sp. 得到的鼠李糖脂以及一种叫 Surfactin 的脂肽的微生物表面活性剂都具有此种功能。

2. 抑菌和灭菌作用

由于微生物的细胞壁一般带负电荷，所以，表面活性剂中的正电荷不仅有助其在微生物表面的吸附以及与细胞膜的结合，还会使菌体的负电荷降低、新陈代谢减缓以及蛋白质变性和破坏，以达到抑菌、灭菌的作用。

通常两种抗菌机理在表面活性抗菌剂中往往兼而有之，而含正电荷的阳离子型和两性离子型表面活性剂是抗菌活性较高的一类抗菌剂。影响表面活性抗菌剂的抗菌活性的因素，除了表面活性剂的类型外，一般 C_{14}～C_{18} 直链型表面活性剂的渗透作用更强些，而分子尺寸比较大的、多官能基的表面活性抗菌剂则表面吸附抗菌作用更佳，特别是阳离子型的高分子表面活性剂，尽管其在扩散穿透细胞壁时的阻力增大，但由于电荷密度提高，就综合效果而言，其抗菌性和稳定性均有大幅提高。

二、常用抗菌剂

常用抗菌剂一般也可以分为暂时性和耐久性两类，耐久性抗菌处理可以通过暂时性抗菌剂的树脂整理，也可以利用高分子表面活性抗菌剂或者具有反应性的表面活性抗菌剂进行表面改性。从表面活性剂的类型分类，则主要是阳离子型和两性离子型抗菌剂两大类。

1. 阳离子型抗菌剂

(1)季铵盐类抗菌剂：为阳离子型抗菌剂中应用最广的一类。此类抗菌剂一般存在以下规律：同类季铵盐中烷基链短的毒性大；在烷基链长相同时，带苄基的毒性比带甲基的小；单烷基的毒性要比双烷基的大。而且，随着烷基链的增长，抗菌性增强，但是达一定长度时，抗菌性反而下降。常用的有：十二烷基苄基二甲基氯化铵、十六烷基三甲基氯化铵、单吡啶季铵盐和具有反应基的 DC5700，其结构如下：

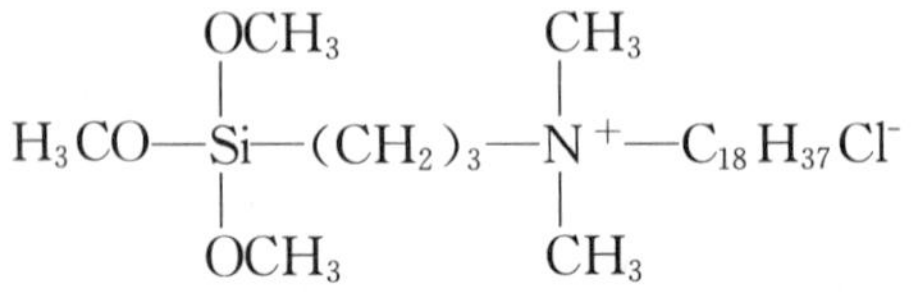

其中，硅原子上的三个甲氧基在一定条件下能与纤维上的羟基发生脱甲醇反应，也能发生水解聚合，从而不仅可在纤维素纤维表面，也可在合成纤维表面形成具有阳离子的硅氧烷薄膜。

(2)双胍类抗菌剂：常见的有烷基双胍的盐酸盐：

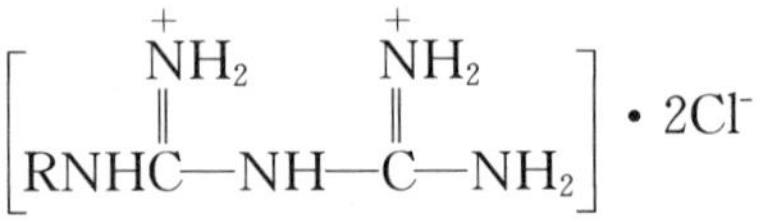

不仅具有抗菌性，而且还具有柔软性以及抗静电性。还有一种高分子的聚六亚甲基双胍盐酸盐(简称 PHMB)，其结构如下：

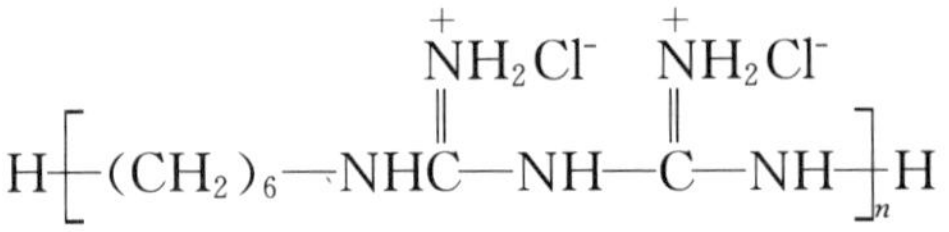

PHMB 广谱抗菌，对革兰氏阳性菌和阴性菌、真菌和酵母菌等均有抵抗作用，可以作为棉及其混纺织物的抗菌剂。

(3)鏻化合物：是新一代的抗菌剂，这类化合物与季铵盐有相似的结构，只是其阳离子中的磷原子代替了氮原子，其抗菌活性则比相同结构的季铵盐高，具有广谱、高效、低毒等优点。

早期的鏻化合物带有三苯基膦结构，显示出良好的抗菌性。例如十二烷基三苯基溴化鏻[$C_{12}H_{25}P(C_6H_5)_3Br$]。而近年来研究发现，带有长链烷基的鏻化合物具有更佳的抗菌性，特别是高分子的鏻化合物的抗菌活性比相应的小分子更高。

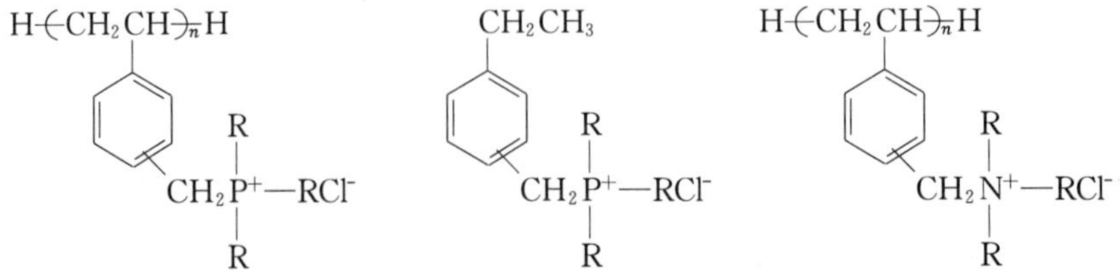

2. 两性离子型抗菌剂

两性离子型抗菌剂与阳离子型抗菌剂相比，其最大特点是毒性低、刺激性小，与其他表面活性剂的配伍性好，但是价格比较昂贵，使之在应用方面受到制约，常见的有以下几种。

(1)甜菜碱抗菌剂：尽管甜菜碱的抗菌作用一般不如季铵盐，但是，诸如亚硫酸基[$RN^+(CH_3)_2CH_2CH_2OSO_2^-$)]、磷酸基[$RN^+(CH_3)_2(CH_2)_mOPO_3^{2-}$]等甜菜碱对一些特定的菌(例如金色葡萄球菌、大肠杆菌等)还是具有较强的抗菌作用，而且与季铵盐、苯酚等其他抗菌剂存在增效作用。特别是锍鎓型甜菜碱[例如 $RS(CH_3)CH_2CH_2OSO_3$]的抗菌活性更强，尤其是十四个碳左右的烷基衍生物的抗菌效果还优于季铵盐。

(2)氨基酸抗菌剂：无论是抗菌活性还是抗菌谱氨基酸都优于甜菜碱。Tego 系列是典型的羧酸基氨基酸抗菌剂，特别是碳链为 $C_{12}\sim C_{14}$ 的多氨基氨基酸的抗菌活性更强[例如 $C_{12}H_{25}(NHCH_2CH_2)_3COOH$]。

第五节 表面活性剂的匀染作用及匀染剂

纤维及其织物在染色时会出现色差、色花、条花或染斑等不均匀染疵，其原因除了纤维及其织物本身的原因以及设备和工艺问题外，也与染料分子结构密切相关。为了达到染色的均匀性，首先必须保证纤维及其织物具有均匀的吸附性能，这可以通过充分的前处理，去除纤维及其织物表面的杂质来实现；其次，要求织物与染液之间具有良好的接触，这也可以通过加大染液流量、加快纤维及其织物的运行速度以及加入润湿剂等，使得染液在其表面充分铺展。然而，所有这些往往会受到染料及所用设备的限制，尤其是采用多种纤维混纺织物以及需要多种染料进行拼色时，最简单易行的方法是加入恰当的匀染剂。

一、匀染作用机理

1. 匀染机理

单从染色工艺的角度分析，匀染剂的匀染机理应该有两个方面。

(1)缓染机理：与染料分子对纤维及其织物的上染速率有关，特别是在染色初期，通过降低染料分子向纤维的扩散速率，以及在纤维上染色位席的染着速率达到其均匀上染之目的。

(2)移染机理：与上染染料分子的迁移能力有关，当上染发生不匀染时，通过染料分子的扩散迁移，使其从上染过多部位向上染较少部位移动，使最初染色不均匀的情况在染色过程中逐渐均匀化。

一般将可降低上染速率和改善染料分子迁移性能的助剂统称为匀染剂。

2. 表面活性剂在匀染中的作用

除了少数无机盐，大多数匀染剂是表面活性剂。表面活性剂的匀染作用大体可分为亲染料性匀染作用和亲纤维性匀染作用两种类型。

(1)亲染料性匀染作用：在染液中加入表面活性剂后，表面活性剂首先与染料分子相遇，若表面活性剂与染料分子的亲和力大于纤维与染料分子的亲和力，则染料分子在被纤维吸附之前，会通过氢键、范德华力等相互作用与表面活性剂结合生成某种稳定的聚集体，以增溶、乳化的形式分散在染液中，从而降低染料分子的扩散和上染速率，延缓染色时间。在高温时，这种分散稳定的聚集体会解聚集，被释放出的染料分子与纤维结合，从而达到延缓匀染的目的。例如聚氧乙烯醚非离子型表面活性剂的醚基易与染料分子中的羟基和氨基发生氢键结合，是常用的亲染料性匀染剂。

这种亲染料性的表面活性剂对已经在纤维上染着的染料分子也具有亲和力，故对于不匀染织物，可将染料分子从深色部分拉回到染液中，再转移到浅色部分，达到移染匀染的目的。如果这种表面活性剂对染料分子的亲和力过大，即对染着于纤维表面的染料分子拉力过大，则可以达到剥色的目的。

(2)亲纤维性匀染作用：与亲染料性匀染作用相反，若表面活性剂与纤维的亲和力大于染料对纤维的亲和力，表面活性剂与染料会对纤维发生竞染作用，结果表面活性剂优先与纤维结合，占据纤维上染色位席，阻碍染料分子与纤维的结合，延缓染料的上染。在染色过程中，由于表面活性剂分子能快速吸附，并与纤维结合，但其结合力又没有染料分子强，所以随着染浴温度的升高，染料分子会逐渐从纤维上将表面活性剂置换下来，最终由染料分子占据染色位席，从而达到匀染的目的。例如，由于纤维/染浴界面往往带负电荷，所以，阳离子型表面活性剂一般都能优先通过离子对位和离子交换吸附与纤维结合，是常用的亲纤维性匀染剂。

其实，表面活性剂的亲染料性与亲纤维性都是相对的，它除了与表面活性剂的表面活性有关外，还与染料及其被染基质的结构、性能密切相关。所以，许多表面活性剂往往同时具有亲染料性和亲纤维性匀染作用，例如，脂肪酸与蛋白质的缩合物雷米邦。有时，为了进一步提高匀染效果，还可以通过亲染料性与亲纤维性的匀染剂的复配来达到。

二、常用匀染剂

1. 阴离子型匀染剂

由于锦纶、羊毛及丝绸用酸性染料染色时，其表面往往带正电荷，特别是锦纶吸附氢离子的能力比羊毛还大，所以这些纤维用带负电荷的酸性染料染色都存在一定的匀染问题。阴离子型表面活性剂与这些纤维具有较强的亲和力，能快速占据染色位席，从而达到缓染、匀染的目的。

腈纶一般是采用阳离子染料染色，由于阳离子染料与腈纶中阴离子的第三单体之间有库仑作用，亲和力大，染色牢度强，上染速率快，若不采取适当的缓染措施，染色难以均匀。阴离子表面活性剂和阳离子染料在水溶液中会迅速形成染料络合物，并与染料分子之间处于络合平衡，从而减少染浴中自由的阳离子染料的浓度，从而降低其上染速率，提高匀染效果。实际染色时，一般还需要拼用非离子型表面活性剂。非离子型表面活性剂应该具有两种作用：其一是快速吸附于纤维上的染色位席；其二是分散染料络合物以防止其沉淀。

此外，涤毛混纺织物采用分散—酸性染料同浴染色时，一般也可用阴离子型表面活性剂。

常用的阴离子型匀染剂有脂肪酸酯聚氧乙烯醚的磺酸盐[例如 Migregal 2N 匀染剂

$RCOO(C_2H_4O)NSO_3Na$]，烷基醇聚氧乙烯醚硫酸钠、丙烷磺内酯一氧乙烯化的 *N*-烷基-1，3-丙二胺缩合物 $C_8 \sim C_{22}$ 脂肪酸盐、$C_8 \sim C_{22}$ 芳香族二羧酸盐，以及具有以下通式的阴离子型表面活性剂：

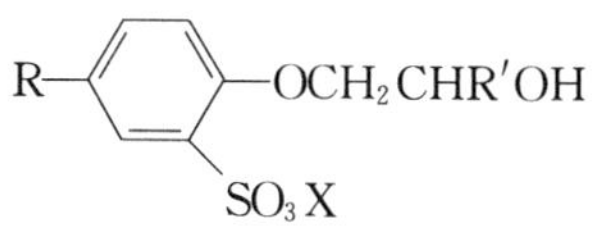

$R = C_9H_{19}, C_{12}H_{25}, C_{11\sim14}H_{23\sim30}$；$R' = H, CH_3$，，CH_2OH；$X = Na, NHCH_2CH_2OH$。

2. 阳离子型匀染剂

阳离子型匀染剂是腈纶阳离子染料染色时的另一类型的匀染剂，与阴离子型匀染剂相反，阳离子型表面活性剂在染浴中与阳离子染料进行竞染，并优先占据腈纶上染色位席，从而达到缓染匀染的目的。

常用阳离子型匀染剂有 $C_{16\sim18}H_{33\sim37}N^+(CH_3)_3Cl^-$，$C_{12\sim18}H_{25\sim37}N^+(CH_3)_2CH_2C_6H_5Cl^-$ 等，这些匀染剂不仅对腈纶阳离子染色具有良好的匀染性，还能提高腈纶织物柔软性。

3. 两性离子型匀染剂

两性离子型表面活性剂对纤维和染料都具有亲和作用，被用作羊毛等酸性染料染色用的匀染剂。由于这类表面活性剂在染浴中呈两性离子，所以它可以通过阴离子优先占据羊毛等纤维上的阳离子染色位席，而其阳离子朝外，保持表面膜的亲水性；也可以通过其阳离子与染料阴离子结合形成染料络合物后，而其阴离子能使染料络合物保持水溶性而不致生成沉淀，具有良好缓染和移染能力。常用两性离子匀染剂有 *N*-烷基硫化甜菜碱[例如 $C_{18}H_{37}N^+(CH_3)_2CH_2CH_2SO_3^-$]以及一些聚氧乙烯化的 *N*-烷硫化甜菜碱和 *N*-烷基氨基磺酸衍生物：

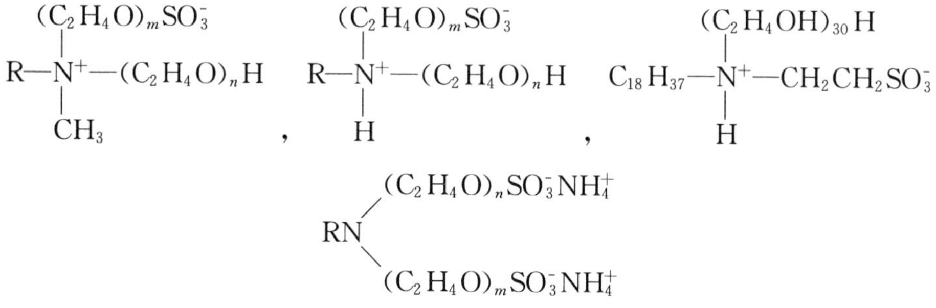

$R = C_1 \sim C_{22}$ 烷基，$m + n = 8$。

4. 非离子型匀染剂

主要是指聚氧乙烯醚型非离子表面活性剂。由于棉纤维用还原、直接、活性等类染料染色时常会发生染色不匀现象，例如用还原染料染色过程中，由于其隐色体与纤维的吸着性大，上染速率快，易发生染斑；而在不同上染速率染料拼混染色时常会发生色差问题；另外，用活性染料染色时，由于盐类、碱剂的添加方式，染浴的状态，纱线、织物的形态，前处理加工的程度等也将影响染色的均一性。聚氧乙烯醚型非离子匀染剂在染浴中不仅能与染料竞染，迅速地通过氢键吸附于棉纤维上，而且也能与染浴中的染料分子通过氢键等方式结合形成染料络合物，提高染料的分散性、渗透性和移染性，从而达到缓染和匀染的效果。常用的非离子匀染剂有平平加 O、低泡匀染剂 O(硅氧烷聚氧乙烯醚和烷基醇聚氧乙烯醚的复配物)。

此外，聚氧乙烯醚型非离子匀染剂也是涤纶分散染料染色的匀染剂。由于涤纶没有能与染料结合的活性基团，因此，只能采用非水溶性的分散染料染色。又由于涤纶分子排列比较紧密，纤维之中存在较小的空隙，只有在高温（120～130℃）条件下，利用纤维分子链的热运动，染料分子才能扩散进入纤维的内部。聚氧乙烯醚型非离子匀染剂对分散染料和涤纶都有亲和力，所以具有缓染和匀染作用。由于其在高温区亲水性降低，对分散染料的分散作用减小，易造成染料聚结，需要与阴离子型匀染剂进行复合或者拼用，以提高对染料在染浴中分散的热稳定性，提高匀染性。常用于涤纶匀染的聚氧乙烯醚型非离子及阴离子复合表面活性剂，见表 11－7。

表 11－7　一些涤纶分散染料高温染色匀染剂

匀染剂	组　　成	用　　途
匀染剂 GS	丙三醇聚氧乙烯醚油酸酯(a)与三苯乙烯基聚氧乙烯醚硫酸铵(b)混合物	高温高压染色，适用于快速染色
匀染剂 FZ－837	脂肪醇聚氧乙烯醚与烷基苯磺酸钠的复配物	高温高压染色
匀染剂 BOF	脂肪醇聚氧乙烯醚脂肪酸酯与烷基酚聚氧乙烯醚硫酸钠混合物	高温高压染色
匀染剂 BOA	马来酸双(烷基酚聚氧乙烯醚)酯	高温高压染色
匀染剂 A－10	三苯乙烯基苯酚聚氧乙烯醚(a)和三苯乙烯基苯酚聚氧乙烯醚硫酸酯盐(b)的混合物	高温高压染色，适用于快速染色
Sun Salt 1200k	油酸聚乙二醇(n=20)双酯和油酸聚乙二醇(n=10)单酯的混合物	快速染色

注

$$\text{a:}\quad \begin{array}{l} CH_2-O-(CH_2CH_2O)_l-CO-(CH_2)_7CH=CH(CH_2)_7CH_3 \\ | \\ CH-O-(CH_2CH_2O)_m-CO-(CH_2)_7CH=CH(CH_2)_7CH_3 \\ | \\ CH_2-O-(CH_2CH_2O)_n-CO-(CH_2)_7CH=CH(CH_2)_7CH_3 \end{array}$$

b:
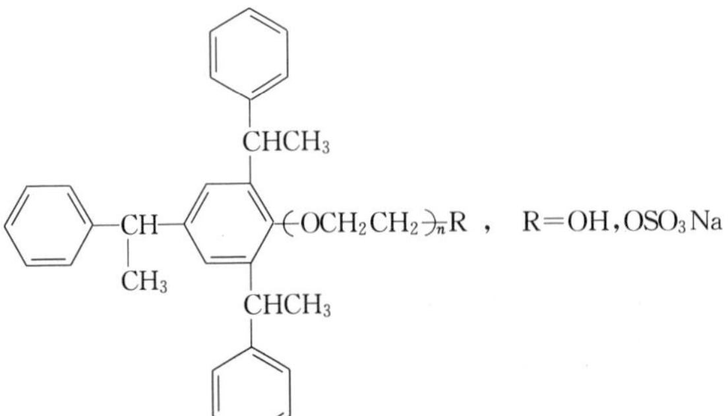

5. 高分子匀染剂

高分子表面活性剂作为匀染剂与低分子匀染剂相比，一般具有两个特点：其一是这类匀染剂在纤维表面具有较强的吸附力，保护纤维表面的染色位席，影响染料分子上染时间；其二则因为这类匀染剂的相对分子质量一般为1000～2000，所以其作用仅限于纤维表面，不会扩散和渗透到纤维内部，用量小，效果明显。常用作匀染剂的高分子表面活性剂见表11－8。

表11－8　常用作匀染剂的高分子表面活性剂

高分子匀染剂	类　型	应　用
聚胺及季铵化的聚胺类	阳离子型	腈纶的阳离子染料染色
氨基或季铵基丙烯酸酯	阳离子型	腈纶的阳离子染料染色
聚乙烯吡啶	阳离子型	锦纶的酸性染料染色
聚乙烯吡啶烷酮	非离子型	锦纶的酸性染料染色
丙烯酸与丙烯酰胺共聚物	阴离子型	涤棉混纺织物的热熔染色
丙烯酸辛酯与丙烯酸与丙烯酰胺共聚物	阴离子型	涤纶防泳移剂

三、精练—染色一浴法的匀染剂

近年来，由于各种新合纤材料及其多组分混纺织物的不断涌现，使得染色难度增加，工艺时间延长。为了节能、增效，一些新的染色技术被开发应用，精练—染色一浴法就是其中之一。

精练是染色前必需的传统前处理工序，通过精练可以去除织物上原有的杂质（例如棉布上的蜡、果胶以及木质素等）和加工过程中沾染的污垢（例如合成纤维的各种加工油剂），有效避免染色时出现色花、色差和色疵等问题。

要解决精练—染色一浴法工艺一般存在两方面的困难。其一，由于精练与染色是完全相反的过程，所以对表面活性剂的选取具有难度；其二，精练一般是在碱性条件下进行的，但染色有时可能在酸性条件下进行，例如涤纶分散染料染色。下面以棉和聚酯纤维为例进行简单介绍。

1. 棉的活性染料精练—染色一浴法的匀染剂

在棉的染色中，一般中温型（60℃）活性染料的匀染性较好，而棉蜡等杂质则须在69℃以上才能溶于碱性精练液，所以，一浴法精练—染色时，要选取一种精练效果好，而缓染性一般的表面活性剂作为匀染剂，例如短碳链的磷酸酯盐，其在60℃以下处理棉的残脂率约为0，无论中温型还是高温型活性染料染色都能达到二浴法的匀染效果。

2. 聚酯纤维的精练—染色一浴法的匀染剂

聚酯纤维表面的污垢主要是油剂、蜡以及PVA、聚丙烯酸酯糊料等。其常规的染色方法采用酸性分散染料染色，不仅不能与精练同浴，而且，高温染色时聚酯纤维中溶出的少量环形齐聚物不易去除，往往产生色斑。目前，采用碱性分散染料染色，不仅解决了一浴法问题，而且溶出的齐聚物易溶于碱性介质，改善匀染性。这类染色法的匀染剂一般选用聚氧乙烯醚的烷基硫酸酯盐或烷基磷酸酯盐。

思考题

1. 何谓表面活性剂的平滑作用？简述平滑作用的各种影响因素。
2. 纤维平滑剂一般有哪些基本作用？常用平滑剂有哪些？
3. 纤维柔软剂与平滑剂有何异同？常用柔软剂有哪些？
4. 简述抗静电剂的抗静电机理及常用抗静电剂。
5. 简述抗菌剂的抗菌机理及常用抗菌剂。
6. 简述匀染剂的匀染机理及常用匀染剂。

参考文献

[1] ROSEN, MILTON J. Surfactants and Interfacial Phenomena[M]. Second Edition. Canada: John Wiley & Sons, Inc., 1989.
[2] 吴树森,章燕豪. 界面化学原理与应用[M]. 上海:华东化工学院出版社,1989.
[3] 赵国玺. 表面活性剂物理化学[M]. 北京:北京大学出版社,1991.
[4] 郑忠,胡纪华. 表面活性剂的物理化学原理[M]. 广州:华南理工大学出版社,1995.
[5] 徐燕莉. 表面活性剂的功能[M]. 北京:化学工业出版社,2000.
[6] 刈米考夫. 界面活性剤の応用技術[M]. 東京:シーエムシー,1990.
[7] 堀口博. 新界面活性剤[M]. 東京:三共,1975.
[8] 铃木洋. 界面と界面活性物质[M]. 東京:產業図書,1990.
[9] DATYNER A. Surfactants in Textile Processing [M]. New York: Marcel Dekker Inc., 1983.
[10] MYERS D. Surfactants Science and Technology [M]. New York: VCH Publishers, 1988.
[11] 孙岩,殷福珊,宋湛谦,等. 新表面活性剂[M]. 北京:化学工业出版社,2003.
[12] 沈一丁. 高分子表面活性剂[M]. 北京:化学工业出版社,2003.
[13] 夏纪鼎,倪永泉. 表面活性剂和洗涤剂化学与工艺学[M]. 北京:中国轻工业出版社,1997.
[14] 方云,夏咏梅. 生物表面活性剂[M]. 北京:中国轻工业出版社,1992.
[15] 肖进新,赵振国. 表面活性剂应用原理[M]. 北京:化学工业出版社,2003.
[16] K 霍姆博格,B 琼森,B 克隆博格,等. 水溶液中的表面活性剂和聚合物[M]. 2 版. 北京:化学工业出版社,2005.
[17] TSUJII K. Surface Activity - Principles, Phenomena, and Applications[M]. London: Academic Press, 1998.
[18] ROBB I D. Specialist Surfactants [M]. London: Chapman & Hall,1997.
[19] 北原文雄,渡辺昌. 界面電気现象[M]. 東京:共立出版,1972.
[20] 陈荣圻. 表面活性剂化学与应用[M]. 北京:纺织工业出版社,1990.
[21] 蒋庆哲,宋昭峥,赵密福,等. 表面活性剂科学与应用[M]. 北京:中国石化出版社,2006.
[22] 邢凤兰,许群,贾丽华. 印染助剂[M]. 北京:化学工业出版社,2002.
[23] 丁忠传,杨新伟. 纺织染整助剂[M]. 北京:化学工业出版社,1988.
[24] 王祥荣. 印染助剂生产与应用[M]. 南京:江苏科学技术出版社,2004.
[25] 崔正刚,殷福珊. 微乳液技术及应用[M]. 北京:中国轻工业出版社,1999.
[26] 赵维蓉,张胜义,章玉川,等. 表面活性剂化学[M]. 合肥:安徽大学出版社,1997.
[27] 黄洪周. 工业表面活性剂[M]. 北京:化学工业出版社,1999.
[28] 方云. 两性表面活性剂[M]. 北京:中国轻工业出版社,2001.
[29] 赵择卿. 高分子材料抗静电技术[M]. 北京:纺织工业出版社,1991.
[30] 孙宾,陆大年. 两性聚丙烯酰胺类水溶性高分子的合成及其助洗性能研究[J]. 中国纺织大学学报,

1999，25(1)：50-52.
[31] 杨栋梁．织物的柔软整理[J]. 印染助剂，1999,16(1)：20-36.
[32] 张治国,尹红,陈志荣．织物用柔软剂研究进展[J]. 纺织学报,2005,26(5)：128-131.
[33] 陈荣圻．高效精练助剂的发展[J]. 印染助剂，1994,11(3)：5-14.
[34] 刘夺奎,董振礼,潘煜标．纺织品泡沫染整加工[J]. 印染,2005,22(17)：26-29.
[35] 周栋梁,朱谱新．精练剂的润湿渗透性和复配[J]. 纺织科技进展,2006(4)：15-18.

索　引

推荐图书书目：轻化工程类

	书名	作者	定价(元)
工具书	【现代纺织工程】		
	化学纤维手册	沈新元	168.00
	印染分析化验手册	曾林泉	128.00
	纺织品标准应用	吴卫刚　等	150.00
	生态轻纺产品检测标准应用	周传铭　等	80.00
	棉纺手册(第三版)	本书编写委员会	230.00
	印染手册(第二版)	上海印染工业行业协会	248.00
	聚酯纤维科学与工程	郭大生　等	100.00
	化学助剂分析与应用手册(上、中、下)	黄茂福	550.00
	棉印染、色织纺织品手册	肖佩华	90.00
	【其他】		
	国际纺织业标准色卡	施华民	620.00
	生态纺织品标准	中国纺织工业协会产业部组织编写	60.00
	纺织品大全(第二版)	上海纺织工业局	80.00
	聚酯纤维手册(第二版)	贝聿泷	30.00
	丝绸染整手册(第二版)	陆锦昌　等	80.00
	毛纺织染整手册(第二版)(上、下)	上海毛麻公司	85.00/75.00
	毛纺织染整工艺简明手册	本书编写组	25.00
	染化药剂(修订本)(合订本)	刘正超	100.00
	最新染料使用大全	本书编写组	238.00
	禁用染料及其代用(第二版)	陈荣圻	36.00
	英汉纺织工业词汇(合订本)	本书编写组	50.00
	英汉纺织服装缩略语词汇	袁雨庭	80.00
	英汉化学纤维词汇(第二版)	上海化纤(集团)有限公司等	80.00
	英汉染整词汇	岑乐衍　等	80.00
	英语化学化工词素解析	陈克宁	28.00
本科教材	【“十一五”规划教材】		
	印染厂设计(国家级,附光盘)	崔淑玲	36.00
	纺织化学(部委级,附光盘)	刘妙丽	44.00
	纺织品染整工艺学(第二版)(国家级)	范雪荣	42.00
	功能纤维及功能纺织品(国家级)	朱　平	34.00
	化工设计(部委级)	罗先金	38.00
	染整概论(第二版)(部委级)	蔡再生	38.00
	测色与计算机配色(第二版,附光盘)(部委级)	董振礼	36.00
	科技信息检索(部委级)	滕胜娟	28.00
	轻化工清洁生产技术(部委级)	但卫华　等	36.00
	轻化工水污染控制(国家级,附光盘)	柳荣展　等	39.80
	轻化工程专业英语(部委级,附光盘)	崔淑玲　等	34.00
	制版工艺(国家级,附光盘)	叶卉荣　等	35.00
	胶体与界面化学(部委级,附光盘)	张玉亭　等	45.00

推荐图书书目：轻化工程类

生产技术书

书名	作者	定价(元)
【织物染整技术丛书】		
毛织物染整技术	上海毛麻研究所	32.00
针织物染整技术	范雪荣	35.00
含氨纶弹性织物染整	徐谷仓　等	30.00
新型纤维及织物染整	宋心远	36.00
【化学品实用技术丛书】		
水基型喷墨打印墨水	朱谱新　等	26.80
特种表面活性剂	王　军	29.80
纺织助剂化学及应用	董永春	35.00
离子液体的性能及应用	王　军	34.00
化妆品配方设计与生产工艺	董银卯	32.00
荧光增白剂实用技术	董仲生	42.00
染整助剂应用测试	刘国良	32.00
合成洗涤剂及其应用	唐育民	34.00
家用洗涤剂生产及配方	徐宝财	39.00
【实验室理论与操作实务丛书】		
化学实验员简明手册·实验室基础篇	毛红艳	28.00
化学实验员简明手册·化学分析篇	韩润平	30.00
化学实验员简明手册·仪器分析篇	韩华云	30.00
危险化学品速查手册	王林宏	28.00
轻纺产品化学分析	[英]Qinguo Fan	34.00
【精细化学品实用配方精选】		
表面处理用化学品配方	黄玉媛　等	32.00
清洗剂配方	黄玉媛　等	32.00
粘合剂配方	黄玉媛　等	32.00
涂料配方	黄玉媛　等	38.00
化妆品配方	黄玉媛　等	42.00
轻化工助剂配方	黄玉媛　等	35.00
小化工产品配方	黄玉媛　等	38.00
【分析技术丛书】		
分析技术基础	王玉枝　等	30.00
化学分析	王玉枝　等	33.00
色谱分析	王玉枝	30.00
波谱分析	宦双燕	32.00
【香精系列】		
香料香精生产技术及应用	汪秋安	39.00
食用香精制备技术	周耀华	45.00
烟草工艺与调香技术	许建营	35.00
【纺织新技术书库】		
竹纤维及其产品加工技术	张世源	36.00
生态家用纺织品	张敏民	28.00
PTT 纤维与产品开发	钱以竑	32.00

推荐图书书目：轻化工程类

	书　名	作　者	定价(元)
生产技术书	等离子体清洁技术在纺织印染中的应用	陈杰瑢	32.00
	涂料印染技术	余一鹗	24.00
	双组分纤维纺织品的染色	唐人成　等	42.00
	纺织浆料学	周永元	38.00
	腈纶生产工艺及应用	[美]JAMES C. MASSON	40.00
	染整节能	徐谷仓　等	25.00
	纺织品生态加工技术	房宽峻	18.00
	Lyocell 纺织品染整加工技术	唐人成　等	28.00
	生态纺织品与环保染化料	陈荣圻　等	35.00
	【其他】		
	染整工艺原理(第一分册)	孙　凯　等	32.00
	染整工艺原理(第二分册)	孙　凯　等	34.00
	创意手工染	[美]凯特·布鲁顿	58.00
	化工企业管理	方　真	36.00
	化工企业生产管理	王春来	30.00
	化工企业设备管理	本书编写组	34.00
	印染企业管理手册	无锡市明仁纺织印染有限公司	35.00
	纺织品质管理手册	张兆麟	36.00
	现代印染企业管理	吴卫刚　等	35.00
	漂白手册	[比利时]索尔维公司	22.00